Inhalt

1986 veröffentlicht von Usborne Publishing Ltd., 20 Garrick Street, London WC2E 9BJ, England.
Übersetzung und Redaktion: Marcus Würmli.

ISBN 3 7886 0951 6
Printed and bound in Great Britain

Zu diesem Buch

Die Biologie ist die Wissenschaft von den Lebewesen. Man kann sie in zwei große Hauptgebiete einteilen: in die Botanik oder Pflanzenkunde und in die Zoologie oder Tierkunde. Auch dieses Buch verwendet eine solche Gliederung. Allerdings gibt es dabei fünf Teile, die durch entsprechende Farben kenntlich gemacht sind:

Gelber Teil Allgemeine Einführung in die Biologie.

Blauer Teil Botanik mit Begriffsbestimmungen zu den Pflanzen.

Grüner Teil Erster zoologischer Teil mit Begriffen der unterschiedlichsten Tierarten.

Roter Teil Zweiter zoologischer Teil mit Begriffen aus der Human-Biologie. Darunter versteht man die naturwissenschaftliche Erforschung des Menschen. Oft gelten die dort angeführten Begriffe auch für die nächsten Verwandten des Menschen, z. B. die Wirbeltiere (s. Seite 113).

Schwarzweißer Teil Die Begriffe in diesem Teil beziehen sich auf alle Lebewesen in ihrer ganzen Vielfalt. Eingeschlossen sind Tabellen zu früheren Themen, z. B. zu Hormonen und Vitaminen. Ferner findet man eine Klassifikation der Lebewesen sowie eine Liste ökologischer Begriffe.

Zum Gebrauch dieses Buches

Dieses Buch kann man wie ein Lexikon verwenden. Besonders geeignet ist es auch als Gedächtnisstütze oder Repetitorium. Die Begriffsbestimmungen sind thematisch angeordnet, d. h., alle Begriffe, die sich auf ein Thema beziehen, stehen nebeneinander. In den meisten Fällen umfaßt eine Themeneinheit eine Doppelseite. Die Themen findet man im Inhaltsverzeichnis auf Seite 2. Das Register auf den Seiten 115 bis 128 bildet den Lexikonteil des Buches. Alle halbfett gedruckten Begriffe des Haupttextes sind hier alphabetisch angeordnet und mit entsprechenden Seitenzahlen versehen – so macht das Auffinden eines Begriffes keine Schwierigkeiten.

Aufbau des Buches

1. Jede wichtige Definition wird durch einen schwarzen Kreis angekündigt. Das Stichwort ist halbfett gedruckt, z. B.:

- **Zytoplasma**

2. Manche wissenschaftlichen Begriffe bilden Mehrzahl bzw. Einzahl in abweichender Form. Die Abweichung ist in Klammern zusätzlich angegeben, z. B.:

- **Mitochondrien** (Einzahl **Mitochondrium**)

3. Synonyme, also gleichbedeutende Stichwörter, folgen im allgemeinen direkt nach dem Hauptstichwort, z. B.:

- **Trophische Ebene** oder **Ernährungsstufe**

- **Nukleoli** (Einzahl **Nukleolus**), auch **Kernkörperchen** genannt

4. In den Texten sind noch weitere Wörter halbfett gedruckt. Sie sind entweder an Ort und Stelle definiert, oder die Begriffserklärung findet sich auf derselben Doppelseite.

5. Ist ein Wort halbfett gedruckt und folgt ihm am Ende ein hochgestelltes Sternchen (*), so findet man die Definition anderswo im Buch. In der Fußnote unten an der Seite ist die entsprechende Seitenzahl angegeben.

6. Dies ist eine typische Fußnote:

* **Arterien,** 60; **Blinddarm,** 43; **Epithel,** 82 (**Oberhaut**).

Den Begriff **Epithel** findet man auf Seite 82 unter der Definition für die **Oberhaut**.

Bei allen Verweisen – sowohl in den Fußnoten wie im laufenden Text und im Register – wurde auf Einzahl oder Mehrzahl keine Rücksicht genommen. Ein halbfett gesetzter Verweis kann also ebenso **Vene** wie **Venen** lauten.

Lebewesen und ihre Umwelt

Wir können die belebte Welt in mehrere Regionen einteilen, von denen jede eine charakteristische Pflanzen- und Tierwelt hat. Alle Pflanzen und Tiere sind an ihre **Umwelt** angepaßt (s. **adaptive Radiation,** S. 9). Sie stehen untereinander in Wechselbeziehungen und beeinflussen sich gegenseitig. Die Umwelt ist von vielen verschiedenen Faktoren geprägt, z. B. von Temperatur, Wasser und Licht **(klimatische Faktoren),** von den physikalischen und chemischen Eigenschaften des Bodens **(edaphische Faktoren)** und von den Lebewesen selbst **(biotische Faktoren).** Die Wissenschaft, die sich mit den Beziehungen zwischen Pflanzen und Tieren und ihrer Umwelt beschäftigt, heißt **Ökologie.**

- **Biosphäre:** Die dünne Schicht der Erdoberfläche, die von Lebewesen bewohnt wird. Zur Biosphäre gehören auch die Ozeane. Die Obergrenze der Biosphäre liegt in der höheren Atmosphäre, die Untergrenze in den ersten Gesteinsschichten. Auch tiefe Höhlen können noch zur Biosphäre zählen.

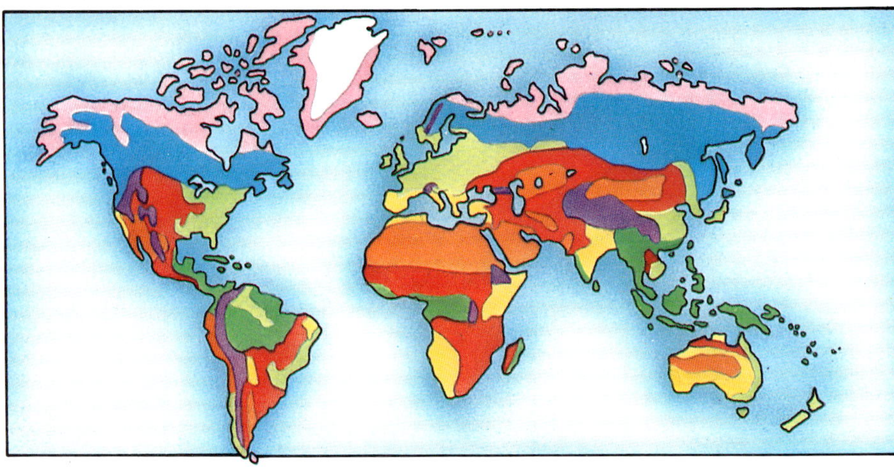

Die Biome der Welt

Tundra. Sehr kalt und windig. Am häufigsten sind **Flechten*** und Kleinsträucher. Unter den Tieren fallen Moschusochsen und Lemminge auf.

Mischwald. Sommer warm, Winter kalt. Es überwiegen **sommergrüne Pflanzen,** z. B. Buchen. Viele Tiere, z. B. Füchse.

Grasland, Savanne. Gräser als dominierende Pflanzen, die Savanne auch mit einzelnen Bäumen. Typisch die Giraffen.

Nadelwald. Ganzjährig niedrige Temperaturen. Es dominieren **Nadelhölzer*,** z. B. die Fichte. Auffälligster Bewohner unter den Tieren: Rothirsche.

Tropischer Regenwald. Ganzjährig hohe Temperaturen, viel Regen. Übergroße Vielfalt an Pflanzen und Tieren, vor allem tropische Vögel.

Wüste. Tagsüber heiß, nachts kalt. Sehr geringe Niederschläge. In Amerika dominieren Kakteen. Typische Tiere: Kamele, Skorpione, Schlangen.

Andere Gebiete

Hartlaubgehölze **(Macchia)**

Eis

Hochgebirge

- **Biome:** Die wichtigsten ökologischen Regionen, wie wir sie auf dem Festland antreffen. Jedes Biom hat seine charakteristischen Jahreszeiten, Tageslängen, Arten des Niederschlags, Maximal- und Minimaltemperaturen. Sie hängen also im wesentlichen vom Klima ab. Die wichtigsten Biome sind **Tundra, Nadelwald, Mischwald, tropischer Regenwald, gemäßigtes** und **tropisches Grasland (Savanne)** und **Wüste.** Die meisten Biome haben ihren Namen vom vorherrschenden Vegetationstyp. Dieser bestimmt auch die Tierwelt. Ein Biom ist ein Großlebensraum.

* **Flechten** 114 **(Symbionten)**; **Nadelhölzer** 111; **Sommergrüne Pflanzen** 8.

- **Biotop:** Der Lebensraum einer Gruppe von Lebewesen oder eines einzelnen Lebewesens. Man kann darunter den Lebensraum einer Köcherfliegenart, aber auch den der Lebensgemeinschaft eines ganzen Baches verstehen. **Mikrobiotope** sind eigenständige spezielle Kleinlebensräume wie etwa die eines verrottenden Baumstamms oder eines Moospolsters.

- **Biozönose:** Die Gesamtheit aller Pflanzen und Tiere eines **Biotops,** auch Lebensgemeinschaft genannt. Die Lebewesen stehen untereinander und mit ihrer Umwelt in Wechselbeziehung.

- **Ökosystem:** Die höhere Einheit zwischen **Biozönose** und ihrem **Biotop.** Oft kann man nämlich zwischen diesen beiden Begriffen nicht unterscheiden: Die Bäume eines Waldes gehören zur Biozönose wie zum Biotop. Ökosysteme sind selbständige Lebensgemeinschaften mit einem geschlossenen Stoffkreislauf (s. Seite 6-7).

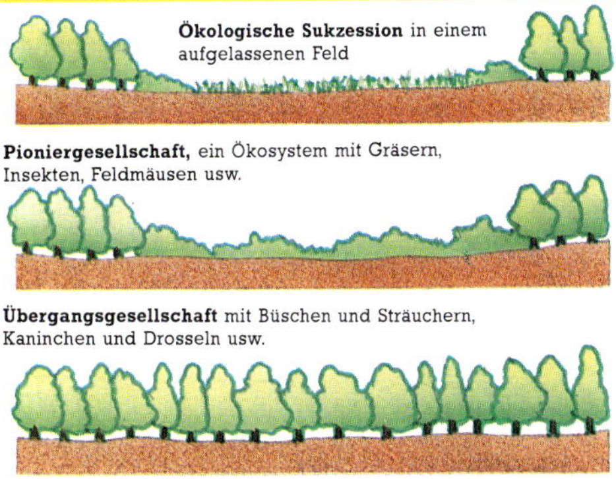

Pioniergesellschaft, ein Ökosystem mit Gräsern, Insekten, Feldmäusen usw.

Übergangsgesellschaft mit Büschen und Sträuchern, Kaninchen und Drosseln usw.

Klimaxgesellschaft mit **sommergrünen Bäumen*** wie Eichen und Buchen. Tiere: Fuchs, Dachs, Grasmücke usw.

- **Ökologische Sukzession:** Die zeitliche Aufeinanderfolge verschiedener **Ökosysteme.** Sukzessionen beobachten wir beispielsweise bei der Besiedlung von Schutthalden, brachliegenden Feldern oder abgebrannten Waldflächen. Im Lauf der Jahre und oft auch Jahrzehnte stellen sich unterschiedliche Pflanzen und damit auch Tiere ein. Die Ökosysteme folgen aufeinander, bis die **Klimax** erreicht ist. Das ist ein stabiles Ökosystem, das bestehen bleibt, solange sich die Umweltfaktoren, z. B. das Klima, nicht ändern. Die Klimaxgesellschaft in Mitteleuropa ist der Wald. Wenn landwirtschaftliche Flächen aufgegeben werden, stellt sich in kurzer Zeit wieder ein Wald ein.

- **Ökologische Nische:** Die Stellung, die eine Pflanzen- oder Tierart im **Ökosystem** einnimmt. Dazu gehört etwa, wo sich das Lebewesen aufhält und was es frißt. Das **Exklusionsprinzip von Gause** besagt, daß zwei Arten auf Dauer nicht dieselbe Nische besetzen können. Kommt es dennoch dazu, so wird eine Art entweder vertrieben oder stirbt aus. Wir können im Winter an Gewässerufern z. B. den Großen Brachvogel und den Kiebitzregenpfeifer zusammen sehen. Beide fressen Kleinlebewesen wie Würmer und Schnecken, doch besetzen sie unterschiedliche ökologische Nischen. Brachvögel stehen im seichtem Wasser und stochern mit ihren langen Schnäbeln im Schlamm. Kiebitzregenpfeifer hingegen laufen auf dem trockenen Ufer und picken dort ihre Nahrung auf, denn ihre Schnäbel sind zum Stochern zu kurz. Auf diese Weise können beide Vögel in demselben Gebiet überleben. Man kann auch umgekehrt schließen: Wo zwei Arten mit ähnlicher Lebensweise zusammen vorkommen, müssen sie andere ökologische Nischen besetzen.

* **Sommergrüne Pflanzen** 8

In einem Ökosystem

In einem **Ökosystem** lebt eine Gruppe verschiedenartiger Pflanzen und Tiere in **Biozönose***), die untereinander und mit ihrer Umwelt in Wechselbeziehung stehen. Gemeinsam bilden sie eine ökologische Einheit mit einem geschlossenen Stoffkreislauf

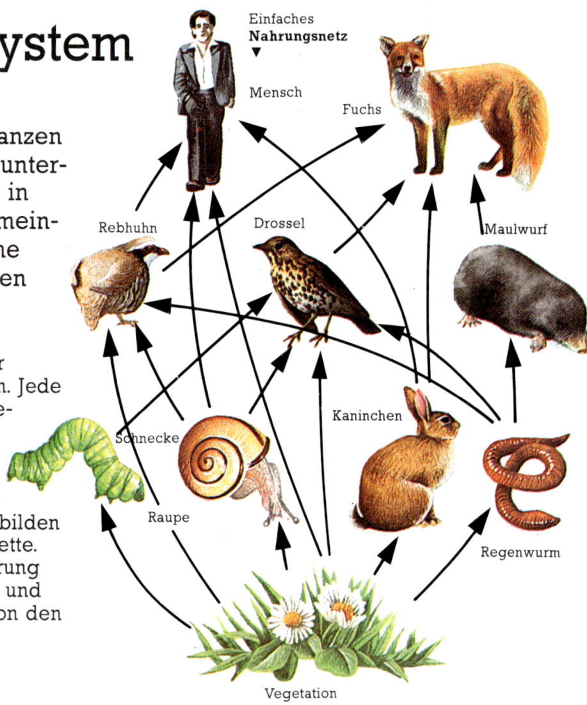

- **Nahrungsnetz:** Die Gesamtheit aller Nahrungsketten in einem Ökosystem. Jede Nahrungskette umfaßt mehrere Lebewesen, von denen jedes das Futter für das nächste darstellt. Grüne Pflanzen stellen ihre Nahrung durch **Photosynthese*** aus anorganischen Stoffen her. Sie sind **autotroph** und bilden immer den Beginn einer Nahrungskette. Tiere können nicht ihre eigene Nahrung herstellen – sie sind **heterotroph** – und hängen somit direkt oder indirekt von den grünen Pflanzen ab.

Schema einer **Nahrungskette** mit den **trophischen Ebenen**

Produzenten: Grüne Pflanzen, die ihre Nahrung selbst herstellen. **Trophische Ebene T 1.**

→ **Primärkonsumenten** oder **Konsumenten erster Ordnung**: **Pflanzenfresser**, z. B. Kaninchen. Diese Tiere beziehen ihre Energie direkt von den **Produzenten. Trophische Ebene T 2.**

→ **Sekundärkonsumenten** oder **Konsumenten zweiter Ordnung**: **Fleischfresser**, z. B. Füchse, wenn sie sich von Pflanzenfressern ernähren. Sie leben von den **Primärkonsumenten. Trophische Ebene T 3.**

→ **Tertiärkonsumenten** oder **Konsumenten dritter Ordnung**: Fleischfresser, z. B. Füchse, wenn sie sich von kleineren Fleischfressern ernähren. Die Energie stammt hier von anderen, kleineren Fleischfressern, also Konsumenten zweiter Ordnung. Diese ernährten sich von Pflanzenfressern, die ihre Nahrung direkt von den **Produzenten** erhielten. **Tropische Ebene T 4.**

Anmerkungen:

1) **Allesfresser** oder **Omnivore**, z. B. das Schwein, fressen pflanzliche wie tierische Stoffe. Sie befinden sich teils auf der trophischen Ebene T 2, teils auf T 3 und sogar T 4.

2) Viele Fleischfresser, z. B. Füchse, verzehren sowohl Pflanzenfresser als auch kleine Fleischfresser. Sie stehen also teils auf der trophischen Ebene T 3, teils auch auf T 4.

- **Trophische Ebene** oder **Ernährungsstufe**: Die Stellung von Lebewesen innerhalb einer **Nahrungskette** (s. **Nahrungsnetz**). Bei höheren trophischen Ebenen geht jeweils ein großer Teil der Energie, die aus der Nahrung stammt, verloren. Nehmen wir zum Beispiel eine Kuh: Sie nützt über die Hälfte der Nahrung für die Energieproduktion aus. Wenn wir Rindfleisch essen, übernehmen wir aber nur noch einen geringen Teil des Ausgangmaterials, nämlich jenen Anteil an Heu, den die Kuh für den Aufbau eigener neuer Gewebe verwendet hat. Dieser Energieverlust hat auch zur Folge, daß mit jeder nächsthöheren trophischen Ebene auch die Zahl der Tiere immer geringer wird, da diese ja immer größere Futtermengen zu sich nehmen müssen, um die nötige Energie zu erhalten. Wir bezeichnen dieses Prinzip auch als **Zahlenpyramide**.

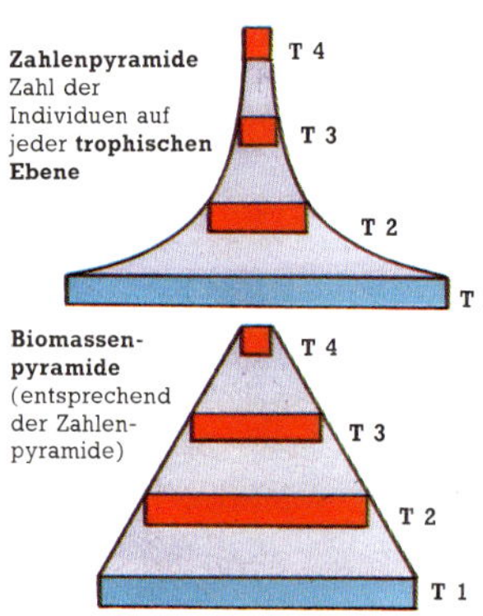

Gesamtbiomasse aller Individuen auf jeder trophischen Ebene. (Die Massenabnahme ist geringer, da die Tiere auf höheren trophischen Ebenen meist größer sind.)

* **Biozönose**, 5; **Photosynthese**, 26

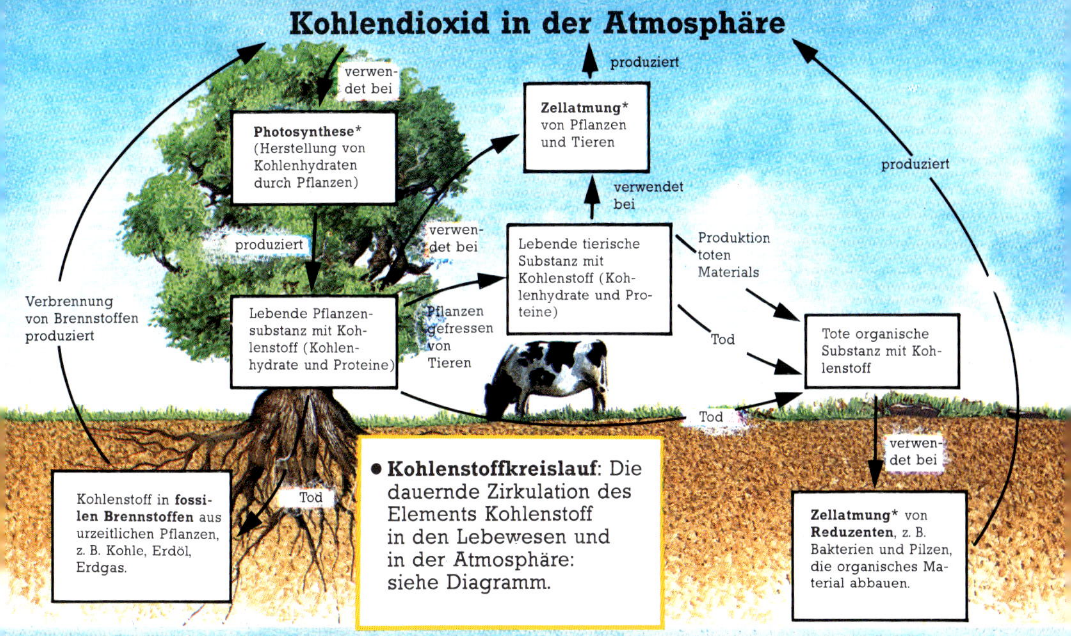

● **Kohlenstoffkreislauf**: Die dauernde Zirkulation des Elements Kohlenstoff in den Lebewesen und in der Atmosphäre: siehe Diagramm.

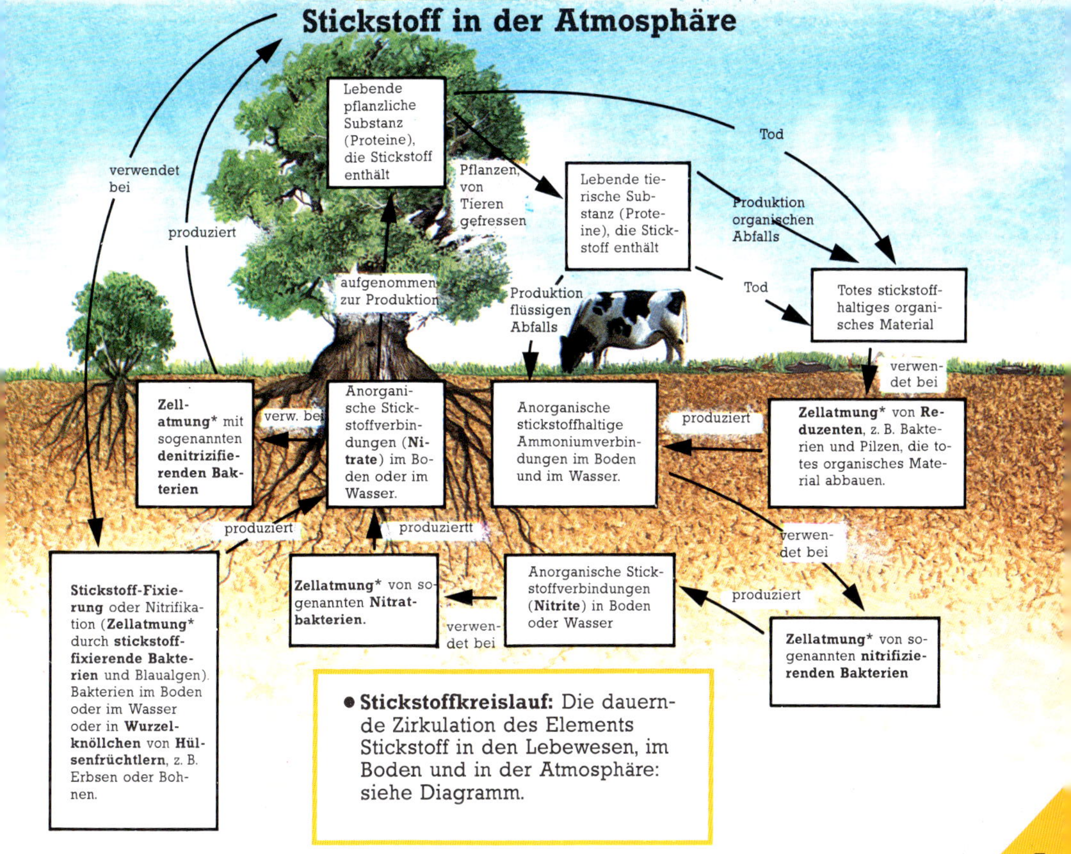

● **Stickstoffkreislauf:** Die dauernde Zirkulation des Elements Stickstoff in den Lebewesen, im Boden und in der Atmosphäre: siehe Diagramm.

* **Photosynthese**, 26; **Zellatmung**, 104.

Leben und Lebensformen

Alle Lebewesen zeigen die gleichen grundlegenden **Kennzeichen des Lebendigen**. Dazu zählen Atmung, Ernährung, Wachstum, Reizbarkeit, Bewegung, Ausscheidung und Fortpflanzung. Dabei weisen die Lebewesen eine große Vielzahl von Organisationstypen auf, die wir als Lebensformen bezeichnen. Im Lauf der Entwicklung (s. auch **Metamorphose**, Seite 49) kann es zu größeren Veränderungen kommen. Im folgenden sind einige Lebensformen mit ihren charakteristischen Eigenschaften beschrieben.

- **Ausdauernde, perennierende Pflanzen** leben mehrere Jahre. **Stauden** wie der Rittersporn sind krautartig und verlieren am Ende jeder Vegetationsperiode ihre oberirdischen Teile. Im nächsten Frühjahr treiben sie neue Schößlinge.

- **Holzpflanzen** hingegen, z. B. alle Bäume, bleiben auch in der schlechten Jahreszeit bestehen und legen jedes Jahr durch **sekundäres Dickenwachstum*** neue Substanz zu.

- **Zweijährige Pflanzen** leben zwei Jahre lang, z. B. Möhren. Im ersten Jahr wachsen sie und speichern Nährstoffe. Im zweiten Jahr bringen sie Blüten und Samen hervor und sterben dann.

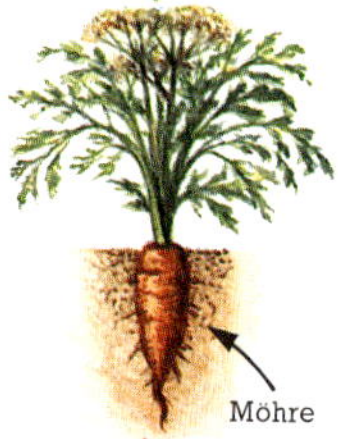

- **Einjährige Pflanzen** leben nur eine Vegetationsperiode lang, z. B. Ringelblumen. In dieser Zeit keimen sie, bringen Blüten und Samen hervor und sterben dann.

- **Krautpflanzen**: Pflanzen ohne **sekundäres Dickenwachstum*** und mit weichen, unverholzten Sprossen oberhalb der Erde. Dadurch unterscheiden sie sich deutlich von den **Holzpflanzen** wie Sträuchern und Bäumen.

- **Sommergrün** sind **ausdauernde Pflanzen**, die am Ende jeder Vegetationsperiode ihr **Chlorophyll*** abbauen und ihre Blätter abwerfen, z. B. die Buche.

- **Immergrün** sind **ausdauernde Pflanzen**, die ihre Blätter mehrere Jahre beibehalten, z. B. Nadelhölzer wie die Fichte.

- **Ephemere Pflanzen** leben nur ganz kurze Zeit und vorübergehend. Wir finden sie vor allem in Lebensräumen, die die meiste Zeit oder mehrere Jahre heiß und trocken sind. Günstige Wachstumsbedingungen sind nur während einer kurzen Zeitspanne und nach kräftigem Regen vorhanden. So müssen ephemere Pflanzen in wenigen Tagen keimen, wachsen und Samen produzieren. Auch unter den Tieren gibt es kurzlebige Formen, z. B. die erwachsenen Eintagsfliegen, die nur wenige Minuten bis wenige Tage leben.

- **Anadrom** sind Fische, wenn sie zur Fortpflanzung das Meer verlassen und in die Flüsse hinaufziehen. Diese Form der Wanderung finden wir z. B. beim Lachs. Das Gegenteil ist **katadrom**.

* **Chlorophyll**, 27 (**Pigment**); **sekundäres Dickenwachstum**, 18.

- **Migration**: Jahreszeitliche Wanderung von einem Gebiet ins andere. Meistens verlassen die Tiere ihr Fortpflanzungsgebiet im Winter, um anderswo Nahrung zu finden, und kehren im Frühjahr zurück. Solche Wanderungen sind vor allem bei Vögeln ausgeprägt, finden sich aber auch bei anderen Tieren, z. B. den Rentieren.

Haselmaus bei der Überwinterung

- **Dormanz:** Eine einmalig auftretende oder sich wiederholende Ruheperiode in der Entwicklung vieler Pflanzen und Tiere. Bei den Pflanzen tritt sie z. B. auf, wenn die äußeren Bedingungen ungünstig sind für das Wachstum. Gewöhnlich ist dies im Winter der Fall. Bei den Tieren unterscheiden wir zwischen einer **Überwinterung** und einer **Übersömmerung**. Typisch für die Überwinterung ist der Winterschlaf der **Säugetiere***, z. B. das Murmeltier. Die Übersömmerung infolge von Trockenheit ist vor allem bei den Insekten zu beobachten.

Lebensweisen

Genaugenommen hat jedes Lebewesen seine eigene, unverwechselbare Lebensweise. Dies ist das Ergebnis der **adaptiven Radiation**. Für die Einteilung der Lebewesen gibt es mehrere Verfahren. Die Einteilung nach gemeinsamen körperlichen Merkmalen führt zur üblichen Klassifikation (s. Seiten 110–113). Daneben gibt es auch eine weniger streng gehandhabte Einteilung, welche die unterschiedlichen Lebensweisen berücksichtigt (s. Liste, Seite 114).

- **Adaptive Radiation**: Dieser langsam verlaufende Vorgang führt zur Ausbildung vieler verschiedener Lebensformen, ausgehend von einem einzigen, ausgestorbenen Grundtyp. Jede dieser Lebensformen zeigt einen höheren Grad der **Spezialisierung** und ist damit besser an die Umwelt angepaßt, zum Beispiel Stromlinienform beim Schwimmen und Fliegen. Viele Lebewesen haben auch Organe zum eigenen **Schutz** ausgebildet, zum Beispiel Hörner

oder Giftstachel. Solche Anpassungen können sich bei den nachfolgenden Generationen um so leichter ausbreiten, weil sie

dem betreffenden Lebewesen eine größere Überlebenschance bieten. Dieses kann sich bevorzugt fortpflanzen und das Merkmal weitergeben. Das ist die Grundlage von Darwins Theorie der natürlichen Auslese, die Mitte des vorigen Jahrhunderts entstand und die Forschung nachhaltig beeinflußte.

- **Mimikry**: Eine besondere Art der Anpassung. Dabei ahmt ein harmloses Lebewesen in Tracht und Verhalten ein gefährliches oder wehrhaftes Vorbild nach. Der **Nachahmer** profitiert auf diese Weise von den Schutzeinrichtungen seines **Modells**. Weit verbreitet ist z. B. die Färbung von Insekten mit schwarzen und gelben Streifen, wie sie die wehrhaften Wespen aufweisen. Solche Formen des Selbstschutzes trifft man vor allem in den Tropen an.

* **Säugetiere, 113.**

Der Aufbau der Lebewesen

Alle Lebewesen sind aus **Zellen** aufgebaut. Zellen stellen die grundlegenden Einheiten des Lebens dar und führen alle lebensnotwendigen chemischen Prozesse durch. Die einfachsten Lebewesen bestehen nur aus einer einzigen Zelle (**Einzeller**), die komplexesten hingegen setzen sich aus Tausenden oder vielen Millionen Zellen zusammen. Diese **Vielzeller** weisen verschiedene Zelltypen auf, von denen jeder auf eine ganz bestimmte Aufgabe spezialisiert ist. Gruppen gleichartiger Zellen bilden – gegebenenfalls mit anorganischen Stoffen – ein **Gewebe**, zum Beispiel Muskelgewebe. Mehrere verschiedene, zusammengehörige Gewebe bauen ein **Organ** auf, zum Beispiel den Magen. Eine nach ihren Aufgaben zusammengehörende Gruppe von Organen bezeichnen wir als **Organsystem**, zum Beispiel das Verdauungssystem.

Die Struktur einer Zelle

Obwohl Zellen sehr verschieden aussehen können, sind sie doch alle aus denselben grundlegenden Elementen aufgebaut. Jeder dieser Bausteine erfüllt eine ganz besondere Aufgabe innerhalb der Zelle.

- **Zellmembran**: Die Außenhaut einer Zelle, auch **Plasmalemm** genannt. Sie ist **semipermeabel***, das heißt, sie läßt nur bestimmte Stoffe hindurchtreten. Auf diese Weise vollzieht sich der Stoffaustausch.

Pflanzliche Zelle ▼
(aufgeschnitten)

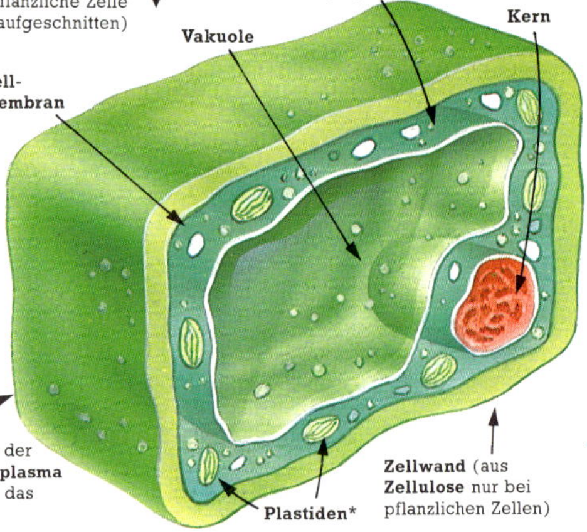

Die **Zellmembran**, der Kern und das **Zytoplasma** bilden gemeinsam das **Protoplasma**.

Tierische Zelle ▼
(aufgeschnitten)

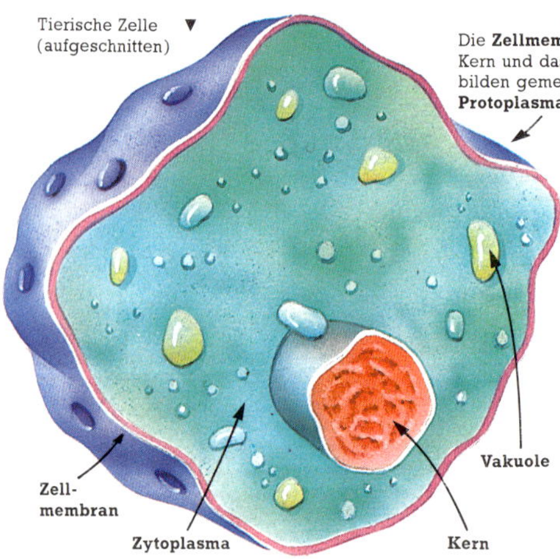

- **Zellkern:** Das Kontrollzentrum der Zelle. Die **Kernmembran** ist doppelwandig und umschließt das geleeartige **Kernplasma** oder **Karyoplasma**. Es enthält einen **Nukleolus** oder mehrere **Nukleoli** und das genetische Material der **DNS***. Dieses liegt in den **Chromosomen***. Wenn sich die Zelle nicht teilt, bilden die Chromosomen eine fädige Masse, das **Chromatin**.

- **Zytoplasma:** Das gesamte Material der Zelle, das den Zellkern umgibt und in dem alle chemischen Reaktionen stattfinden (s. **Organellen**). Im allgemeinen ist das Zytoplasma außen (**Ektoplasma**) fester und geleeartig, innen (**Endoplasma**) flüssig (s. Bild Seite 40).

- **Vakuolen**: Flüssigkeitsgefüllte Hohlräume im **Zytoplasma**. In tierischen Zellen sind die Vakuolen klein und treten nur zeitweise auf; sie scheiden entweder Stoffe aus (**Golgi-Apparat**) oder enthalten in die Zelle transportierte Flüssigkeit (s. **Pinozytose**, Seite 99). Die meisten pflanzlichen Zellen haben eine große, dauernde Vakuole, die mit **Zellsaft** gefüllt ist. Im Zellsaft sind Nährsalze und Zucker gelöst.

* **Chromosomen**, 96; **DNS**, 96 (**Nukleinsäuren**); **Nukleoli**, **Plastiden**, 12; **Semipermeabel**, 99.

Organellen

Als **Organellen** bezeichnen wir kleine Körperchen oder Strukturen im **Zytoplasma**. Jeder Typus (s. diese und folgende Seite) übernimmt gewisse chemische Reaktionen innerhalb der Zelle.

Tierische Zelle mit den **Organellen** im **Zytoplasma**

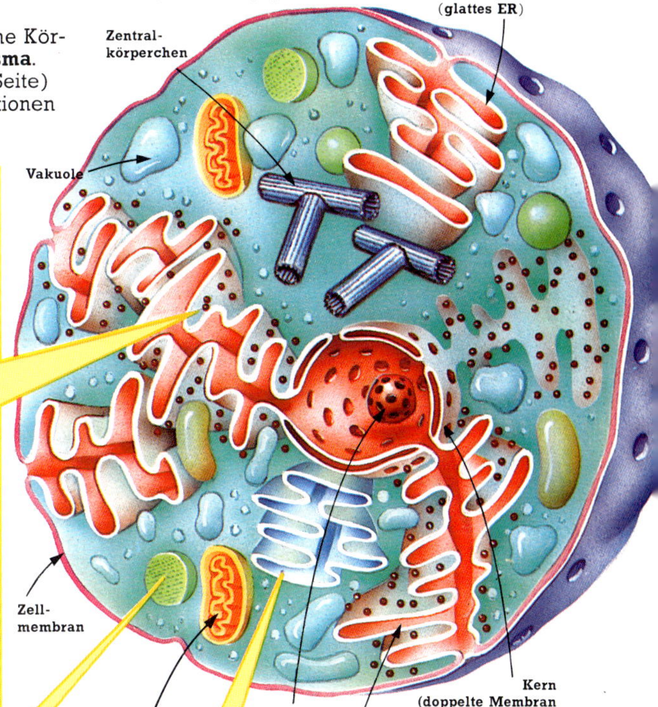

Die **Mitochondrien**, das **Zentralkörperchen** und der **Nukleolus** werden auf der folgenden Seite behandelt.

- **Ribosomen**: Winzige runde Körperchen, von denen die meisten am **endoplasmatischen Retikulum** liegen. Sie spielen eine wichtige Rolle beim Aufbau von Proteinen aus Aminosäuren (s. Seite 100). Mit Hilfe einer Substanz, der sogenannten **Boten-RNS** (**messenger-RNA**, **mRNA**) wird codierte Information zu den Ribosomen geschickt. Diese Codes bewahrt die **DNS** im **Kern** auf. Die Ribosomen verbinden mit Hilfe der Codes die richtigen Aminosäuren zu den erforderlichen Proteinen. Die **RNS*** tritt in mindestens zwei weiteren Formen in der Zelle auf. Die Ribosomen bestehen aus der **ribosomalen RNS** (s. **Nukleoli***), während Moleküle der **Transfer-RNS** (**tRNA**) die Aminosäuren zu den Ribosomen bringen.

- **Lysosomen**: Runde Säckchen, in denen sich **Enzyme*** befinden. Die Lysosomen nehmen Fremdkörper, z. B. Bakterien, in sich auf und zerstören diese mit ihren Enzymen. Die Außenhülle der Lysosomen verhindert normalerweise, daß die Enzyme in die Zelle gelangen und diese zerstören. Nur wenn die Zelle beschädigt wird, verschwindet diese Membran. Die Zelle löst sich dann selbst auf.

- **Golgi-Apparat**: Ein besonderer Bereich des **glatten ER**, auch **Dictyosom** genannt. Der Golgi-Apparat sammelt und verteilt die in der Zelle entstehenden Substanzen, z. B. Proteine und Abfälle aus chemischen Reaktionen. Die Stoffe gelangen in die Säckchen, die allmählich anschwellen und schließlich an den äußeren Enden einzelne Bläschen abschnüren. Diese Golgi-Vesikel verlassen die Zelle über das **Zytoplasma** und die **Zellmembran**.

- **Endoplasmatisches Retikulum** oder **ER**: Ein komplexes System mehrfach gefalteter Säcke, die mit der **Zellmembran** und der **Kernmembran** verbunden sind (s. **Zellkern**). Das ER verfügt über eine große Oberfläche für chemische Reaktionen oder die Speicherung von Flüssigkeiten. Man unterscheidet zwei Formen des endoplasmatischen Retikulums: Das rauhe, granuläre ER hat **Ribosomen** auf der Oberfläche, das glatte oder agranuläre dagegen nicht.

* **Enzyme**, 103; **Nukleoli**, 12; **RNS**, 96 (**Nukleinsäuren**).

Organellen (Fortsetzung)

- **Zentralkörperchen**, auch Centriolen genannt: Zwei Körperchen neben dem **Zellkern***, die nur in tierischen Zellen vorkommen. Jedes Zentralkörperchen liegt in einem dichten **Zytoplasma***-Gebiet und besteht aus zwei T-förmigen dünnen Zylindern. In ihrer Wand sind zwei- oder dreimal je neun dünne Röhrchen (**Mikrotuboli**) eingebettet. Zentralkörperchen spielen bei der Zellteilung eine wichtige Rolle.

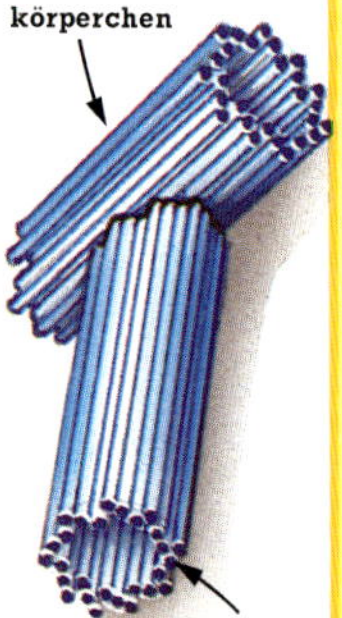

- **Mitochondrien** (Einzahl Mitochondrium): Längliche, zylindrische Körperchen mit doppelter Membran. Die innere Membran bildet meistens Falten (**Cristae**), wodurch die Oberfläche stark vergrößert wird. Hier finden die chemischen Reaktionen in den Mitochondrien statt. Die Mitochondrien werden oft auch als die „Kraftwerke" der Zelle bezeichnet, denn sie bauen Nährstoffe in der Zelle ab und gewinnen daraus Energie. Mehr darüber im Kapitel **aerobe Atmung,** Seite 104. Eine stoffwechselaktive Zelle enthält ein paar tausend Mitochondrien. Bei der Zellteilung werden diese regelmäßig auf die Tochterzellen verteilt.

- **Nukleoli** (Einzahl **Nukleolus**), auch Kernkörperchen genannt. Einzeln oder zu mehreren auftretende rundliche Körperchen im **Zellkern***. Sie produzieren Materialien für den Bau von **Ribosomen*** (bestehend aus **ribosomaler RNS**). Diese Stoffe werden aus dem Zellkern heraustransportiert und sammeln sich im **Zytoplasma***. Nukleoli werden nicht von einer Membran abgegrenzt.

- **Plastiden**: Zarte Körperchen im **Zytoplasma*** pflanzlicher Zellen. Einige speichern Stärke, Öl oder Proteine (**Leukoplasten**) und sind völlig farblos. Die **Chloroplasten*** hingegen enthalten **Chlorophyll***. Am häufigsten sind sie in den Palisadenzellen der Blätter.

Zellteilung

Bei der Zellteilung gehen aus der Mutterzelle zwei identische **Tochterzellen** hervor. Es gibt zwei Arten der Zellteilung; doch bei beiden teilt sich erst der **Zellkern*** (**Karyokinese**) und dann das **Zytoplasma*** (**Zytokinese**). Der erste Typ der Zellteilung, die **Mitose**, wird auf diesen beiden Seiten beschrieben. Dabei werden neue Zellen für das Wachstum und als Ersatz für die Millionen von Zellen produziert, die in unserem Körper jeden Tag durch Schäden, Krankheit oder einfach Überalterung absterben. Die Mitose ist auch für viele Einzeller die Methode für die **ungeschlechtliche Fortpflanzung***. Bei der Mitose erhält jede Tochterzelle nicht nur eine Kopie des Erbgutes in Form eines DNS-Stranges, sondern auch die Zellorganellen werden ziemlich gleichmäßig aufgeteilt. Die zweite Art der Zellteilung oder Meiose bringt **Gameten*** oder Geschlechtszellen hervor. Wenn diese nach der Paarung oder Bestäubung miteinander verschmelzen, entsteht neues Leben. Mehr darüber auf den Seiten 94–95.

- **Mitose**: Bezeichnung für die normale **Kern-** und **Zellteilung** bei den Pflanzen wie bei den Tieren. Die Mitose sorgt dafür, daß jeder der beiden **Tochterkerne** dieselbe Zahl von **Chromosomen*** mit der codierten Erbinformation bekommt. Das ist deswegen möglich, weil die Chromosomen im Kern der Mutterzelle in doppelter, **diploider** Ausführung vorhanden sind. Jedes Lebewesen verfügt in seinen Zellen über eine charakteristische Chromosomenzahl. Diese sind zu identischen Paaren angeordnet, die wir **homologe Chromosomen** nennen. Der Mensch hat 46 Chromosomen zu 23 Paaren. Davon sind 22 Paare homolog. Das 23. Paar enthält die Geschlechtschromosomen: Bei der Frau sind es zwei X-Chromosomen (homologes Paar), beim Mann hingegen treten ein X-Chromosom und ein Y-Chromosom auf (heterologes Paar). Obwohl die Mitose ein kontinuierlich ablaufender Prozeß ist, teilt man ihn der Einfachheit halber in vier Phasen ein. Vor der eigentlichen Mitose liegt stets die **Interphase**.

* **Chlorophyll**, 27 (**Pigmente**); **Chloroplasten**, 27; **Chromosomen**, 96; **Gameten**, 93; **Ribosomen**, 11; **Ungeschlechtliche Fortpflanzung**, 92; **Zellkern**, 10; **Zytoplasma**, 10.

- **Interphase**: Die Zeit zwischen zwei Zellteilungen. In der Interphase sind die Zellen sehr aktiv: Sie führen alle lebensnotwendigen Prozesse durch, erfüllen ihre Spezialaufgaben und ergänzen die bei der letzten Teilung halbierten Bestandteile, damit sie selber wieder voll teilungsfähig werden. Kurz vor dem Beginn der **Mitose** verdoppeln sich auch die **Chromatin***-Fäden im **Zellkern***, so daß sich jedes **Chromosom*** nach dem Aufrollen aus zwei **Chromatiden** (s. **Prophase**) zusammensetzt.

Phasen der **Mitose** (nur zwei **Chromosomen*** dargestellt – der Mensch hat 46)

Prophase

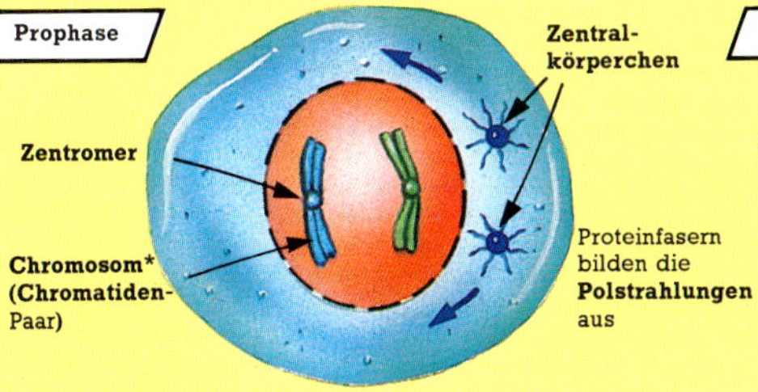

Die **Chromatin***-Fäden im **Zellkern*** wickeln sich auf und bilden sichtbare **Chromosomen***. Die **Kernmembran*** verschwindet. Jedes Chromosom verfügt bereits über zwei identische **Chromatiden,** die durch einen kleinen kugeligen Körper (das **Zentromer**) zusammengehalten werden. Die beiden **Zentralkörperchen** begeben sich zu den entgegengesetzten Zellpolen.

▼

Metaphase

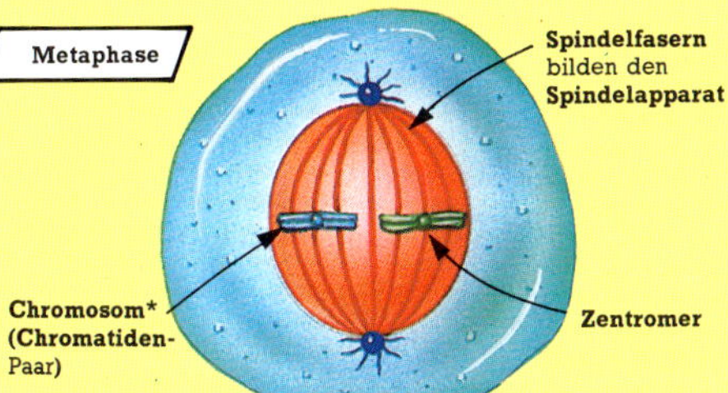

Die **Zentralkörperchen** an den entgegengesetzten Polen senden Proteinfasern (**Spindelfasern**) aus, die sich miteinander verbinden und den kugeligen **Spindelapparat** bilden. Die **Chromosomen*** (**Chromatidenpaare**) begeben sich zum Äquator des Kerns und heften sich mit ihren **Zentromeren** an den Spindelfasern fest.

▼

Anaphase

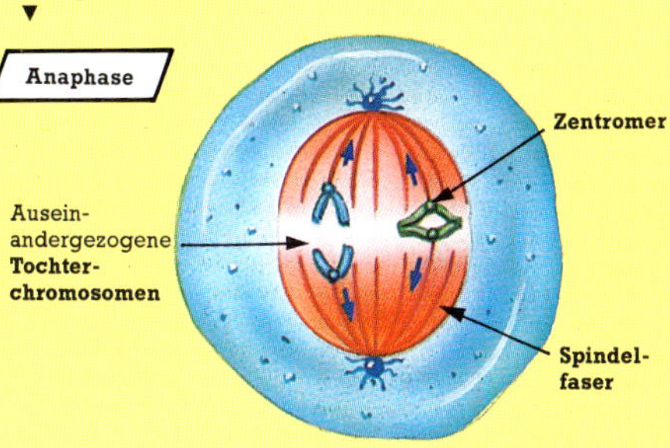

Die **Zentromeren** verdoppeln sich, und die beiden **Chromatiden** jedes Chromosoms (nunmehr **Tochterchromosoms**) bewegen sich zu den entgegengesetzten Polen der **Spindel**, wahrscheinlich unter dem Einfluß der sich verkürzenden **Spindelfasern**.

Telophase

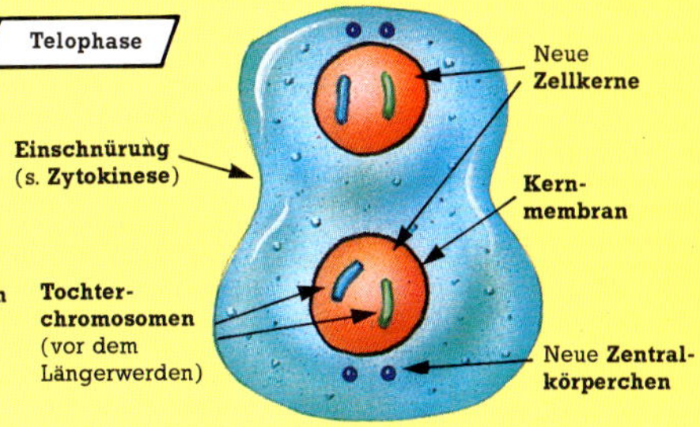

Die **Spindelfasern** und der **Spindelapparat** verschwinden, und die **Tochterchromosomen** bilden eine neue **Kernmembran***. Daraus gehen zwei neue **Zellkerne*** (**Tochterkerne**) hervor, in deren Innern die Chromosomen wieder länger werden und die fädige **Chromatin***-Masse bilden. Auch die **Zentralkörperchen** verdoppeln sich, so daß in jeder Tochterzelle (nach der **Zytokinese**) wieder ein Paar davon zu finden ist.

Zytokinese

▼

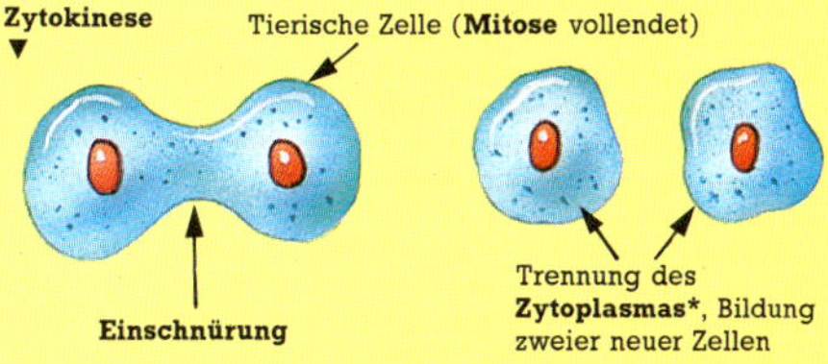

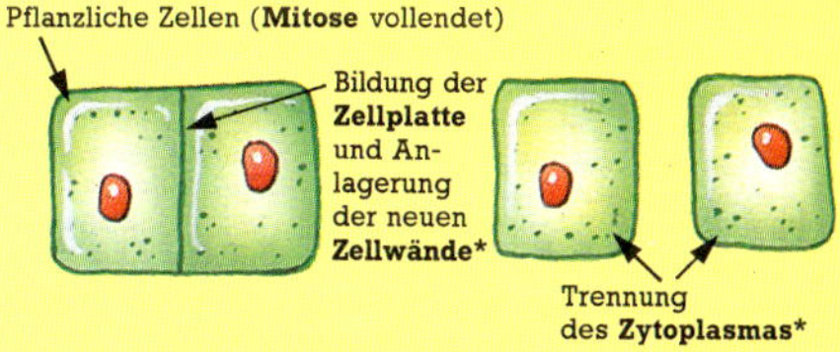

- **Zytokinese**: Die Teilung des **Zytoplasmas*** einer Zelle. Dabei bilden sich um die neuen **Zellkerne***, die bei der **Mitose** (oder **Meiose***) entstanden sind, neue Zellen. Bei tierischen Zellen entsteht in der Äquatorialebene eine Einschnürung, die schließlich zur vollständigen Trennung in zwei Zellen führt. Bei pflanzlichen Zellen bildet sich aus Bläschen des **Golgi-Apparats** eine Zellplatte, die sich vergrößert und mit den Längswänden der Mutterzelle verschmilzt. Daran lagert jede Tochterzelle dann eine neue **Zellwand*** an.

* **Chromatin**, 10 (**Zellkern**); **Chromosomen**, 96; **Kernmembran** 10 (**Zellkern**); **Meiose**, 94; **Zellwand**, 10; **Zytoplasma**, 10.

Gefäßpflanzen

Mit Ausnahme einfacher Pflanzen wie der Algen und der Pilze (s. Klassifikation auf den Seiten 110–111) sind alle Pflanzen **Gefäßpflanzen.** Das bedeutet, daß sie alle über komplexe Leitgewebe verfügen, in denen der Flüssigkeitstransport stattfindet. Wer mehr über den Transport in den Leitgeweben erfahren will, schlägt die Seiten 24–25 auf. Alle Gefäßpflanzen werden in der Abteilung Tracheophyta (s. Seite 111) zusammengefaßt.

- **Leitgewebe**: Besonderes Gewebe im Inneren des Sprosses einer **Gefäßpflanze**, es besorgt den Flüssigkeitstransport und dient als Stütze. Bei jungen Sprossen ist das Leitgewebe normalerweise in einzelnen **Gefäß-** oder **Leitbündeln** angeordnet. Bei älteren Sprossen mit sekundärem Dickenwachstum bilden sie einen **Gefäßzylinder***. Bei jungen Wurzeln ist die Anordnung etwas anders, und der Gefäßzylinder wird auch später ausgebildet. Mehr über das Leitgewebe beim sekundären Dickenwachstum findet man auf Seite 18. Es gibt zwei Arten von Leitgewebe, das **Xylem** und das **Phloem**. Bei den zweikeimblättrigen Pflanzen liegt zwischen ihnen ein Wachstumsgewebe, das **Kambium**.

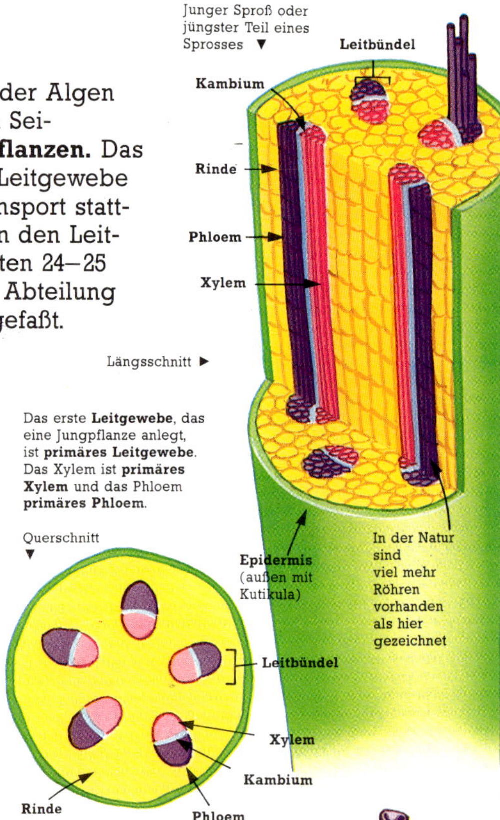

Bestandteile des Leitgewebes

- **Xylem**: Auch Holz- oder Gefäßteil genannt. Dieses Gewebe leitet Wasser von den Wurzeln zu den Blättern. Zwischen den einzelnen **Gefäßen** liegen lange dünne Zellen (**Fasern**), die den Zusammenhalt besorgen. Bei älteren Pflanzen stirbt das innere Xylem ab und dessen Gefäße werden ausgefüllt, wobei **Kernholz*** entsteht.
- **Phloem** oder Siebteil: Ein Leitgewebe, das die organischen Nährstoffe von den Blättern in Richtung Wurzel transportiert. Es besteht aus **Siebröhren** mit besonderen, parallel verlaufenden **Geleitzellen** sowie weiteren Zellen als Stütze. Die Geleitzellen sind mit den Siebröhrenzellen durch Tüpfel verbunden. Zwischen den einzelnen aneinandergereihten Siebröhrenzellen stehen die Siebplatten.

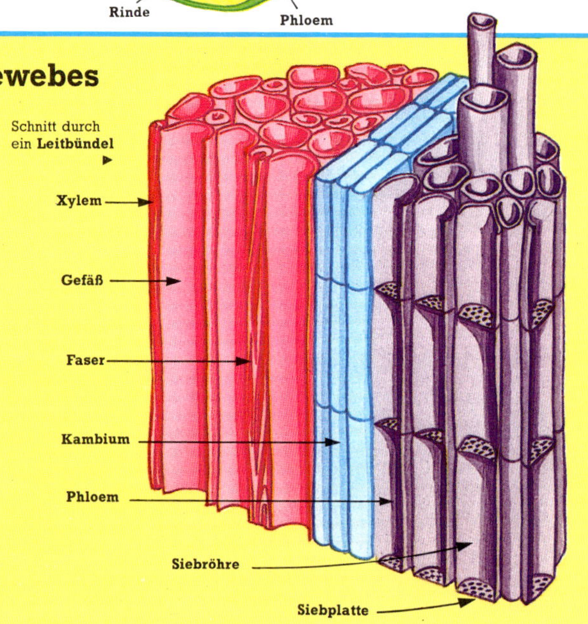

* **Gefäßzylinder**, 18; **Kernholz**, 19.

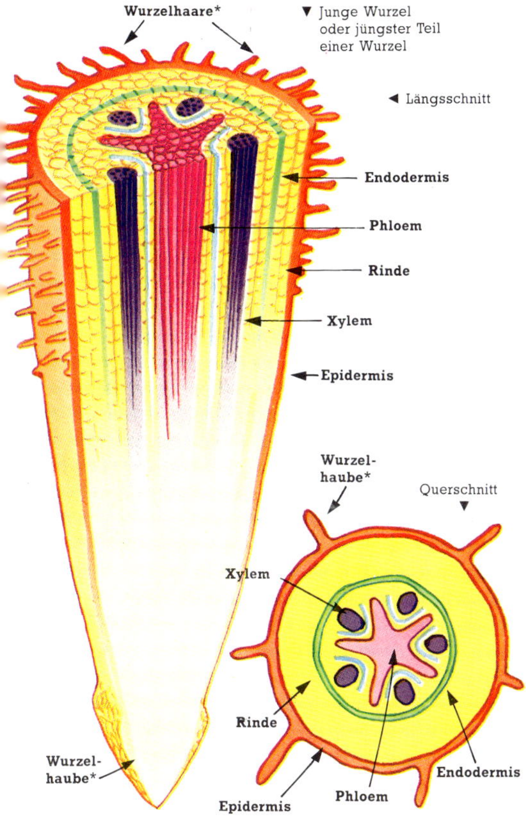

- **Gefäße:** Langgestreckte tote Röhren im **Xylem**, die den Wassertransport besorgen. Ihre Zellwände sind verholzt und enthalten **Lignin**. Sie bestehen aus hintereinander gelagerten abgestorbenen Zellen. Die Tracheiden bestehen aus Einzelzellen mit Endwänden; bei den Tracheen sind die Querwände aufgelöst.

- **Siebröhren:** In Längsreihen angeordnete lebende Zellen im **Phloem**. Sie übernehmen den Nährstofftransport. Die Endwände der langgestreckten Röhrenzellen sind siebartig durchlöchert. Diese **Siebplatten** lassen die Nährstoffe durch.

- **Kambium:** Bei den zweikeimblättrigen Pflanzen eine schmale Schicht dünnwandiger Zellen zwischen dem **Xylem** (innen) und dem **Phloem** (außen). Die Kambiumzellen können sich teilen und produzieren nach innen sekundäres Xylem und nach außen sekundäres Phloem. Wachstumsgewebe wie das Kambium nennen wir auch **Meristem***.

Weitere Gewebe bei Gefäßpflanzen

- **Epidermis**: Eine dünne Oberhaut, die alle Pflanzengewebe nach außen abschließt. Besonders auf den Blättern steht die Epidermis über zahlreiche kleine Öffnungen, die **Spaltöffnungen***, mit der Außenwelt in Verbindung. Sprosse mit sekundärem Dickenwachstum haben anstelle der Epidermis eine **Korkschicht***. Bei den Wurzeln solcher Pflanzen wird die Epidermis erst durch die **Exodermis** und dann durch eine Korkschicht ersetzt.

- **Kutikula**: Eine dünne Außenschicht aus dem wächsernen Stoff **Cutin**. Die Kutikula wird von der **Epidermis** produziert. Sie setzt den Wasserverlust herab.

- **Rinde:** Eine Gewebeschicht unter der **Epidermis** von ober- und unterirdischen Sprossen. Die Rinde besteht zur Hauptsache aus **Parenchym**, einem Gewebe aus umfangreichen Zellen mit großen Interzellularräumen. Manche Pflanzen haben auch ein Kollenchym, eine Art Stützgewebe mit langen dickwandigen Zellen. Beim sekundären Dickenwachstum wird die Rinde zusammengedrückt und durch andere Gewebe ersetzt.

- **Endodermis**: Die Zellschicht, die in Wurzeln und auf der **Rinde** aufliegt. Ihre Zellwände sind stark verdickt. Eine Ausnahme bilden die **Durchlaßzellen**. Sie leiten das Wasser weiter, das in die Lücken zwischen den Rindenzellen eingedrungen ist. Es gelangt dann ins Innere zum **Leitgewebe**.

- **Mark**: Ein Gewebetyp im Inneren von Stämmen, meistens aber nicht von Wurzeln. Von Mark spricht man eigentlich nur, wenn der Sproß das sekundäre Dickenwachstum begonnen und einen **Gefäßzylinder*** entwickelt hat. Das Mark besteht wie die **Rinde** aus **Parenchym**. Bisweilen dient es der Pflanze als Nährstoffspeicher.

* **Exodermis**, 17; **Gefäßzylinder**, 18; **Korkschicht**, 19; **Meristem**, 16; **Protoplasma**, 10; **Spaltöffnungen**, 21; **Wurzelhaube**, (**Zone der Wurzelhaare**), 17; **Zellkern**, 10.

Sprosse und Wurzeln

Sproß und **Wurzel** sind die wichtigsten Stützstrukturen einer Blütenpflanze. Eine besonders wichtige Rolle spielen sie auch beim Flüssigkeitstransport (s. Seiten 14–15 und 24–25). Auf dieser Doppelseite werden die wichtigsten Organe beschrieben. Mehr über die Entwicklung des Stengels und der Wurzeln beim sekundären Dickenwachstum auf den Seiten 18–19.

- **Meristem**: Bildungs- oder Teilungsgewebe, von dem neues Wachstum ausgeht. Die Zellen eines Meristems können sich teilen und neue Zellen produzieren. Ein Meristem an der Spitze der Wurzel (**Vegetationspunkt**) oder des Sprosses (**Endknospe**) heißt Apikalmeristem.

Sproßanlagen

- **Trieb**: Ein neuer Sproß, der dem Hauptsproß oder dem Samen entspringt.

- **Knospe**: Ein kleiner Auswuchs an einem Sproß. Die Knospe entwickelt sich zu einem neuen **Trieb** oder zu einer Blüte.

- **Achselknospe**: Knospe in der Achsel eines Seitentriebes, also im Winkel zwischen dem Trieb und dem Sproß, aus dem der Trieb entspringt. Man sagt auch: Achselknospen stehen **lateral** (**Seitenknospen**).

- **Endknospe**: Eine Knospe, die am Ende eines Stengels oder Triebes steht.

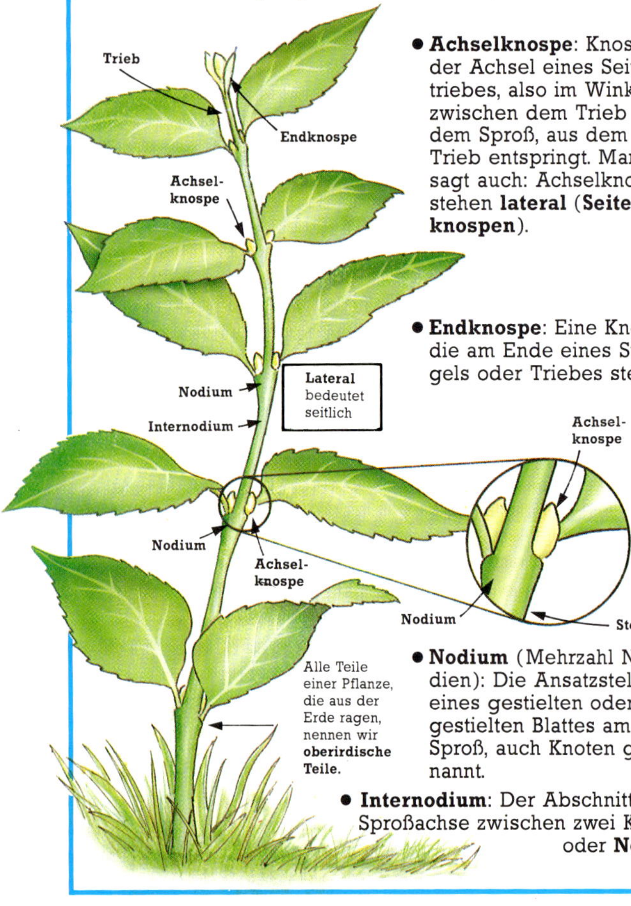

- **Nodium** (Mehrzahl Nodien): Die Ansatzstelle eines gestielten oder ungestielten Blattes am Sproß, auch Knoten genannt.

- **Internodium**: Der Abschnitt einer Sproßachse zwischen zwei Knoten oder **Nodien**.

Teile einer Wurzel

- **Vegetationspunkt**: Eine Stelle gerade hinter der Wurzelspitze. Dort teilen sich die Zellen und erzeugen neues Wachstum.

- **Zone der Zellstreckung**: Das Gebiet mit neu entstandenen Zellen hinter dem Vegetationspunkt. Die Zellen nehmen Wasser auf und strecken sich in die Länge, da die **Zellwände*** noch nicht erhärtet sind. Diese Zellstreckung stößt die Wurzelspitze tiefer in den Boden hinein.

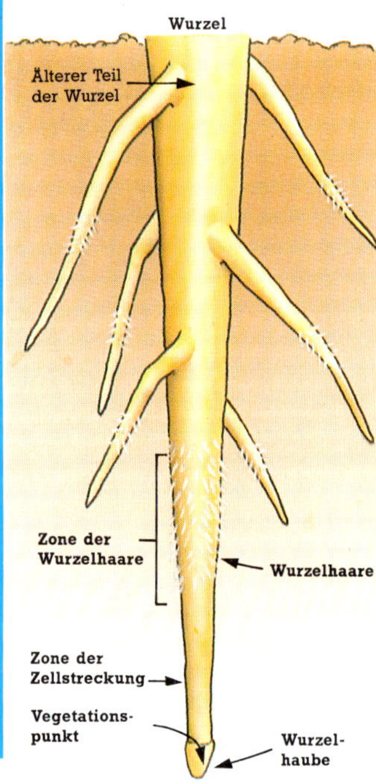

*Zellwand, 10.

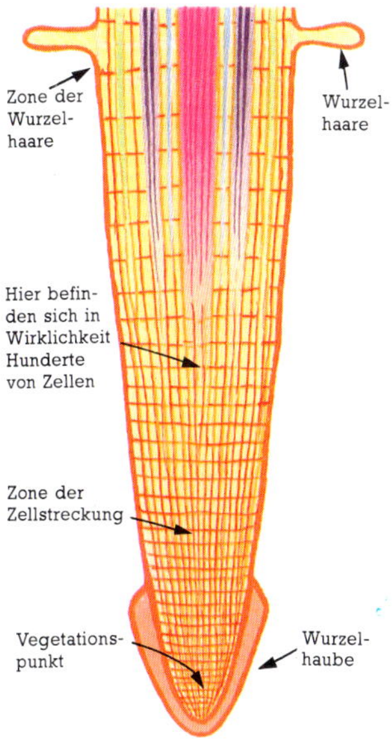

- **Zone der Wurzelhaare**: Das jüngste Gebiet der **Epidermis***, der äußersten Zellschicht einer Wurzel. Wie der Name sagt, stehen hier die **Wurzelhaare**; sie befinden sich hinter der **Zone der Zellstreckung**. Wenn die Wände der sich streckenden Zellen erhärten, entwickeln sich die äußeren Zellen zu den Wurzelhaaren. Weiter oben sterben die Wurzelhaare ab und werden von einer Schicht verkorkter Zellen ersetzt, der sogenannten **Exodermis**, welche die äußerste Schicht der **Rinde*** bildet.

- **Wurzelhaare**: Längere zarte, schlauchartige Auswüchse der **Epidermis***. Sie nehmen Wasser und darin gelöste Nährsalze auf.

- **Wurzelhaube**: Eine Zellschicht, welche die zarten Zellen der Wurzelspitze schützt.

* **Epidermis**, **Rinde**, 15; **Zwiebel**, 34.

Wurzeltypen

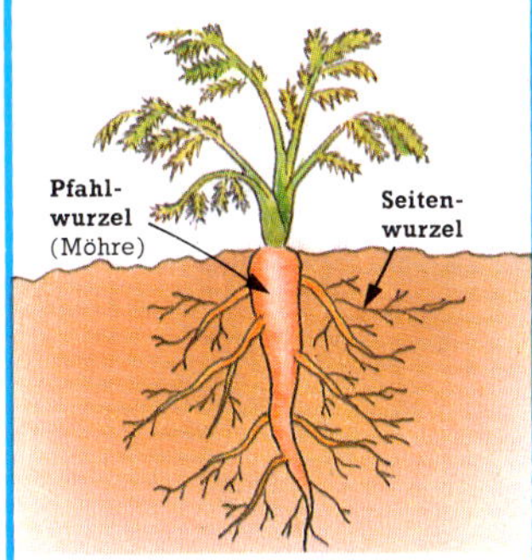

- **Pfahlwurzel**: Als Pfahlwurzel bezeichnen wir eine **Haupt-** oder **Primärwurzel**, die deutlich größer und dicker als die **Nebenwurzeln** wird. Viele Wurzelgemüse haben verdickte Pfahlwurzeln oder Speicherwurzeln.

- **Büschelwurzel**: Ein System dünner Wurzeln, die alle ungefähr gleich lang sind und die alle kleinere **Nebenwurzeln** tragen. Die Keimwurzel tritt im Gegensatz zur **Pfahlwurzel** nicht stärker hervor.

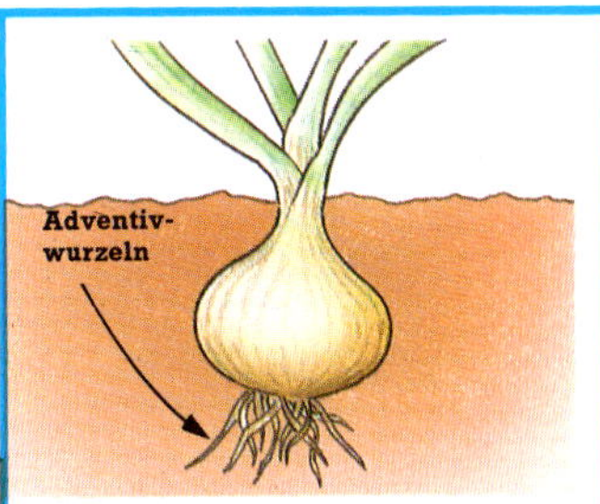

- **Adventivwurzeln**: Wurzeln, die aus Sproßachsen hervorgehen. Wir finden sie z. B. am unteren Ende von **Zwiebeln***, die nichts anderes als gestauchte Sprosse darstellen.

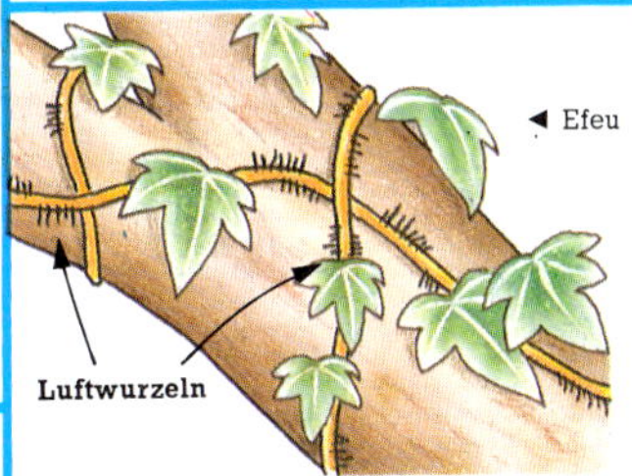

- **Luftwurzeln**: Oberirdisch stehende **Adventivwurzeln**, die nicht mit dem Boden in Kontakt kommen. Sie dienen zum Klettern (Efeu) und zur Aufnahme von Wasser (Orchideen).

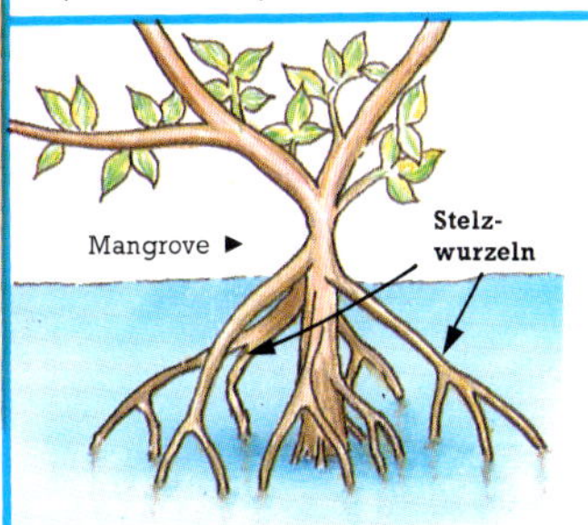

- **Stelzwurzeln**: Eine besondere Form der **Luftwurzeln**. Sie bilden sich an einem Sproß und wandern zur Erde. Stelzwurzeln haben z. B. die Mangroven, die sich damit im Schlick von Meeresküsten verankern.

Das Innere einer älteren Pflanze

Eine Blütenpflanze, die mehrere Jahre lebt, z. B. ein Baum, bildet beim Älterwerden **Sekundärgewebe** aus. Dieses besteht aus neuen Gewebeschichten, welche das ursprüngliche **Primärgewebe*** ergänzen. Im Innern der Pflanze wird neues **Leitgewebe*** für die Versteifung und den Flüssigkeitstransport gebildet, während an der Außenseite neue Schutzgewebe entstehen. Die Bildung neuer Leitgewebe heißt **sekundäres Dickenwachstum**, und dabei entsteht eine Holzpflanze.

Sekundäres Dickenwachstum bei einem Sproß

1. Junger Trieb

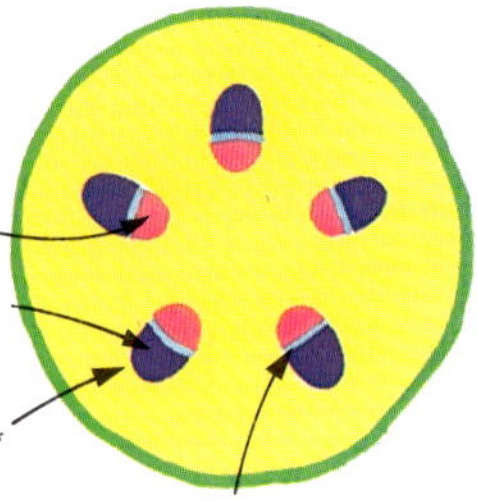

2. Etwas älter

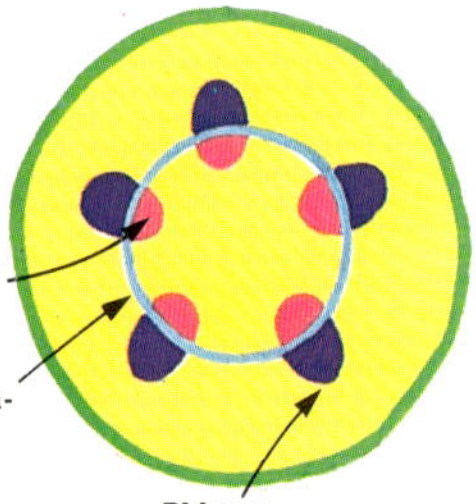

3. Noch älter

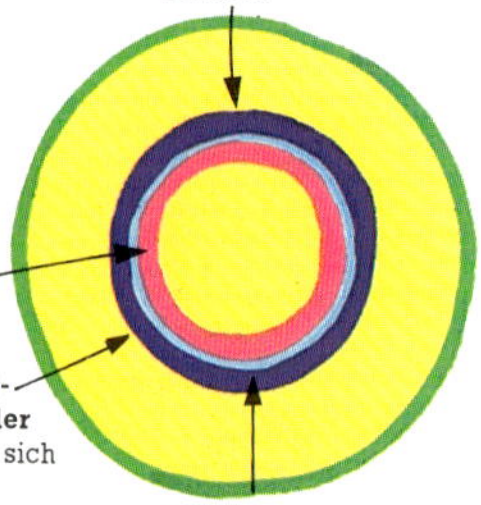

4. Nach einem weiteren Jahr

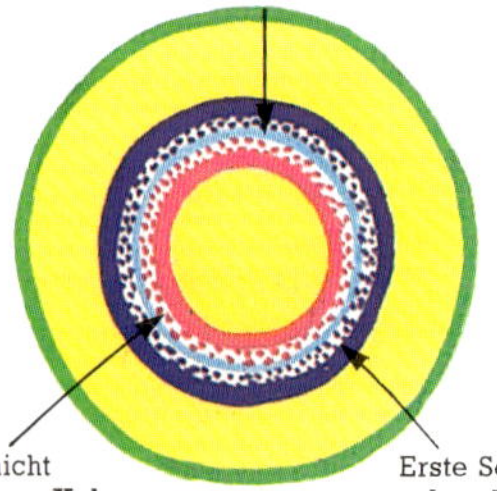

Neue zentrale Gewebe

- **Gefäßzylinder**: Beim ersten Schritt des **sekundären Dickenwachstums** entsteht ein Gefäßzylinder. Das **Kambium*** im Innern der **Leitbündel*** bildet neues **Xylem*** und **Phloem***, und zwar als einen durchgehenden Zylinder aus diesen Leitgeweben.

- **Sekundäres Dickenwachstum**: Bei mehrjährigen zweikeimblättrigen Pflanzen die Bildung zusätzlichen flüssigkeitsführenden **Leitgewebes***. Dies hat zur Folge, daß der Durchmesser des Stengels und der Wurzeln nach und nach zunimmt. Jedes Jahr bilden die sich teilenden **Kambium***-Zellen neue **Xylem***-Schichten (**sekundäres Xylem**) und **Phloem***-Schichten (**sekundäres Phloem**). Bei den oberirdischen Sprossen geschieht dies etwas anders als in den Wurzeln. Doch überall vergrößert das Leitgewebe seinen Durchmesser und verdrängt langsam das **Mark***. Der größte Teil des Stammes besteht aus Xylem und ist uns als **Holz** bekannt. Die Phloem-Schicht wird nicht viel dicker, weil das Xylem sie jedes Jahr nach außen abdrängt.

- **Jahresringe**: Die konzentrischen Ringe, wie sie auf dem Querschnitt einer älteren Holzpflanze sichtbar werden. Jeder Jahresring entspricht dem Wachstum des **Xylems*** während einer Vegetationsperiode und zeigt zwei unterscheidbare Gebiete, das weichere **Frühlingsholz** oder **Frühholz** mit weitlumigeren Gefäßen und das härtere **Spät-** oder **Herbstholz** mit viel engeren Gefäßen.

5. Nach einer Reihe von Jahren

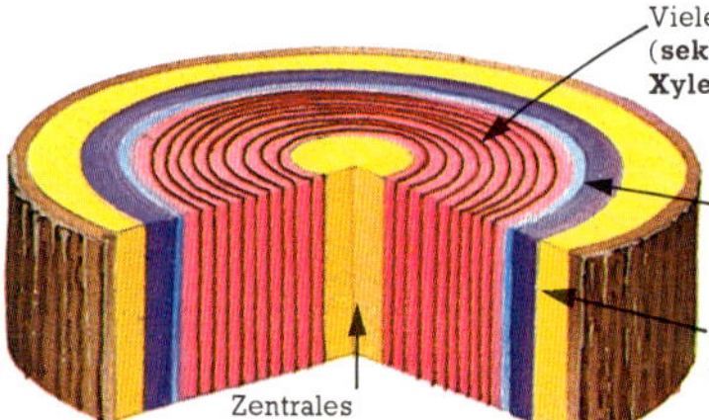

* **Kambium**, 15; **Mark**, 15; **Leitbündel**, 14 (**Leitgewebe**); **Phloem**, **Primärgewebe**, 14; **Xylem**, 14.

Neue periphere Gewebe

- **Kernholz**: Der älteste, zentrale Teil des **Xylems*** einer Holzpflanze. Die **Gefäße*** sind ausgefüllt und transportieren keine Flüssigkeit mehr, dienen aber noch der Versteifung.

- **Splintholz**: Der äußere Teil des **Xylems*** bei einer älteren Holzpflanze. Die **Gefäße*** des Splintholzes leiten weiterhin Wasser. Sie stützen auch den Baum und speichern Nährstoffe.

Mehrjährige Holzpflanzen bilden nicht nur neue **Leitgewebe***, sondern auch neue Schutzgewebe an der Außenseite. Man unterscheidet drei Schichten, das **Korkkambium**, die **Korkrinde** und die **Korkschicht**. Diese drei Schichten werden unter der Bezeichnung **Periderm** zusammengefaßt.

- **Korkkambium** oder **Phellogen**: Eine Zellschicht an der Peripherie von Stämmen und Wurzeln älterer Holzpflanzen. Es handelt sich um ein **Meristem***, das dauernd neue Zellen bildet. Aus ihm gehen die **Korkrinde** und die **Korkschicht** hervor.

- **Korkrinde** oder **Phelloderm**: Bezeichnung für die neue Zellschicht, die das **Korkkambium** nach innen produziert. Die Korkrinde ergänzt die **Rinde*** und wird deswegen gelegentlich auch als **sekundäre Rinde** oder als **Bast** bezeichnet.

- **Korkschicht**: Eine neue Zellschicht, die das **Korkkambium** nach außen produziert. Wie der Name sagt, **verkorken** diese Zellen, das heißt, die Zellwände lagern wachsartige **Suberin**-Schichten an. Diese bewirken, daß kein Wasser eindringen kann. Die Korkzellen sterben langsam ab und ersetzen die primäre äußere Zellschicht (**Epidermis*** bei Stengeln und **Exodermis*** bei Wurzeln). Die Schicht toter Korkzellen bezeichnen wir als **Borke**.

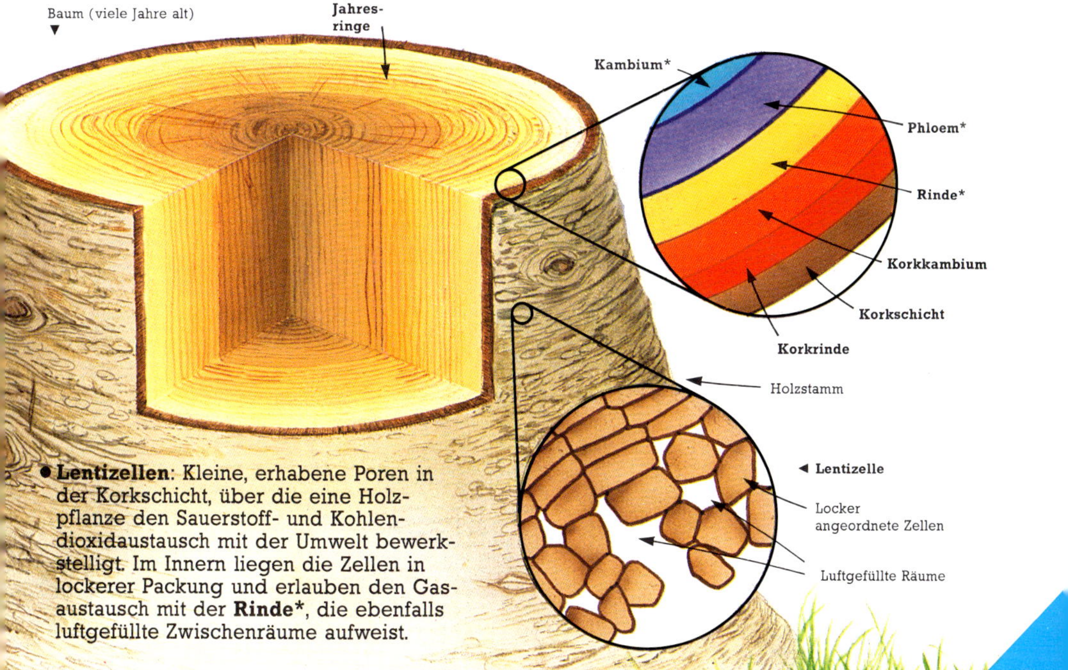

- **Lentizellen**: Kleine, erhabene Poren in der Korkschicht, über die eine Holzpflanze den Sauerstoff- und Kohlendioxidaustausch mit der Umwelt bewerkstelligt. Im Innern liegen die Zellen in lockerer Packung und erlauben den Gasaustausch mit der **Rinde***, die ebenfalls luftgefüllte Zwischenräume aufweist.

* **Epidermis**, 15; **Exodermis**, 17 (**Zone der Wurzelhaare**); **Gefäße**, **Kambium**, 15; **Leitgewebe**, 14; **Meristem**, 16; **Phloem**, 14; **Rinde**, 15; **Xylem**, 14.

Blätter

Die Gesamtheit der Blätter einer Pflanze bezeichnen wir als ihr **Laub**. Blätter sind besondere Organe zur Herstellung von Nahrung. Sie tun dies bei einem hochkomplizierten Vorgang, der **Photosynthese** (mehr darüber auf den Seiten 26-27). Es gibt eine große Vielfalt an Blattformen und Blattgrößen. Man kann sie alle aber zwei grundlegenden Typen zuordnen: den **einfachen Blättern** mit einer einzigen **Blattspreite** und den **zusammengesetzten Blättern**, bei denen an einem Blattstiel mehrere kleine **Teilblättchen** stehen. Die Tafel auf Seite 22 zeigt einige der vielen Blattformen.

Das Innere eines Blattes

- **Blattnerven**: Versteifte Stellen mit **Leitgewebe*** im Inneren eines Blattes, auch Blattadern oder Blattrippen genannt. Sie versorgen dieses mit Wasser und Nährsalzen und führen die hergestellten Nährstoffe ab. Einige Blätter haben lange, parallele Nerven, andere sind netznervig mit einer **Mittelrippe** und zahlreichen, davon abzweigenden Blattnerven.

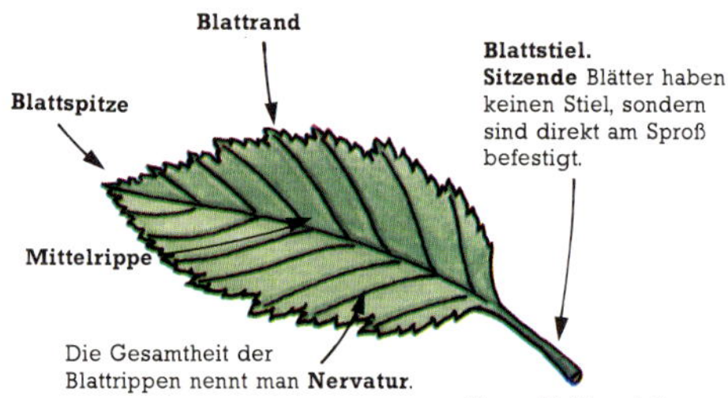

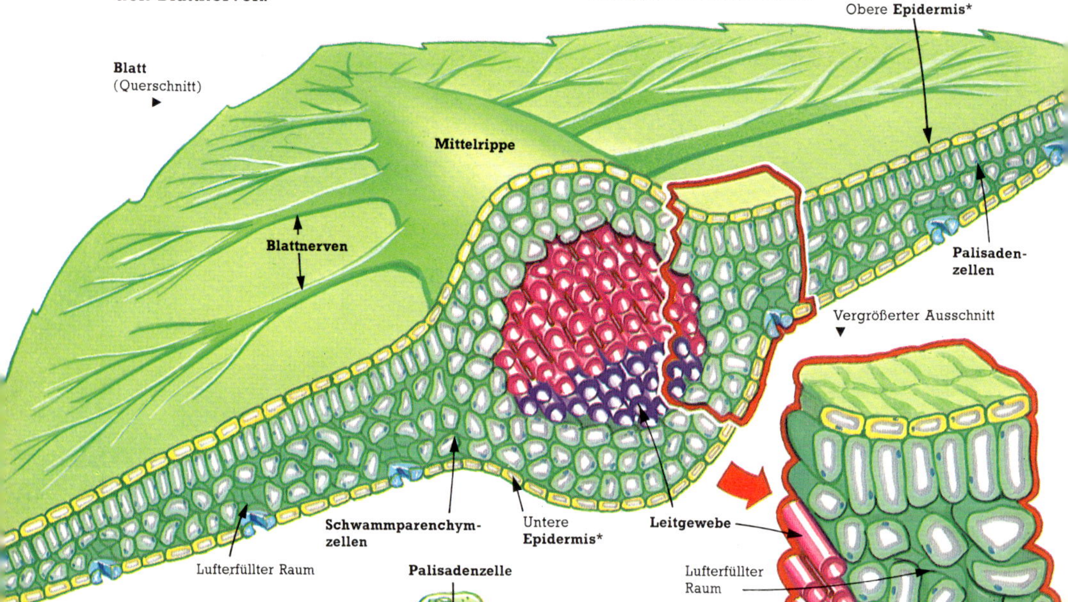

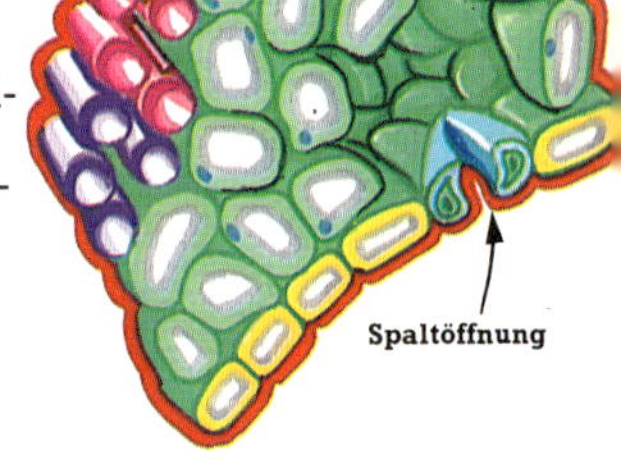

- **Palisadengewebe**: Eine Zellschicht gerade unterhalb der Blattoberfläche. Sie besteht aus regelmäßigen, länglichen **Palisadenzellen**, die viele **Chloroplasten*** enthalten.

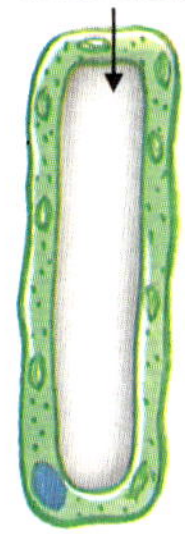

- **Schwammgewebe**: Schicht aus unregelmäßigen **Schwammparenchymzellen** mit Interzellularräumen, in denen Gase zirkulieren. Palisaden- und Schwammgewebe bilden zusammen das **Mesophyll**.

* **Chloroplasten**, 27; **Epidermis**, 15; **Leitgewebe**, 14.

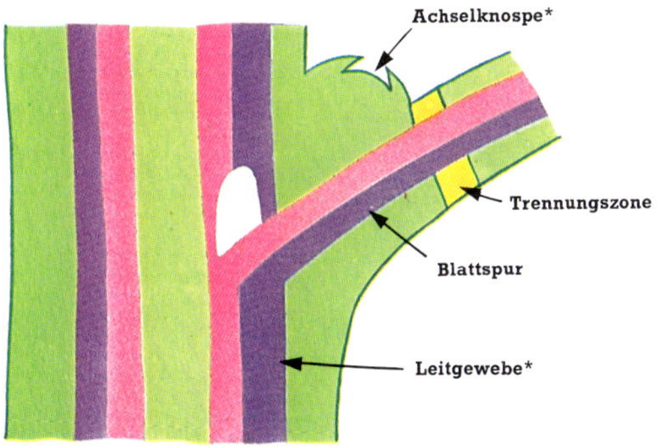

- **Blattspur**: Das **Leitgewebe***, das aus der Sproßachse in ein Blatt eintritt und zu dessen **Mittelrippe** wird.

- **Trennungszone**: Eine Zellschicht am Grund des Blattstiels. Am Ende der Vegetationsperiode verschleimen hier die Zellen unter dem Einfluß des **Hormons* Abscisinsäure**. Dies führt zum Blattfall und hinterläßt an der Sproßachse eine **Blattnarbe**.

- **Spaltöffnungen**: Winzige Öffnungen in der **Epidermis*** (Außenhaut). Durch die Spaltöffnungen verdunstet Wasser (**Transpiration***) und so findet der Gasaustausch statt. Sie treten hauptsächlich auf der Blattunterseite auf.

- **Schließzellen**: Paarweise auftretende bohnenförmige Zellen zu beiden Seiten einer Spaltöffnung. Durch Formveränderung können sie die Spaltöffnung auf- oder zumachen und dadurch den Gas- und Wasseraustausch kontrollieren. Die Schließzellen verfügen als einzige oberflächliche Zellen über **Chloroplasten***.

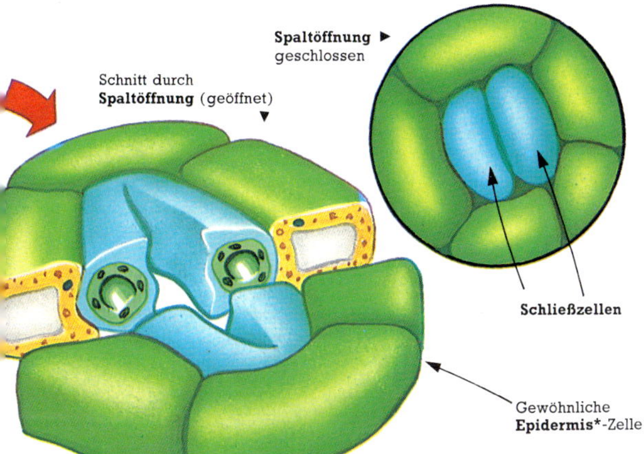

Sonderformen

- **Nebenblatt**: Ein kleines sitzendes Blatt in der Achsel eines gestielten Laubblattes.

- **Hochblatt**: Ein Blatt in der Achsel eines Blütentriebes.

- **Ranke**: Ein fadenförmiges Blatt (oder ein Sproß), das sich um Stützen wickelt.

- **Dorn**: Ein umgebautes Blatt bei Kakteen. Es hat eine geringe Oberfläche zur Begrenzung des Wasserverlustes.

* **Achselknospe**, 16; **Chloroplasten**, 27; **Epidermis**, 15; **Hormone**, 106; **Leitgewebe**, 14; **Transpiration**, 24.

Zusammengesetzte Blätter

Hier sind mehrere Typen aus **Teilblättchen*** zusammengesetzter Blätter sowie einige häufige Blattstellungen und **Blattrand**formen abgebildet. (Nicht im gleichen Maßstab.)

- **Gefingert**: Die **Teilblättchen** entspringen an einem einzigen Punkt.

- **Dreizählig**: Drei Teilblättchen entspringen an demselben Punkt.

- **Dreizählig**: Eine Sonderform, jedes Teilblättchen ist selbst tief eingeschnitten.

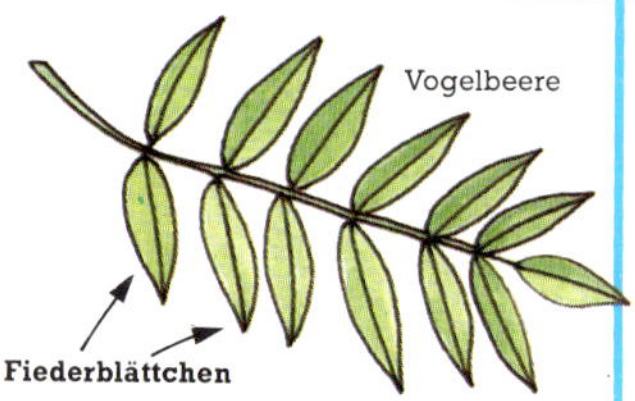

- **Gefiedert**: Die **Teilblättchen** stehen an einer Achse einander gegenüber.

- **Doppelt dreifach gefiedert**: Gefiedertes Blatt mit gefiederten Teilblättchen.

Blattstellungen

- **Spiralig**: Die Blattansatzstellen liegen auf einer Spirale um den Stengel.

- **Gegenständig**: Je zwei Blätter sind an gegenüberliegenden Stellen des Stengels befestigt.

- **Kreuzgegenständig**: Gegenständige Blattpaare sind gegeneinander um 90 Grad gedreht.

- **Quirlständig**: Mehrere Blätter entspringen an einer Stelle des Stiels.

- **Grundständig**: Die Blätter entspringen der Sproßbasis und bilden eine **Rosette**.

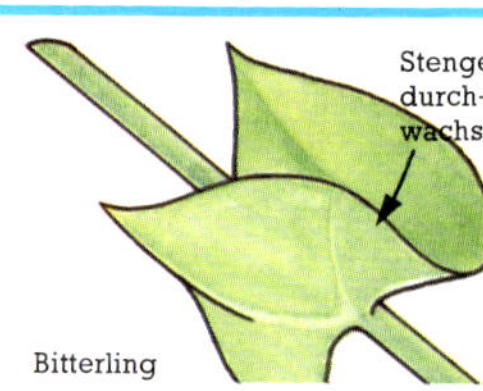

- **Durchwachsen**: Die Blattspreite der Blätter umgibt den Stengel vollständig.

Blattrand

- **Ganzrandig**: Der Blattrand zeigt keine Form von Einkerbungen.

- **Gezähnt**: Der Blattrand zeigt kleine, aber deutliche Zähnchen.

- **Gelappt**: Der Blattrand ist in runde **Lappen** unterteilt.

* **Teilblättchen**, 20.

Reizbarkeit der Pflanzen

Pflanzen haben kein Nervensystem und zeigen dennoch, wie alle Lebewesen, eine **Reizbarkeit**, indem sie auf bestimmte Reize reagieren. Sie tun dies durch Wachstum oder durch Bewegung bestimmter Organe. Wir bezeichnen dies als **Tropismus**. Beim **positiven Tropismus** wendet sich die Pflanze dem Reiz zu, beim **negativen Tropismus** wendet sie sich von ihm ab.

- **Phototropismus**: Reaktion auf Licht. Wenn es sich um Sonnenlicht handelt, spricht man auch von **Heliotropismus**. Weitaus die meisten Grünpflanzen reagieren positiv phototropisch, indem sie Blätter und Triebe zum Licht wachsen lassen.

- **Haptotropismus** oder **Thigmotropismus**: Reaktion auf Berührung. Die Fanghaare des Sonnentaus z. B. krümmen sich zu einem gefangenen Insekt hin.

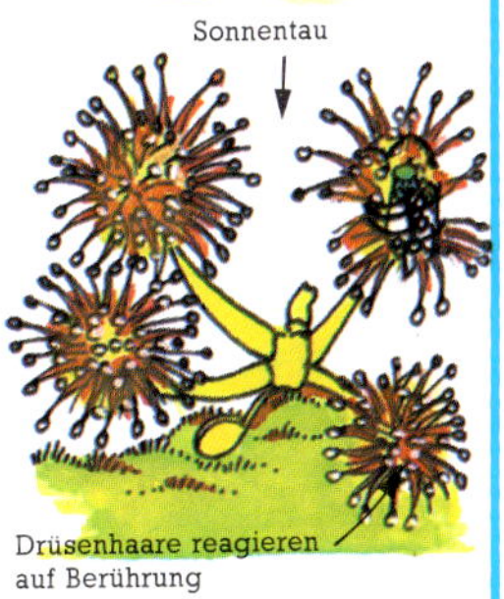

- **Hydrotropismus**: Reaktion auf Feuchtigkeitsunterschiede. Manche Wurzeln wachsen beispielsweise stärker seitwärts, wenn es in dieser Richtung mehr Wasser zu holen gibt.

- **Geotropismus**: Reaktion auf die Schwerkraft. Wir beobachten diese Erscheinung bei allen Wurzeln, die der Schwerkraft entgegen ins Bodeninnere wachsen.

- **Photoperiodismus**: Das Verhalten von Pflanzen gegenüber der Tages- oder Nachtlänge (**Photoperioden**), besonders im Hinblick auf das Auftreten von Blüten. Dieses hängt von einer Reihe von Faktoren ab, z. B. dem Alter der Pflanze und der Temperatur der Umgebung. **Kurztagpflanzen** bringen nur dann Blüten hervor, wenn die Tageslänge eine bestimmte kritische Schwelle nicht überschreitet. **Langtagpflanzen** gelangen nur bei Tageslängen über 14 Stunden zum Blühen. Man nimmt an, daß ein **Hormon*** den Befehl zur Blütenbildung an die entsprechende Stelle trägt. Dieses Hormon wird unter den richtigen Bedingungen von den Blättern hervorgebracht und heißt **Florigen** oder **Blühhormon**. Einige Pflanzen verhalten sich **tagneutral**, das heißt, die Ausbildung von Blüten hängt nicht von der Tageslänge ab.

- **Wachstumshormone**: Stoffe, die das Pflanzenwachstum fördern und regulieren. Sie werden in **Meristemen*** (Gebieten dauernder Zellteilung) produziert. Die wichtigsten Wachstumshormone sind **Auxine**, **Cytokinine** und **Gibberelline**.

* **Hormone**, 106; **Meristem**, 16.

Flüssigkeitstransport in der Pflanze

Im Innern einer Pflanze sorgen die **Leitgewebe*** mit dem **Xylem*** und dem **Phloem*** für den Flüssigkeitstransport. Das Xylem befördert Wasser mit darin gelösten Nährsalzen von der Wurzel zu den Blättern. Das Phloem hingegen transportiert von den Blättern hergestellte Nahrung wurzelwärts.

- **Transpiration**: Die Abgabe von Wasserdampf, besonders durch die zahlreichen kleinen **Spaltöffnungen*** auf der Blattunterseite. Man kann auch von Verdunstung sprechen. Das durch die Transpiration verlorene Wasser muß die Pflanze dauernd ersetzen. Am höchsten ist die Transpiration bei niedriger relativer Luftfeuchtigkeit, bei hoher Temperatur und bei starker Luftbewegung.
- **Transpirationsstrom**: Das dauernde Nachziehen und Emporsteigen von Wasser innerhalb einer Pflanze. Wenn die äußeren Blattzellen Wasser durch **Transpiration** verlieren, konzentrieren sich Nährsalze und Zucker in ihren **Vakuolen*** stärker als bei weiter innen gelegenen Zellen. Wasser tritt dann durch **Osmose*** über, und das führt dazu, daß weiteres Wasser über die Gefäße des **Xylems*** nachgezogen wird. Die **Kapillarwirkung** in den dünnen Röhren ist dabei behilflich. Die Wurzeln nehmen dann mehr Wasser auf.
- **Kapillarwirkung**: Die Erscheinung, daß Flüssigkeiten in engen Röhren höher steigen, als es der Druck eigentlich zuläßt. Die Flüssigkeitsmoleküle werden von den Molekülen der Röhrenwand angezogen und nach oben gehoben. Je enger die Röhren, um so stärker die Kapillarwirkung und um so höher steigt die Flüssigkeit.
- **Wurzeldruck**: Ein Druck in den Wurzeln bestimmter Pflanzen. Alle Pflanzen nehmen durch **Osmose*** über die Wurzelzellen Wasser aus dem Boden auf. Pflanzen, die diesen Wurzeldruck entwickeln, können das Wasser in die Gefäße des **Xylems*** pressen, so daß es etwas aufsteigt. Der **Transpirationsstrom** sorgt dann dafür, daß es bis in die äußersten Blattspitzen gelangt. Bei Pflanzen ohne oder nur geringem Wurzeldruck wird das Wasser nur über die Kräfte des Transpirationsstromes nach oben gezogen.

Wasserdampf tritt durch die **Spaltöffnungen*** aus.

Dieses Wasser wird von inneren Zellen her ersetzt.

Wasser wandert im **Xylem*** nach oben.

Die Wurzelhaare nehmen mehr Wasser auf.

* **Leitgewebe**, 14; **Osmose**, 99; **Phloem**, 14; **Spaltöffnungen**, 21; **Xylem**, 14; **Vakuolen**, 10.

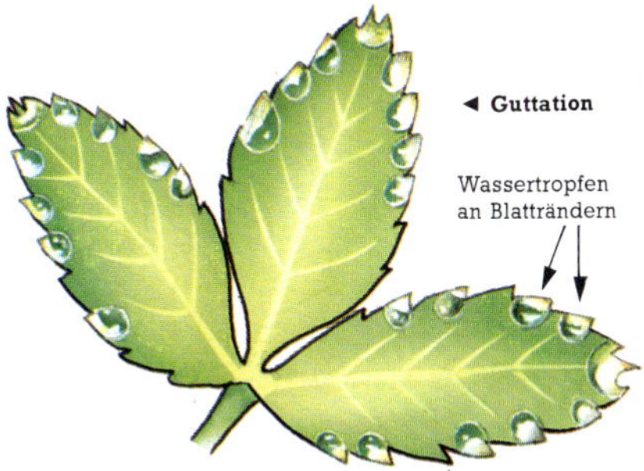

• **Guttation**: Eine Erscheinung, die als Folge des Wurzeldrucks auftritt. Gewisse Pflanzen können an Tagen mit feuchtigkeitsgesättigter Luft Wasser in Tropfenform abgeben. Dies geschieht über besondere Zellen, die **Wasserspalten** oder **Hydathoden** oder über winzige Poren an der Blattspitze oder an den Blatträndern. Besonders auffällig ist die Guttation beim Frauenmantel.

• **Turgor**: Der osmotisch bedingte Spannungszustand einer Zelle. Durch **Osmose*** dringt Wasser in den **Zellsaft*** (gelöste Nährsalze und Zucker) in der großen zentralen **Vakuole*** ein. Bei höchstem Turgor kann die Zelle aber kein weiteres Wasser mehr aufnehmen. Die Vakuole kann sich nicht weiter ausdehnen, weil sich der nach außen gerichtete **Turgordruck** und der nach innen gerichtete **Wanddruck** der starren **Zellwand*** das Gleichgewicht halten. Die Zellen gesunder Pflanzen zeigen einen hohen Turgordruck und halten die Pflanze aufrecht.

Turgor ►

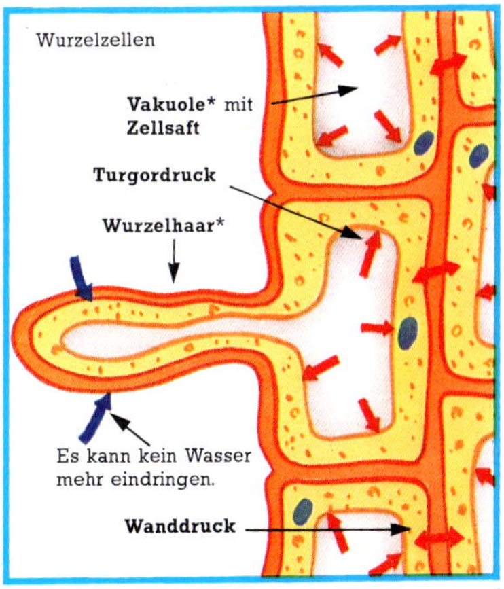

Welken ►

• **Welken**: Schlaffwerden einer Pflanze unter bestimmten äußeren Bedingungen, z. B. bei übergroßer Hitze oder Trockenheit. Die Pflanze verliert durch **Transpiration** mehr Wasser, als sie aufnehmen kann, und der **Turgordruck** (s. **Turgor**) der **Zellvakuolen*** sinkt. Die Zellen werden schlaff und können die Pflanze nicht mehr länger aufrecht halten.

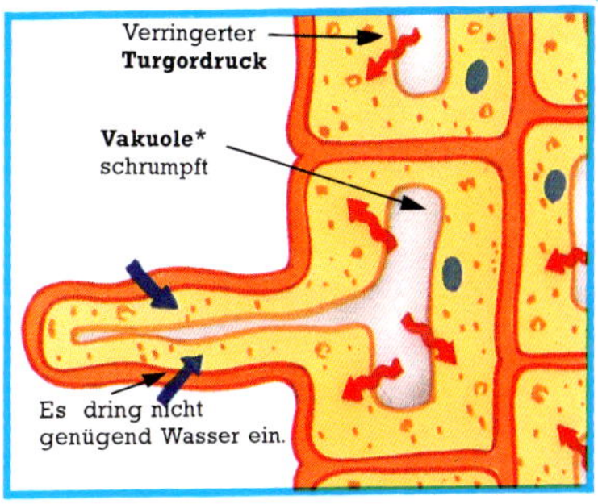

Plasmolyse ►

• **Plasmolyse**: Ein extremer Zustand einer Pflanze, der zum Tode führen kann. Solche Pflanzen verlieren einen großen Teil ihres Wassers, oft nicht nur durch **Transpiration** bei großer Hitze (s. **Welken**), sondern auch durch **Osmose*** in sehr trockenen oder stark salzhaltigen Böden. Bei der Plasmolyse schrumpfen die **Vakuolen*** der Pflanzenzellen, so daß sich das **Zytoplasma*** von den **Zellwänden*** ablöst.

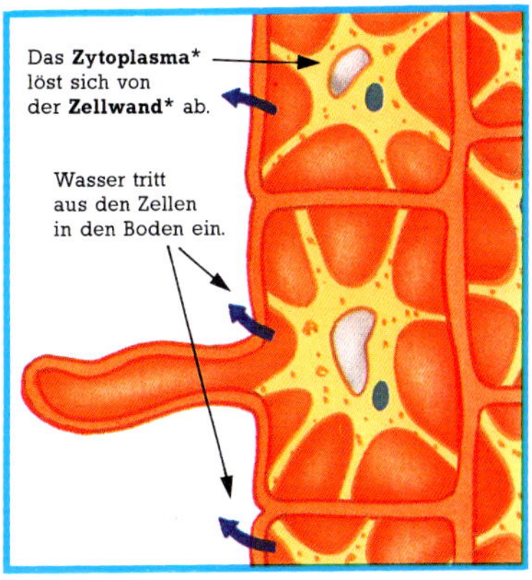

* **Osmose**, 99; **Wurzelhaare**, 17; **Zellsaft**, 10 (**Vakuolen**); **Zellvakuolen, Zellwand, Zytoplasma**, 10.

Pflanzen stellen Nährstoffe her

Grüne Pflanzen haben die Fähigkeit, die Nahrung, die sie für das Wachstum und für die Versorgung mit Energie benötigen, selbst herzustellen. Tiere hingegen können das nicht; sie müssen Pflanzen als Nahrung aufnehmen. Den Aufbau komplexer Nährstoffe aus anorganischen Substanzen bezeichen wir als **Photosynthese.**

- **Photosynthese:** Die Gesamtheit der chemischen Reaktionen, mit deren Hilfe grüne Pflanzen ihre Nahrung herstellen. Die Photosynthese findet zur Hauptsache in den **Palisadenzellen*** der Blätter statt. Aus Kohlendioxid und Wasser werden Kohlenhydrate und Zucker, wobei die Chloroplasten die Energie für diese Reaktionen dem Sonnenlicht entnehmen. Dabei entsteht neben den Nährstoffen auch Sauerstoff, den die Pflanzen abgeben. ▶

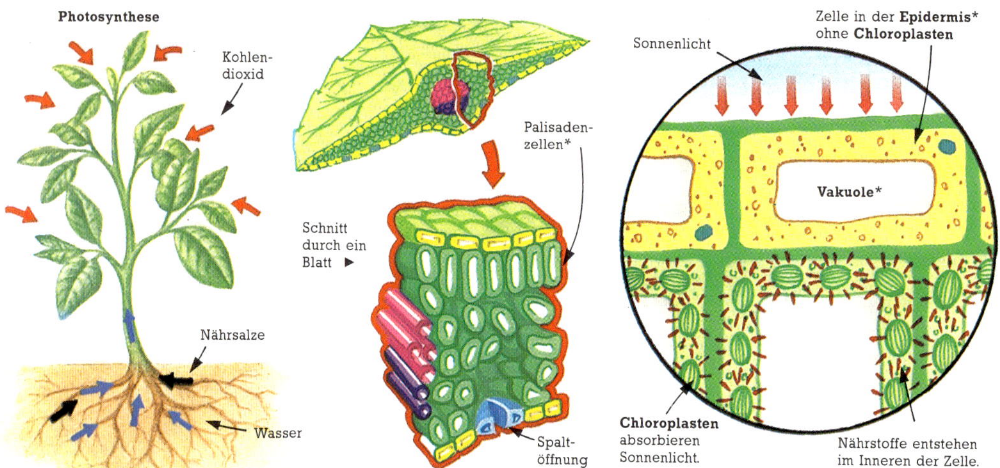

- **Kompensationspunkte:** Bezeichnung für zwei bestimmte Zeitpunkte innerhalb einer Periode von 24 Stunden. Sie liegen normalerweise in der Morgen- und Abenddämmerung. Dabei halten sich die beiden Vorgänge der **Photosynthese** und der **Zellatmung*** (s. nächste Seite oben) die Waage. Die Photosynthese produziert dann gerade so viel Kohlenhydrate und Sauerstoff, daß es für die Zellatmung ausreicht. Diese wiederum ergibt gerade genügend Kohlendioxid und Wasser für die Photosynthese.

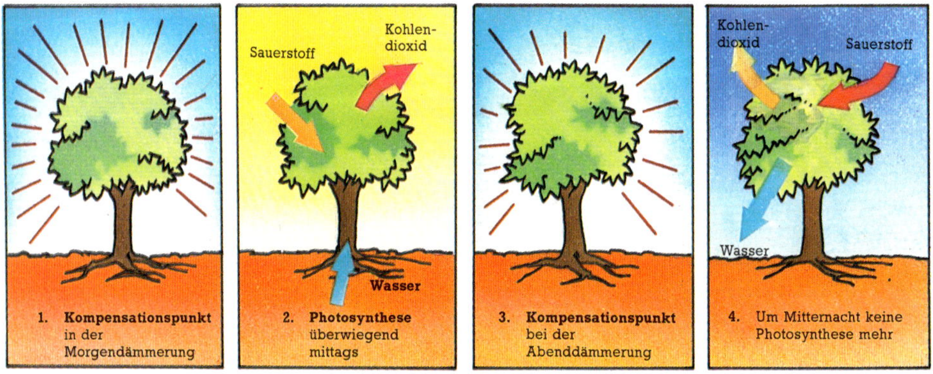

* **Epidermis**, 15; **Palisadenzellen**, 20; **Vakuolen**, 10; **Zellatmung**, 104.

▶ Der Vorgang der Photosynthese geht Hand in Hand mit der **Zellatmung*,** dem Abbau der Nahrung zur Energiegewinnung. Bei der Photosynthese entstehen Sauerstoff und Kohlenhydrate, die von der Zellatmung benötigt werden. Diese wiederum produziert Kohlendioxid und Wasser, beides Ausgangsstoffe für die Photosynthese. Meistens überwiegt einer dieser beiden Vorgänge und geht schneller vonstatten.

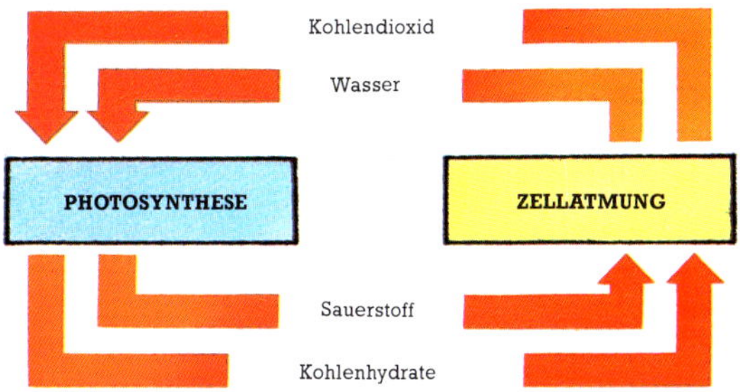

Dies bedeutet, daß Überschußmengen der betreffenden Stoffe produziert werden und gleichzeitig ein Mangel an den anderen Stoffen entsteht. Diese müssen mithin von außen aufgenommen werden, während die Überschußmengen abgegeben oder gespeichert werden (s. Abb. 2 und 4 auf der gegenüberliegenden Seite).

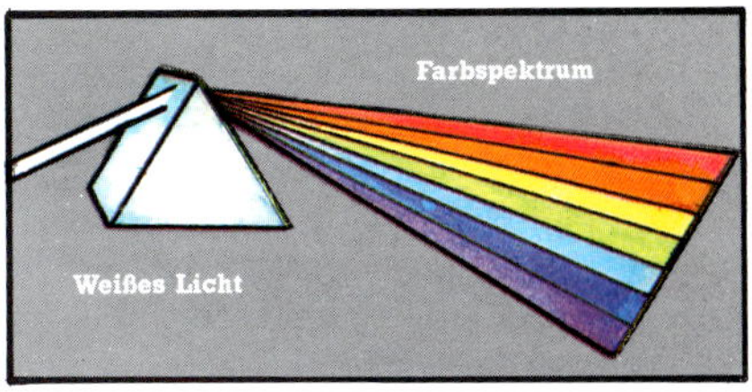

● **Pigmente:** Chemische Stoffe, die Licht absorbieren. Weißes Licht besteht aus einem Spektrum verschiedener Farben. Jedes Pigment absorbiert gewisse Farben und reflektiert andere.

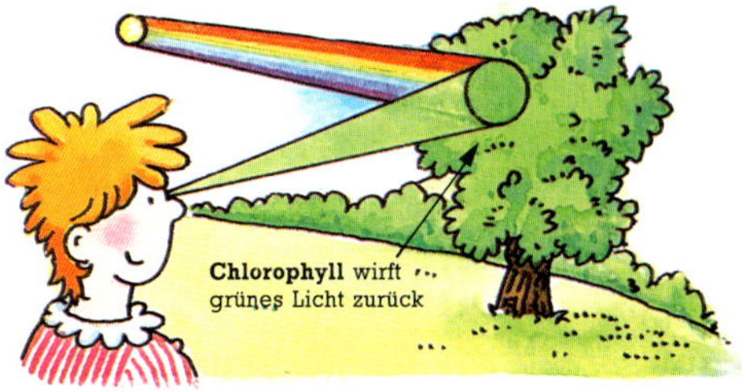

Chlorophyll kommt in allen Blättern vor. Es absorbiert blaues, violettes und rotes Licht und reflektiert grünes. Deswegen sind Blätter grün. In den Blättern sind noch weitere Pigmente enthalten,

z. B. **Xanthophyll, Karotin** und **Tannin.** Sie reflektieren orangefarbenes bzw. gelbes oder rotes Licht. Während der Vegetationsperiode werden diese Farben allerdings vom Grün der Chloroplasten überdeckt. Im Herbst hingegen wird das Chlorophyll abgebaut, und es erscheint die Herbstfärbung mit den Gelb- und Rottönen.

● **Chloroplasten:** Kleine Organellen in Pflanzenzellen, hauptsächlich in den Blättern. Die Chloroplasten enthalten grünen Farbstoff **Chlorophyll.** Dieser fängt Sonnenlicht auf und stellt die Energie der Photosynthese zur Verfügung. Die Chloroplasten können sich innerhalb einer Zelle bewegen (s. auch Seite 12).

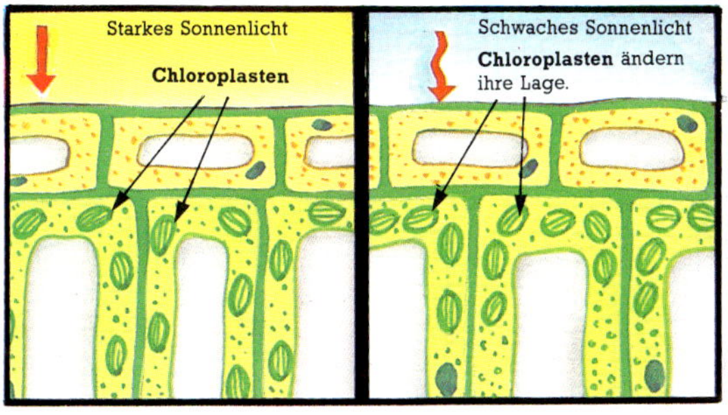

***Zellatmung,** 104.

Blüten

Die Blüten einer Pflanze enthalten die Organe für die **Fortpflanzung,** mit denen sie neues Leben hervorbringen (s. auch Seite 30). **Zwittrige** Pflanzen, zum Beispiel der unten abgebildete Hahnenfuß und der Klatschmohn, haben in jeder Blüte männliche und weibliche Organe. **Einhäusige** oder **monözische** Pflanzen, darunter der Mais, haben auf ein und derselben Pflanze zwei Blütentypen – männliche mit **Staubblättern** und weibliche mit **Stempeln. Zweihäusige** oder **diözische** Pflanzen, etwa die Stechpalme, haben männliche und weibliche Blüten jeweils getrennt auf verschiedenen Individuen.

- **Blütenboden:** Die verbreiterte Spitze des Blütenstiels, an dem die Blüte ansetzt.

- **Kronblätter:** Die zarten, meist bunt gefärbten Blätter, die um die Fortpflanzungsorgane herum stehen. Sie duften oft, um Insekten anzuziehen, und heißen insgesamt **Krone**.

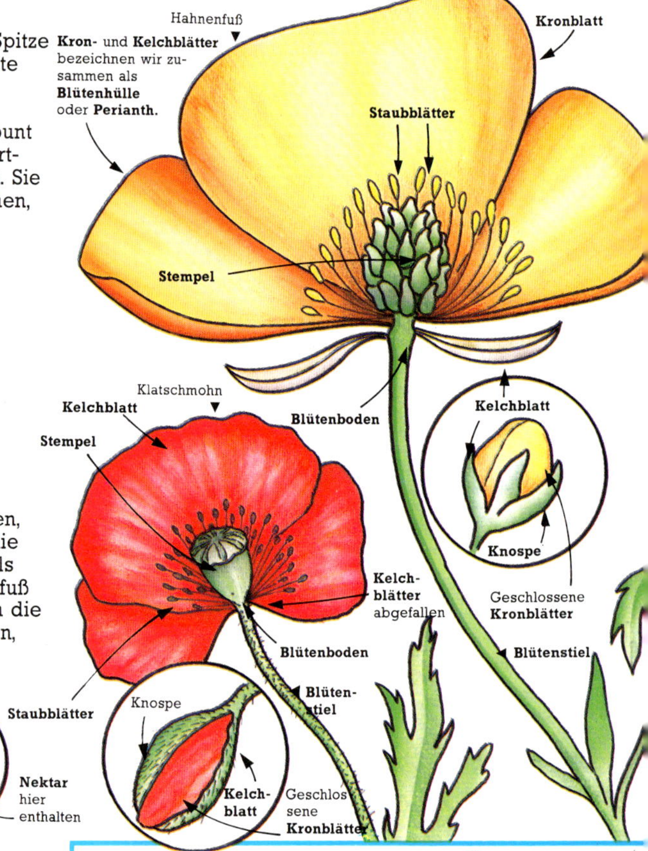

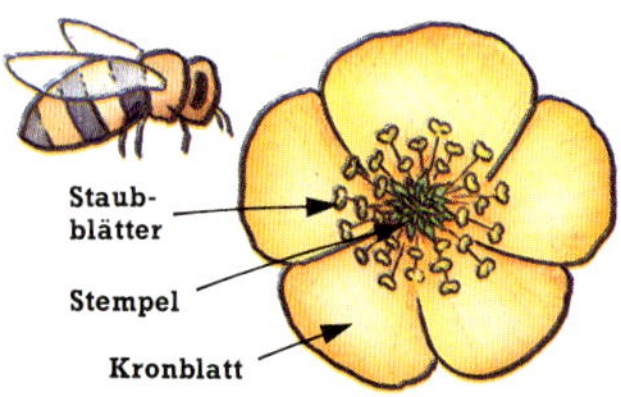

- **Kelchblätter:** Die kleinen grünen, laubblattähnlichen Organe um die Blütenknospe, insgesamt auch als **Kelch** bezeichnet. Beim Hahnenfuß z. B. bleiben die Kelchblätter um die geöffneten **Kronblätter** bestehen, beim Mohn fallen sie ab.

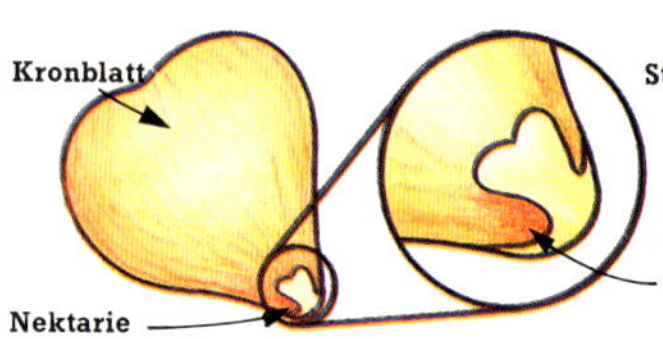

- **Nektarien:** Gewebebildungen am Grund der **Kronblätter,** die eine zuckerhaltige Flüssigkeit, den **Nektar,** hervorbringen. Dieser lockt Insekten an, die für die **Bestäubung*** notwendig sind. Manche Kronblätter zeigen dunkle Zeichnungen am Grunde. Man nimmt an, daß diese **Saftmale** die Aufgabe haben, Insekten direkt zum Nektar zu leiten.

Die männlichen Organe

- **Staubblätter** oder **Staubgefäße:** Die männlichen Fortpflanzungsorgane. Jedes Staubblatt hat einen dünnen **Staubfaden** und an der Spitze einen **Staubbeutel** (Anthere) mit **Pollensäcken** und den **Pollenkörnern*** darin.

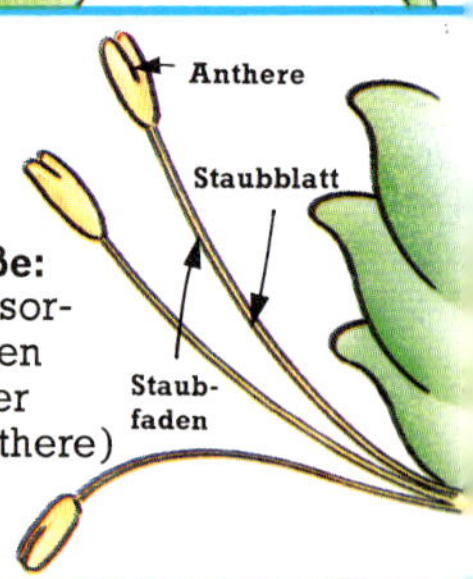

*Bestäubung, Pollen, Pollenkörner 30.

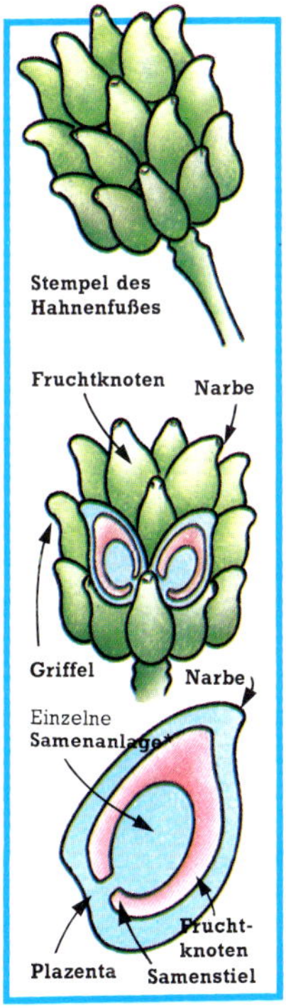

Die weiblichen Organe

- **Stempel** oder **Pistill:** Das weibliche Fortpflanzungsorgan, bestehend aus **Fruchtknoten, Griffel** und **Narbe.** Jeder Stempel ist ursprünglich aus einem oder mehreren **Fruchtblättern** oder **Karpellen** hervorgegangen. Einige Blüten haben nur einen, andere hingegen mehrere Stempel.

- **Fruchtknoten:** Hohlraum des **Stempels,** in dem die **Samenanlagen*** eingeschlossen sind. Jede von ihnen enthält eine weibliche Geschlechtszelle. Die Samenanlage ist über den **Samenstiel** oder **Funikulus** mit der **Plazenta** an der Innenwand des Fruchtknotens verbunden. Den Anheftungspunkt des Stieles an der Samenanlage bezeichnen wir als **Chalaza.**

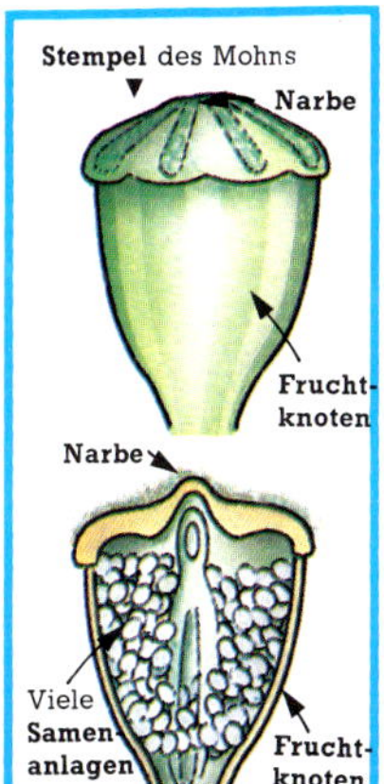

- **Narbe:** Der oberste Teil des **Stempels,** mit klebriger Oberfläche, an der die **Pollen***-Körner bei der **Bestäubung*** haften bleiben.

- **Griffel:** Der Teil des Stempels, der die **Narbe** mit dem **Fruchtknoten** verbindet. Viele Blüten haben einen deutlichen Griffel, zum Beispiel Osterglocken. Bei anderen hingegen ist er sehr kurz (z. B. Hahnenfuß) oder fehlt fast ganz (z. B. Klatschmohn).

- **Gynözium:** Die Gesamtheit des weiblichen Fortpflanzungsapparates, bestehend aus einem oder mehreren **Fruchtblättern.**

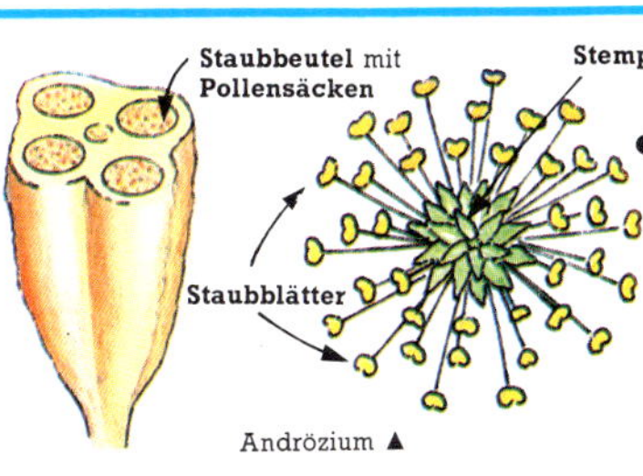

Andrözium ▲

- **Andrözium:** Die Gesamtheit aller männlichen Fortpflanzungsorgane in einer Blüte, d. h. alle **Staubblätter.**

Die Anordnung der Blütenteile

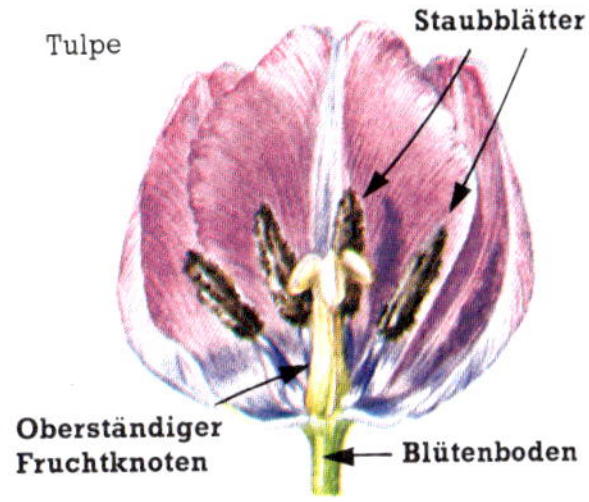

- **Hypogyne Blüte:** Der oder die **Stempel** sitzen an der Spitze des **Blütenbodens.** Alle anderen Blütenteile sind an dessen Basis befestigt. Der Fruchtknoten ist **oberständig.**

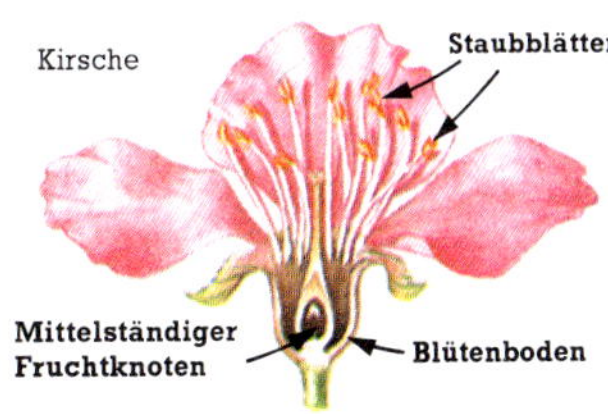

- **Perigyne Blüte:** Der oder die **Stempel** liegen im schüsselförmigen **Blütenboden.** Alle anderen Blütenteile entspringen an dessen Rand. Der Fruchtknoten ist **mittelständig.**

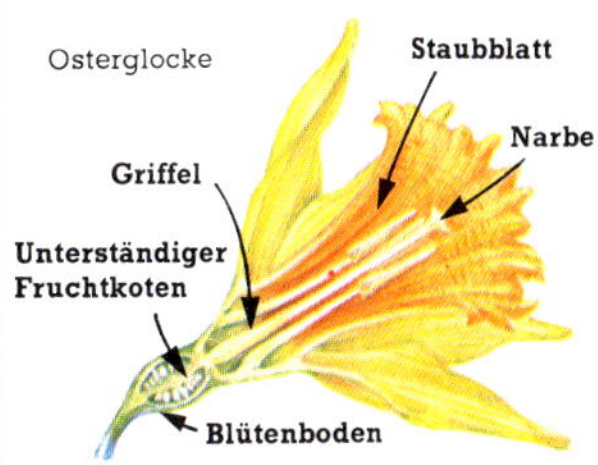

- **Epigyne Blüte:** Die Blütenteile entspringen an der Spitze des **Blütenbodens.** Dieser schließt den oder die Fruchtknoten völlig ein, nicht aber den **Griffel** und die **Narbe.** Der Fruchtknoten ist **unterständig.**

***Bestäubung, Pollen, Samenanlagen,** 30.

Fortpflanzung einer Blütenpflanze

Bei der **Fortpflanzung** entsteht neues Leben. Im Prinzip vermehren sich alle Blütenpflanzen durch **geschlechtliche Fortpflanzung*,** wenn nämlich ein männlicher **Gamet*** (Geschlechtszelle) mit einem weiblichen Gameten verschmilzt. Die männlichen Gameten (genaugenommen nur die **Spermakerne*)** liegen in den **Pollenkörnern,** die weiblichen Gameten in den **Samenanlagen.**

- **Pollen:** Winzige Körner, die von den **Staubblättern*,** den männlichen Teilen der Blüte, gebildet werden. Jedes Pollenkorn ist eine besondere Zelle mit zwei **Zellkernen*.** Wenn ein Pollenkorn auf dem weiblichen **Fruchtknoten*** landet, teilt sich der **generative Kern** und bildet die beiden **Spermakerne,** welche die eigentliche Befruchtung durchführen (s. Einleitung).

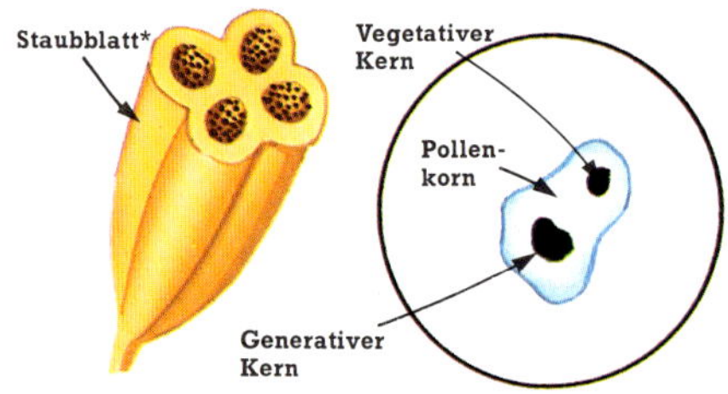

- **Samenanlagen:** Feine Strukturen im Inneren des weiblichen **Fruchtknotens*.** Aus den Samenanlagen entwickeln sich nach der **Befruchtung** die Samen. Jede Samenanlage besteht aus einer ovalen Zelle, dem **Embryosack.** Dieser ist, mit Ausnahme einer kleinen Öffnung, der **Mikropyle,** ganz von einem äußeren und inneren **Integument** umschlossen. Vor der Befruchtung macht der **Zellkern*** des Embryosacks mehrere Teilungen durch (näheres dazu s. Seite 95 unter **Keimzellenbildung, weiblich).** Daraus gehen eine Reihe neuer Zellen (von denen einige als Nährstoffvorrat dienen) sowie zwei nackte Polkerne hervor, die schließlich miteinander verschmelzen. Eine der neuen Zellen ist der weibliche **Gamet*** (Geschlechtszelle), auch **Eizelle** genannt.

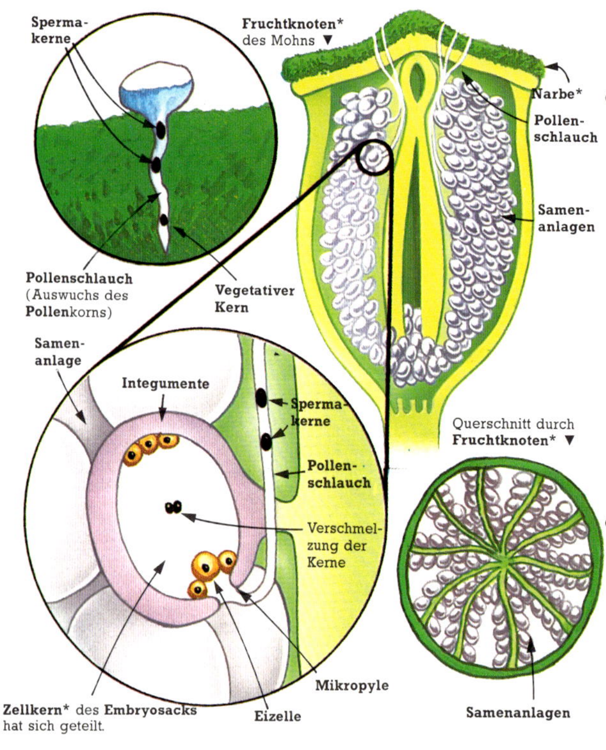

- **Bestäubung:** Übertragung des **Pollens** einer bestimmten Pflanzenart auf die **Narbe*** des **Stempels*** derselben Art. Nach der Bestäubung wächst das Pollenkorn unter der Kontrolle des **vegetativen Kerns** (jenes, der sich nicht geteilt hat – s. **Pollen)** zu einem Pollenschlauch aus, der unter Umständen mehrere Zentimeter lang werden kann. Dieser dringt durch die **Mikropyle** in eine **Samenanlage** ein. Die beiden Spermakerne wandern dann in die Spitze des Pollenschlauches. Schließlich kommt es zur **Befruchtung** (s. unten).

- **Befruchtung:** Nach der **Bestäubung** verschmilzt ein männlicher **Spermakern** (s. **Pollen)** mit der Eizelle in der **Samenanlage** und bildet eine **Zygote*** (die erste Zelle einer neuen Pflanze). Der andere Spermakern verschmilzt mit den beiden Polkernen zu einer Zelle, die sich schließlich zum **Endosperm*** entwickelt.

* **Endosperm,** 33; **Fruchtknoten,** 29; **Geschlechtliche Fortpflanzung,** 92; **Narbe,** 29; **Spermakerne,** 93 **(Gameten); Staubblätter,** 28; **Zellkern,** 10; **Zygote,** 93.

- **Fremdbestäubung:** Die **Bestäubung** einer Pflanze durch **Pollen** von einem anderen Individuum derselben Art. Wenn ein Pollenkorn auf die Narbe einer anderen Pflanzenart gelangt, entwickelt es sich nicht weiter und bringt keinen **Pollenschlauch** hervor. Die Übertragung des Pollens geschieht mit Hilfe des Windes oder durch Insekten, die sich am angebotenen **Nektar*** gütlich tun.

- **Selbstbestäubung:** Die Bestäubung einer Pflanze mit ihrem eigenen **Pollen.** Die Bienenragwurz z. B. zieht männliche Langhornbienen für die **Fremdbestäubung** dadurch an, daß sie wie eine weibliche Biene aussieht und auch so riecht. Findet sich jedoch kein Männchen ein, so neigen sich am Ende der Blütezeit die **Staubgefäße*** nach unten und übertragen den eigenen Pollen auf die **Narbe*** des **Stempels***.

Blütenformen und Blütenstände

- **Blütenstand:** Die gegenseitige Stellung einzelner Blüten oder von **Körbchen.**

- **Körbchen:** Ein Blütenstand aus dichtstehenden kleineren Einzelblüten.

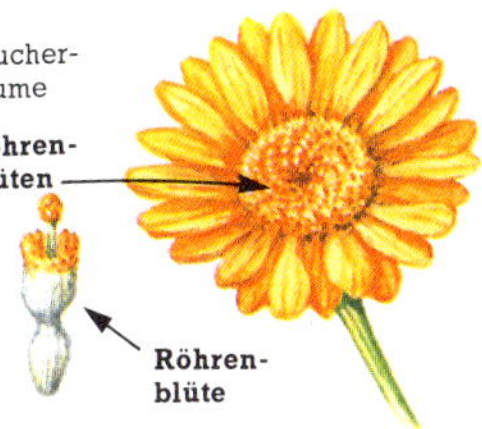

- **Röhrenblüten:** Einzelblüten eines Körbchens.

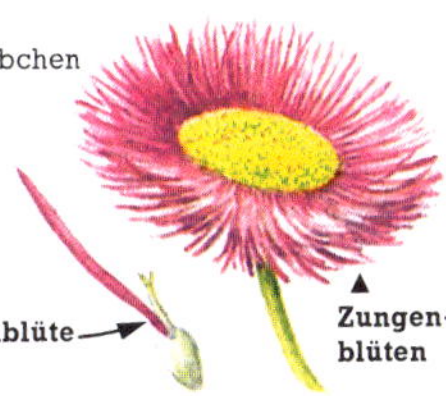

- **Zungenblüten:** Einzelblüten eines Körbchens.

- **Dolde:** Ein schirmartiger **Blütenstand,** bei dem die Blütenstiele einem Punkt entspringen.

- **Glockenblüte:** Die **Kronblätter** sind miteinander verwachsen und ergeben die röhrenartige Glockenform.

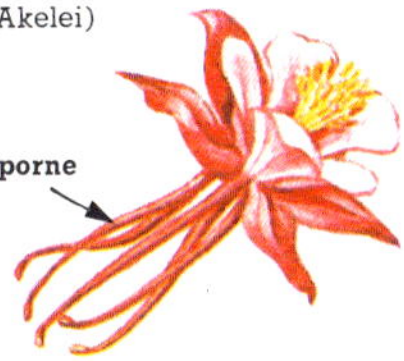

- **Spornblüte:** Kronblätter sind hinten zu einem hohlen kegelartigen Sporn verlängert.

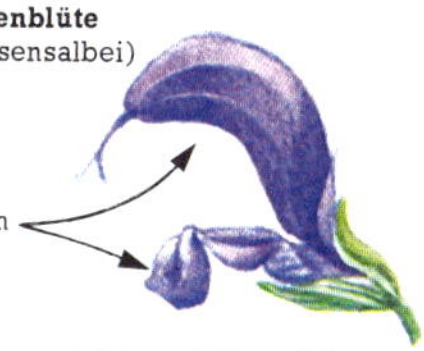

- **Lippenblüte:** Eine Blüte mit einer oberen, oft kappenförmigen, und einer unteren Lippe.

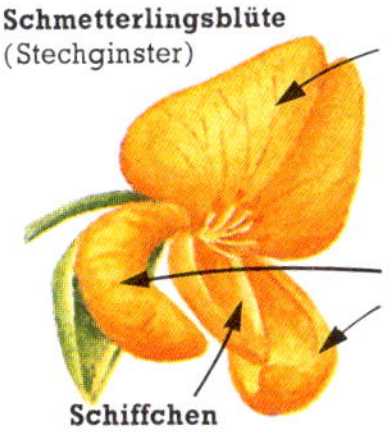

- **Schmetterlingsblüte:** Eine Blüte mit einem oberen Kronblatt **(Fahne),** zwei seitlichen Kronblättern **(Flügel)** und zwei unteren Kronblättern **(Schiffchen,** darin Geschlechtsorgane).

Samen und Keimung

Nach der **Befruchtung*** entwickelt sich die **Samenanlage*** einer Blütenpflanze zum **Samen.** Dieser enthält den **Embryo,** aus dem die neue Pflanze hervorgeht, sowie gespeicherte Nährstoffe. Der **Fruchtknoten*** reift zur Frucht heran und enthält den oder die Samen. Fruchtformen s. Seite 34.

● **Samenverbreitung:** Die Samen stellen das Verbreitungsstadium der Blütenpflanzen dar. Sie können sich auf ganz unterschiedliche Weise von der Mutterpflanze entfernen, wobei man **Streufrüchte** und **Schließfrüchte** unterscheidet.

● **Streufrucht:** Streufrüchte öffnen sich und geben die Samen frei, bevor sie selbst auseinanderfallen. Die Mohnkapsel verfügt

z. B. über Löcher, aus denen die Samen herausfallen, wenn der Wind die Früchte bewegt. Die Hülsen des Ginsters öffnen

sich selbsttätig und werfen die Samen aus. Samen von Streufrüchten werden dann von Wind, Wasser oder auf anderen Wegen weiter verbreitet.

● **Schließfrucht:** Schließfrüchte bilden geschlossene, selbständige Verbreitungseinheiten. Sie lösen sich ganz von den

Pflanzen und zerfallen erst dann, um die Samen freizugeben. Die Flügelfrüchte der Ahorne oder die „Fallschirme" des Löwenzahns werden vom Wind verbreitet, während sich die Kletten am Fell von Tieren

festheften. Wenn die Früchte verrotten, geben sie den Samen frei. Eßbare Früchte werden von Tieren aufgenommen, welche die Samen mit ihrem Kot wieder nach außen abgeben.

● **Keimung:** Unter günstigen Bedingungen keimt der Samen aus. Die **Sproßknospe** und die **Radicula** treten aus der Samenschale aus und wachsen zum **Keimling** heran.

● **Hypogäisch:** Eine Art der Keimung bei der Erbse, bei der die Keimblätter unter der Erde in der **Samenschale** verbleiben. Die **Sproßknospe** wächst als einziger Teil nach oben und verläßt den Boden.

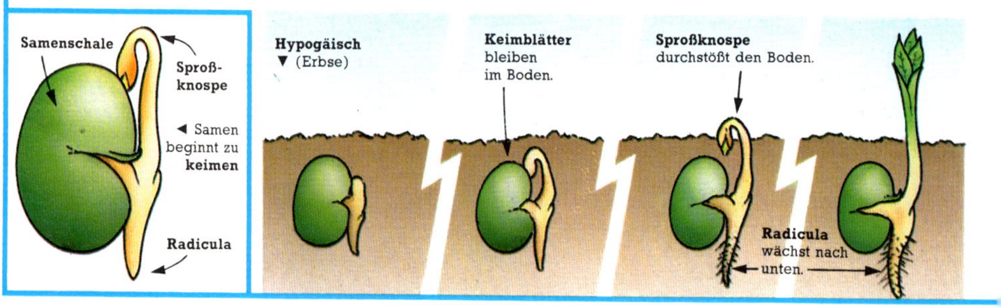

*Befruchtung, 30; Fruchtknoten, 29; Samenanlagen, 30.

Teile eines Samens

- **Hilum:** Eine Stelle an der Samenschale, wo die **Samenanlage*** mit dem **Fruchtknoten*** befestigt war, auch Nabel genannt.

- **Samenschale** oder **Testa:** Die Samenschale geht aus den **Integumenten*** hervor.

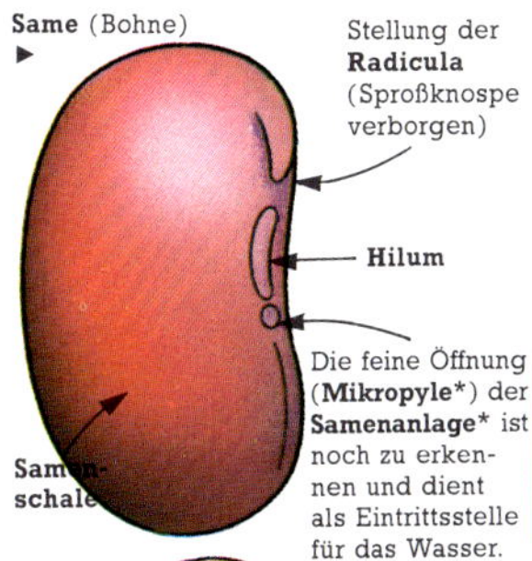

- **Sproßknospe:** Die erste oder **primäre Knospe** einer Pflanze. Sie entwickelt sich zum Anfangssproß der neuen Pflanze.

- **Radicula:** Die erste oder **primäre Wurzel** einer neuen Pflanze. Sie versorgt den Keimling mit dem benötigten Wasser.

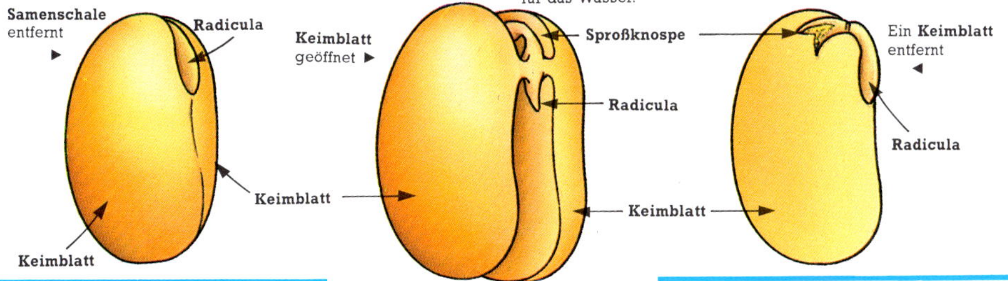

- **Endosperm:** Das Nährgewebe, das im Inneren eines Samens den Keimling umgibt und diesen mit Nährstoffen versorgt. Bei einigen Pflanzen, etwa der Erbse, nehmen die **Keimblätter** das gesamte Endosperm in sich auf, bevor der Samen reif wird. Bei anderen Pflanzen, etwa den Gräsern, wird das Endosperm erst nach der **Keimung** völlig aufgebraucht.

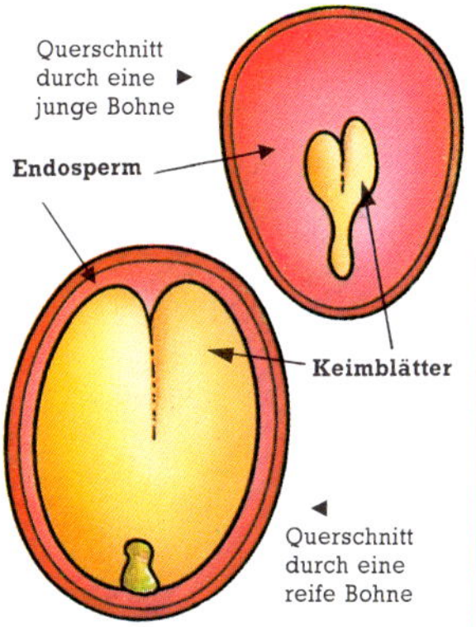

- **Keimblatt:** Ein blattartiges Organ, das den jungen Keimling schützt und für ihn Nährstoffe speichert. Bei den Bohnen absorbieren die Keimblätter alle Nährstoffe aus dem **Endosperm**. Die **Monokotyledonen** oder einkeimblättrigen Pflanzen haben nur ein Keimblatt (Beispiel Gräser). Bei den Zweikeimblättrigen oder **Dikotyledonen** sind es zwei.

- **Epigäisch:** Eine Art der Keimung, z. B. bei Tomaten, bei der die Keimblätter den Boden verlassen. Über den Keimblättern entwickeln sich die ersten echten Laubblätter.

- **Koleoptile:** Das erste Blatt vieler **Monokotyledonen** (s. **Keimblatt**). Es beschützt als Keimscheide die erste Knospe. Aus ihr gehen die ersten Blätter hervor.

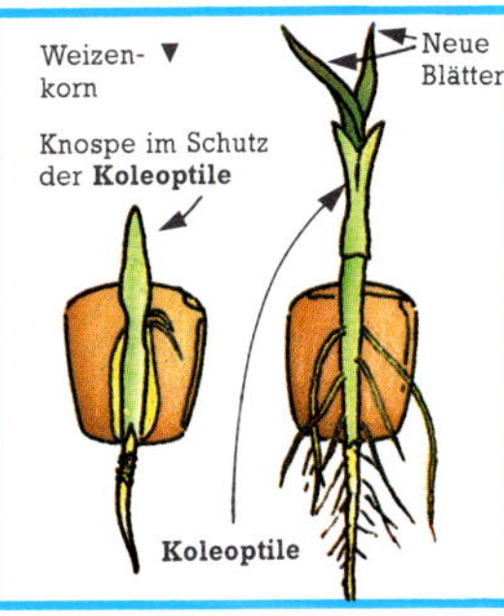

*Fruchtknoten, 29; Integumente, Mikropyle, 30 (Samenanlagen).

Die Frucht

Die **Frucht** enthält die Samen einer Pflanze. In erster Linie entwickeln sich die **Fruchtknoten*** zu den Früchten, doch können an ihrer Bildung auch verschiedene andere Gewebe beteiligt sein, z. B. der **Blütenboden***, bes. bei den Rosengewächsen. Die Fruchtwand heißt auch **Perikarp**. Bei den meisten Früchten ist das Perikarp in drei Schichten gegliedert: ein äußeres **Exokarp**, ein meist fleischiges **Mesokarp** und in das innere **Endokarp**.

- **Hülse:** Die Hülse besteht aus einem Fruchtblatt und öffnet sich an der Mittelrippe und an der Bauchnaht. Hülsen haben z.. B. die Erbse und die Bohne.

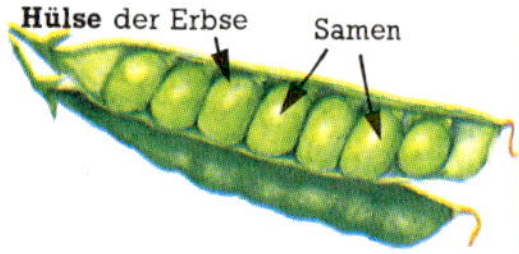

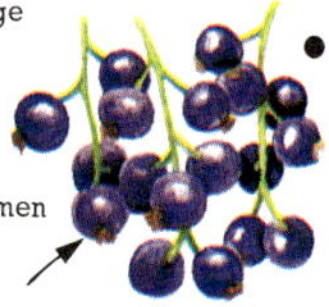

- **Beere:** Eine fleischige Frucht mit vielen Samen. Beispiele dafür sind die Orange und die Johannisbeere.

- **Nuß:** Eine trockene Schließfrucht mit harter Schale. Sie enthält nur einen einzigen Samen, z. B. Haselnuß und Walnuß.

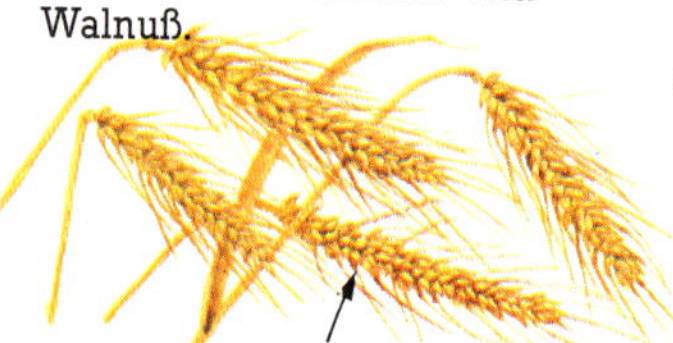

- **Karyopse:** Eine Sonderform der Nuß, auch **Grasfrucht** genannt. Bei ihr verwachsen Fruchtwand und Samenschale, z. B. beim Weizen.

- **Spaltfrucht:** Eine trockene Schließfrucht, die in mehrere Teilfrüchtchen mit je nur einem Samen zerfällt. Die bekannteste Spaltfrucht hat wohl der Ahorn. Sie heißt auch **Flügelfrucht**.

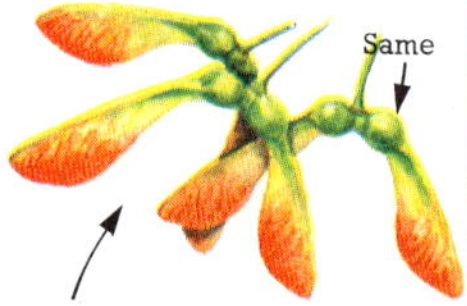

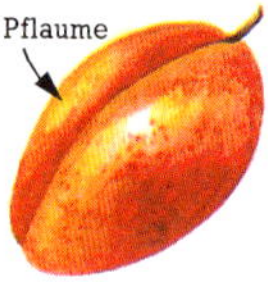

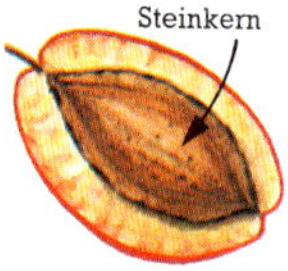

- **Steinfrucht:** Eine fleischige Frucht mit einem harten Steinkern in der Mitte. Beispiel: Pflaume.

- **Apfelfrucht:** Eine Frucht mit einer dicken fleischigen Außenschicht und einem Kerngehäuse, das die Samen enthält. Apfelfrüchte sind eigentlich besonders fleischige Steinfrüchte.

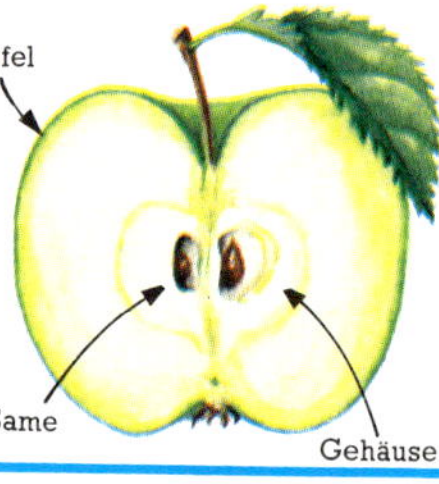

Vegetative Vermehrung

Abgesehen von der geschlechtlichen Fortpflanzung mit der Bildung von Samen haben manche Blütenpflanzen auch eine besondere Form der **ungeschlechtlichen Fortpflanzung*** entwickelt. Wir bezeichnen diese auch als **vegetative Vermehrung.** Dabei ist ein Teil der Pflanze imstande, sich zu einer neuen Pflanze zu entwickeln.

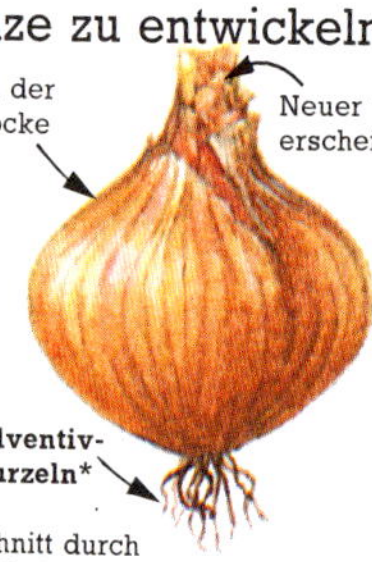

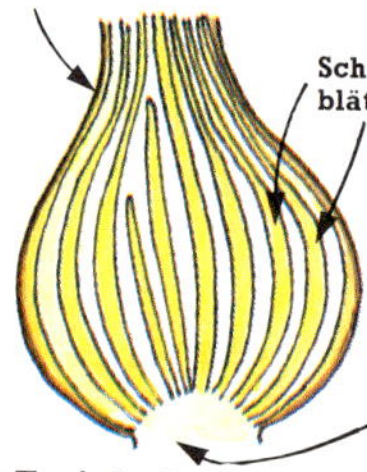

- **Zwiebel:** Ein gestauchter dicker Sproß, umgeben von fleischigen, schalenförmigen Blättern (**Schuppenblätter**), die als Nährstoffspeicher dienen. Zwiebeln werden unterirdisch von absterbenden Pflanzen gebildet. Es kommt auch vor, daß eine Zwiebel mehrere Tochterzwiebeln entwickelt. In der nächsten Vegetationsperiode bildet sich aus der Zwiebel ein neuer Trieb. Beispiel: Osterglocke.

***Adventivwurzeln,** 17; **Blütenboden,** 28; **Fruchtknoten,** 29; **Ungeschlechtliche Fortpflanzung,** 92.

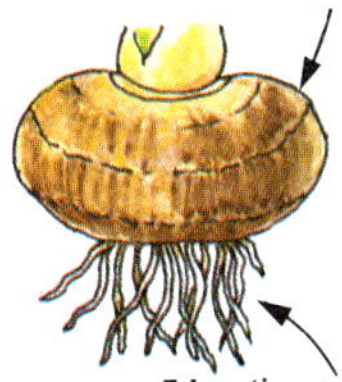

- **Krokusknolle:** Die krokusknolle ist eine verdickte, nährstoffhaltige Sproßknolle, s. **Sproßknolle** weiter unten.

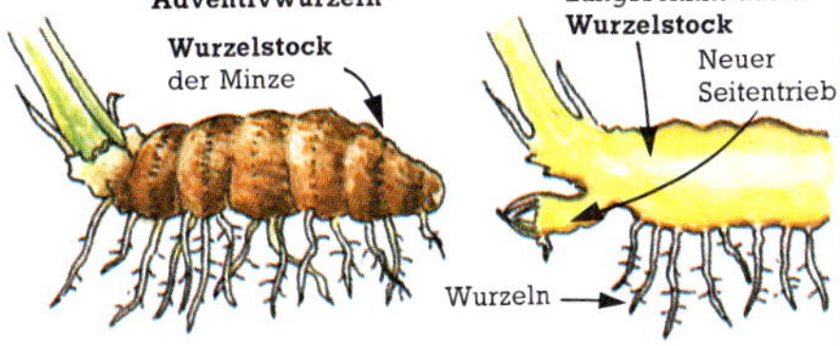

- **Wurzelstock** oder **Rhizom:** In der Erde waagerecht verlaufende, verdickte Sprosse mit schuppigen Blättern. Die Rhizome bilden auf ihrer ganzen Länge Wurzeln sowie Knospen und oberirdische Seitentriebe aus. Wurzelstöcke finden wir z. B. bei Lilien, Gräsern, Knöterich und Farnen.

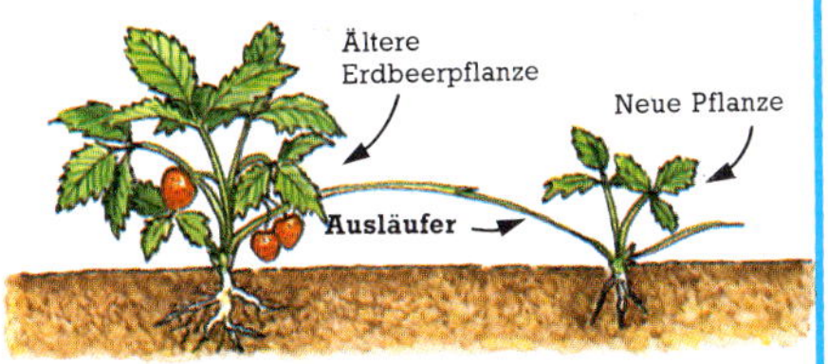

- **Ausläufer:** Lange, oberirdische Seitensprosse, die von der Basis einer Mutterpflanze ausgehen und sich in einiger Entfernung von ihr bewurzeln. Daraus entsteht eine neue Pflanze. Die bekannteste Ausläuferpflanze ist die Erdbeere.

- **Sproßknolle:** Kurzer, gestauchter unterirdischer Sproß, der viel Nährstoffe speichert. Aus den Augen oder Knospen entstehen dann neue Pflanzen. Sproßknollen hat z. B, die Kartoffel.

Künstliche Vermehrung

Unter der Bezeichnung „künstliche Vermehrung" fassen wir alle Verfahren zusammen, mit denen der Landwirt oder der Gärtner die vegetative Vermehrung der Pflanzen ausnützt. Neue Pflanzen müssen nämlich nicht immer zwangsläufig aus Samen hervorgehen, sondern können kommerziell auf ganz verschiedenen Wegen gewonnen werden.

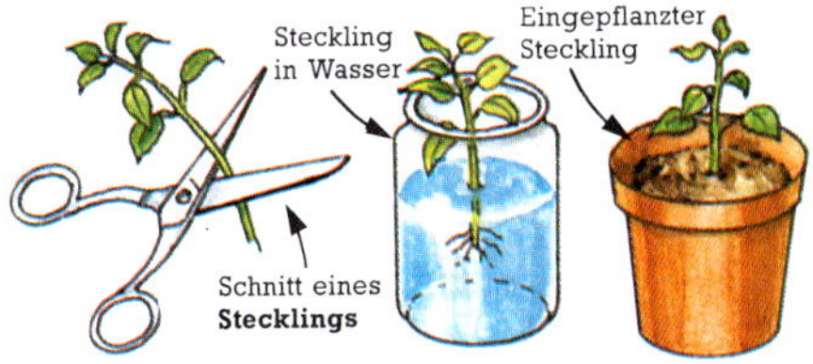

- **Steckling:** Bei der Stecklingsgewinnung schneidet man einen Teil eines Pflanzensprosses ab und steckt ihn in die Erde, wo er sich zu einer neuen Pflanze entwickelt. Manche Stecklinge stellt man zuerst für einige Zeit ins Wasser.

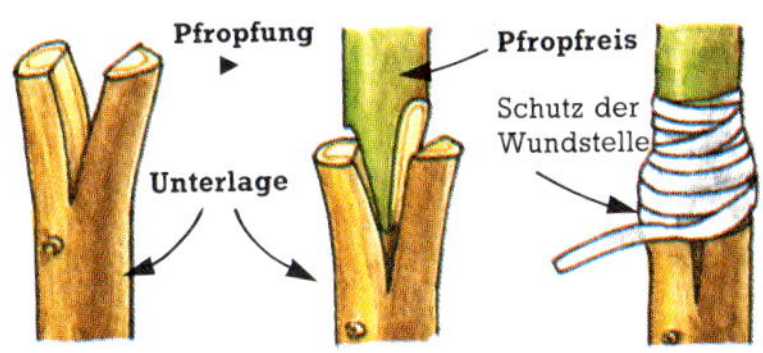

- **Pfropfung:** Bei der Pfropfung wird ein Stück eines Pflanzensprosses abgeschnitten und anderswo wieder so befestigt, daß es anwächst. Dabei gibt es verschiedene Möglichkeiten: Verpflanzung von einem zum anderen Individuum derselben Pflanzenart (**Homoplantat**) oder Verpflanzung zwischen verschiedenen Arten (**Heteroplantat**).

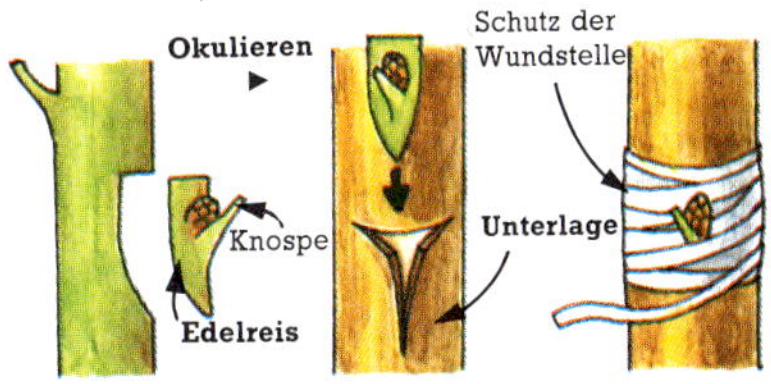

- **Okulieren:** Ein Sonderfall der Pfropfung, wobei nur eine Knospe des Edelreises in einen T-förmigen Spalt geschoben wird.

*Adventivwurzeln, 17.

Der Körperbau der Tiere

Tiere gibt es in großer Formenvielfalt, angefangen von Einzellern bis zu höchst differenzierten Arten aus vielen Millionen von Zellen. Wie man sie **klassifiziert***, also in Gruppen unterteilt und in ein System einreiht, hängt hauptsächlich von der Komplexität ihres Körperbaus ab. Die beiden Begriffe **höhere Tiere** und **niedere Tiere** werden in diesem Zusammenhang oft gebraucht. Je höher ein Tier, um so differenzierter sind seine inneren Organe. Allgemein unterscheidende Merkmale bei höheren Tieren sind die Segmentation, die Leibeshöhlen sowie bestimmte Formen des Skeletts.

- **Segmentation** oder **Metamerie:** Die Aufteilung des Körpers in einzelne Abschnitte oder **Segmente**. Im Vergleich zu einem einfachen, ungeteilten Körper stellt die Segmentation einen höheren Grad an Komplexität dar. Im allgemeinen gilt aber, daß ein Tier um so komplexer ist, je weniger deutlich seine Segmente ausgebildet sind. Die primitivste Form der Segmentation ist die **homonome Metamerie:** Die Segmente oder **Metameren** sehen dabei einander sehr ähnlich. Jedes Metamer enthält ungefähr dieselben Teile der inneren Organe. Diese sind miteinander verbunden, obwohl die einzelnen Segmente durch Scheidewände abgetrennt sind. Diese Art der Segmentation finden wir bei den Ringelwürmern und **Tausendfüßern***. Komplexere Formen der Metamerie sind weniger auffällig. Der Körper der Insekten z. B. ist in drei Abschnitte gegliedert – **Kopf**, **Brust** und **Hinterleib**. Jeder dieser Abschnitte oder **Tagmata** (Einzahl **Tagma**) besteht aus einer Gruppe von Segmenten, die nur noch an äußeren Kennzeichen zu unterscheiden sind.

Homonome Metamerie beim Regenwurm ▼

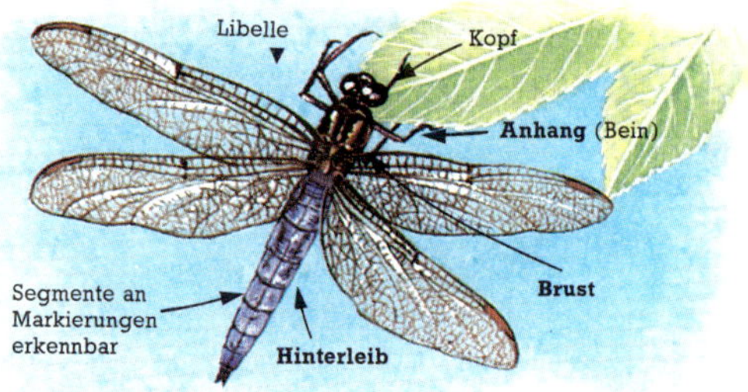

- **Anhang:** Ein untergeordneter Körperteil, der aus den allgemeinen Körperumrissen herausragt, z. B. Arm, Bein.

Symmetrieverhältnisse

- **Bilaterale Symmetrie:** Die Körperteile sind so angeordnet, daß sie nur eine Symmetrie-Ebene zulassen. Das bedeutet, daß man nur mit einem Schnitt zwei spiegelbildliche Hälften erhält. Die bilaterale Symmetrie ist typisch für fast alle freibeweglichen Tiere. Bei Blüten spricht man in diesem Zusammenhang von **Dorsiventralität** oder **Zygomorphie** (z. B. Löwenmäulchen).

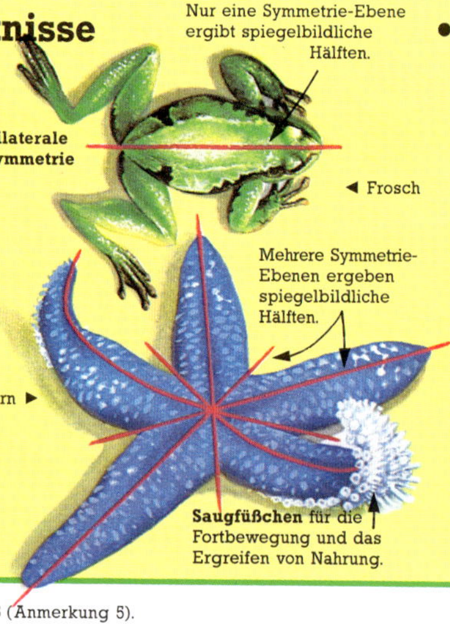

- **Radiäre Symmetrie:** Wenn die Anordnung der Körperteile an einer zentralen Achse erfolgt und damit mehrere Symmetrie-Ebenen möglich sind, spricht man von radiärer Symmetrie. Es sind zwei oder mehr Symmetrie-Ebenen vorhanden, die spiegelbildliche Hälften ergeben. Vor allem Hohltiere und Stachelhäuter sind radiärsymmetrisch. Bei Blüten spricht man in diesem Zusammenhang auch von **Aktinomorphie** (z. B. Hahnenfuß).

***Klassifikation,** 110; **Tausendfüßer,** 113 (Anmerkung 5).

Leibeshöhlen

Fast alle vielzelligen Tiere haben eine flüssigkeitsgefüllte Leibeshöhle. Sie dient als Stoßdämpfer für die Körperorgane und kann ganz unterschiedlich sein. Die meisten Tiere haben jedoch entweder ein **Zölom** oder ein **Hämozöl.** Bei Tieren mit weichem Körper ist die Leibeshöhle auch wesentlich für die Bewegung. Denn sie stellt einen nicht komprimierbaren „Sack" dar und ist damit ein Widerlager für die sich bewegenden Muskeln (**hydrostatisches Skelett**).

Längsschnitt durch einen Spritzwurm. Nicht alle Körperorgane dargestellt. ▼

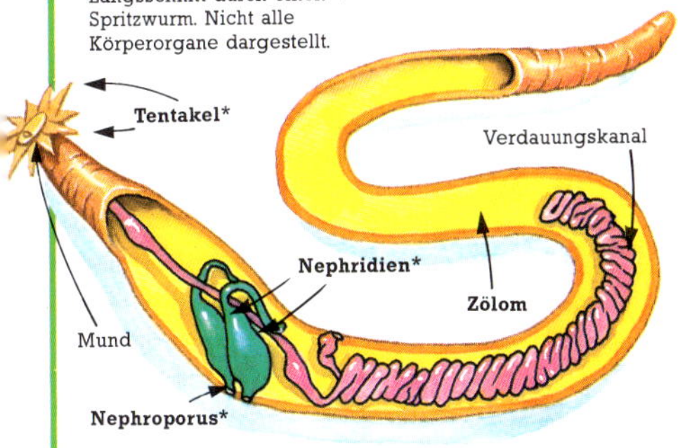

- **Zölom:** Die Leibeshöhle von höheren Würmern, **Stachelhäutern*,** z. B. Seesternen, und **Wirbeltieren***, z. B. Vögeln. Das Zölom ist mit einer Flüssigkeit gefüllt, um als Stoßdämpfer gegenüber den inneren Organen zu dienen. Es wird vom **Peritoneum** umgeben, einer dünnen Membran, die die Körperhöhle auskleidet. Bei niederen Tieren, z. B. vielen Würmern, spielt das Zölom auch eine Rolle bei der Ausscheidung. Ihre Ausscheidungsorgane, die **Nephridien*,** ragen in das Zölom hinein und entfernen flüssige Abfallsstoffe. Bei höheren Tieren übernehmen eigene, komplexere Organe die Aufgabe der Ausscheidung.

Längsschnitt durch eine Spinne. Nicht alle Körperorgane dargestellt. ▼

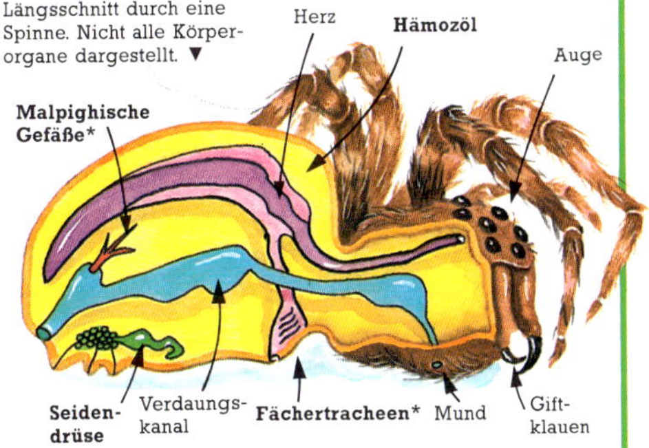

- **Hämozöl:** Die flüssigkeitsgefüllte Leibeshöhle der **Gliederfüßer***, z. B. der Insekten, sowie der **Weichtiere*,** etwa der Schnecken. Bei den Weichtieren ist die Leibeshöhle jedoch mehr ein schwammartiges Gewebe als eine echte Höhlung. Im Gegensatz zum **Zölom** fließt im Hämozöl Blut. Man kann es deswegen auch als weiträumigen Teil des Blutgefäßsystems auffassen. Bei einigen Tieren spielt das Hämozöl ebenfalls eine Rolle bei der Ausscheidung. Die Insekten geben Wasser und Abfallstoffe in die Hämozölflüssigkeit ab. Die **Malpighischen Gefäße*** nehmen dann die Abfallstoffe wieder auf und scheiden sie aus.

- **Mantelhöhle:** Eine Körperhöhle bei **Weichtieren*,** z. B. den Gehäuseschnecken. Sie liegt zwischen dem **Mantel** (einer Hautfalte, welche die Schale auskleidet) und dem restlichen Körper. Das Tier gibt die Abfallstoffe der Verdauung und der Ausscheidung in die Mantelhöhle ab. Bei wasserbewohnenden Weichtieren liegen dort auch die **Kiemen***, während sie bei landbewohnenden Schnecken als Lunge funktioniert.

Längsschnitt durch eine Wellhornschnecke. Nicht alle Organe dargestellt. ▼

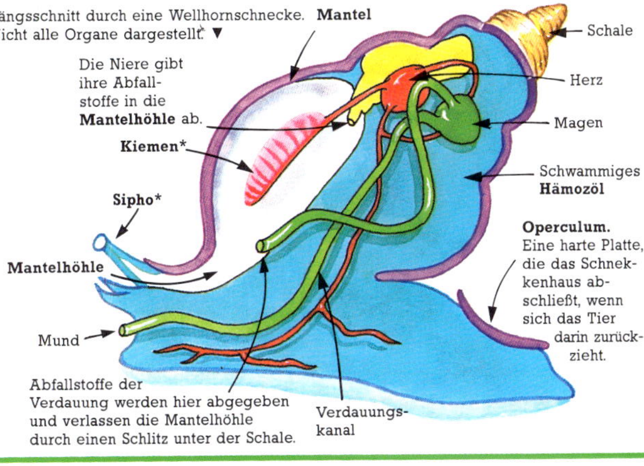

* **Fächertracheen**, 44; **Gliederfüßer**, 112; **Kiemen**, 44; **Malpighische Gefäße**, 45; **Nephroporus**, 45, (**Nephridien**); **Sipho**, 44; **Stachelhäuter**, 113; **Tentakel**, 47; **Weichtiere**, 112; **Wirbeltiere**, 113.

Die Körperdecke bei Tieren

Alle Tiere haben eine äußere Körperdecke, meist mit einer weiteren Schutzschicht. In vielen Fällen besteht diese Haut aus mehreren Schichten, ähnlich wie die menschliche Haut (s. Seite 82–83). Höhere Tiere haben in der Regel noch eine weiche Schutzdecke über der Haut, z. B. Haare oder Federn. Harte äußere Schichten finden wir bei vielen niederen Tieren, z. B. bei Insekten und Muscheln. Man spricht dann von einem **Außenskelett** oder **Exoskelett.** Das Gegenstück dazu ist das **Innenskelett** oder **Endoskelett.**

- **Kutikula:** Eine wasserabstoßende tote Außenschicht, die von der Haut vieler Tiere ausgeschieden wird. Bei vielen Tieren wird die Kutikula recht dick und bildet dann ein stützendes Außenskelett, das **Exoskelett,** z. B. bei den Krebsen oder Insekten. Tatsächlich wird der Begriff „Kutikula" vor allem für die Außenhülle von Insekten verwendet. Diese ist aus dem Polysaccharid **Chitin** und aus dem zähen Protein **Sklerotin** aufgebaut. Das Außenskelett der Insekten besteht meistens aus einzelnen verhärteten Abschnitten, den **Skleriten,** die untereinander beweglich verbunden sind. Bei anderen Tieren, z. B. den Regenwürmern, bildet die Kutikula eine wächserne, weiche Außenschicht auf der Haut.

- **Schuppen:** In der Zoologie eine Bezeichnung für ganz verschiedenartige Körperbedeckungen. Die Schuppen der Knochenfische (Klasse **Osteichthyes*,** z. B. des Karpfens) sind rundliche, oft verknöcherte Platten in der Haut. Die Schuppen der meisten Reptilien hingegen bestehen aus Horn und sind damit verdickte Hautgebilde.

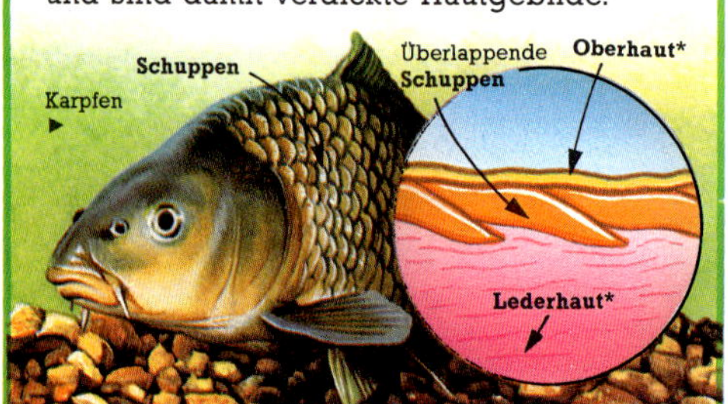

- **Carapax:** Wissenschaftliche Bezeichnung für den Panzer der Krabben sowie den Rückenschild der Schildkröten. Bei diesen besteht er aus knöchernen Platten, die unter Hornschildern oder einer ledrigen Haut liegen.

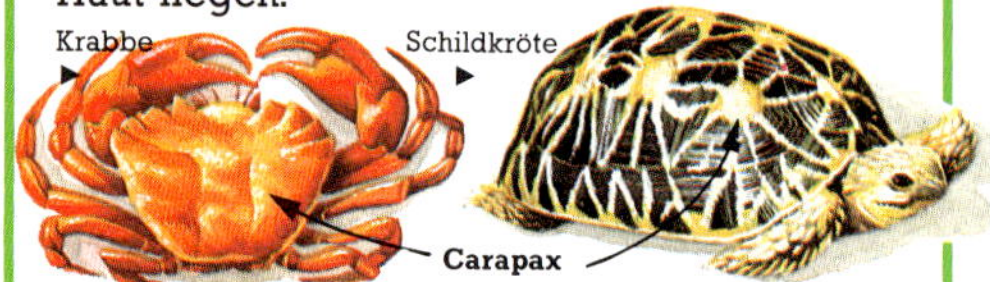

- **Hautzähne** oder **Plakoidschuppen:** Eine Art Schuppen mit scharfen, nach hinten gerichteten Spitzen. Hautzähne treten nur bei den Knorpelfischen (Klasse **Elasmobranchiomorphi***) auf, vor allem bei den Haifischen, etwas weniger stark bei den Rochen.

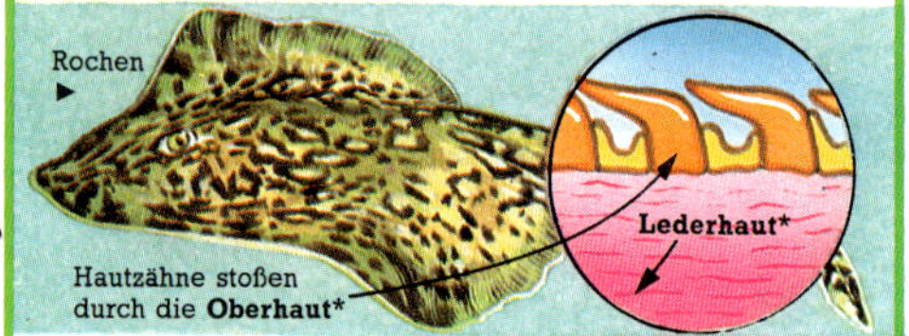

- **Flügeldecken** oder **Elytren:** Das Vorderflügelpaar bei Käfern. Es ist stark abgewandelt und bildet einen dicken Panzer, der den Hinterleib und die häutigen Hinterflügel bedeckt.

Scutum oder **Schild:** Allgemeine Bezeichnung für eine große, harte Platte in der Körperdecke, besonders für die großen Bauchschuppen der Schlangen, den Schienen.

*__Elasmobranchiomorphi,__ 113; **Lederhaut, Oberhaut,** 82; **Osteichthyes, Reptilien,** 113.

Federn

Die isolierende, meist wasserabstoßende Schutzschicht über dem Vogelkörper besteht aus **Federn**; insgesamt spricht man vom **Gefieder.** Die Feder ist ein leichtes Gebilde aus Hornsubstanz, dem **Keratin.** Jede Feder hat einen zentralen **Schaft** mit feinen **Ästen.** Die Äste aller **Konturfedern** mit steifem Schaft und fester Fahne tragen noch sehr feine **Nebenäste** oder Federstrahlen. Diese sind untereinander durch Häkchen verbunden und gewährleisten so den elastischen Zusammenhalt der Fahne. An der Federbasis stehen Muskeln, welche die Federn bei Kälte für eine bessere Isolierung aufrichten (s. **Haarmuskeln**, Seite 82).

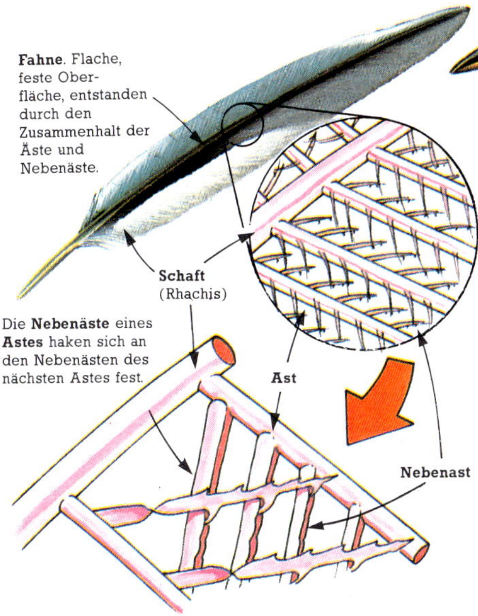

- **Flügelfedern** oder **Remiges** (Einzahl **Remix**): die für den Vogelflug bedeutsamen Federn. Man unterscheidet gewöhnlich 10 bis 12 **Handschwingen** oder **Schwungfedern erster Ordnung** und 6 bis 37 **Armschwingen** oder **Schwungfedern zweiter Ordnung**.

- **Daunenfedern** oder **Plumae:** Federn mit schlaffem, schwachem Schaft und kaum entwickelter Fahne. Die **Äste** sind sehr biegsam; echte **Nebenäste** fehlen. Daunenfedern dienen dem Kälteschutz. Sie sind vor allem bei Jungvögeln und bei Schwimmvögeln vorhanden.

- **Federfollikel:** Kleine Taschen in der Vogelhaut. Aus jedem Follikel wächst eine Feder, ähnlich wie bei den Säugetieren ein Haar aus einem **Haarfollikel*** entsteht. Die heranwachsende Feder ist anfänglich durchblutet und stirbt erst später ab.

***Haarfollikel,** 82.

Fortbewegung bei Tieren

Die meisten Tiere können sich von einer Stelle zur anderen fortbewegen (**Lokomotion**), mindestens in einem Stadium ihres Lebens. Höhere Pflanzen hingegen können nur einzelne Teile ihrer Organismen bewegen (s. **Tropismus**, s. Seite 23). Welche Körperteile die Tiere bewegen, ist sehr unterschiedlich. Die höheren Formen haben Muskeln und Knochen wie der Mensch (s. Seiten 50–55).

Fortbewegung bei niederen Tieren

- **Wimpern** oder **Cilien**: Winzige, haarähnliche Gebilde auf der Körperoberfläche vieler kleiner Lebewesen. Die Wimpern schlagen vorwärts und rückwärts und erzeugen dadurch eine Bewegung. Wimpern findet man auch in höheren Lebewesen, z. B. in den Bronchien. Dort fangen sie Fremdkörperchen auf und transportieren sie in den Rachen.

Pantoffeltierchen (Einzeller) ▼

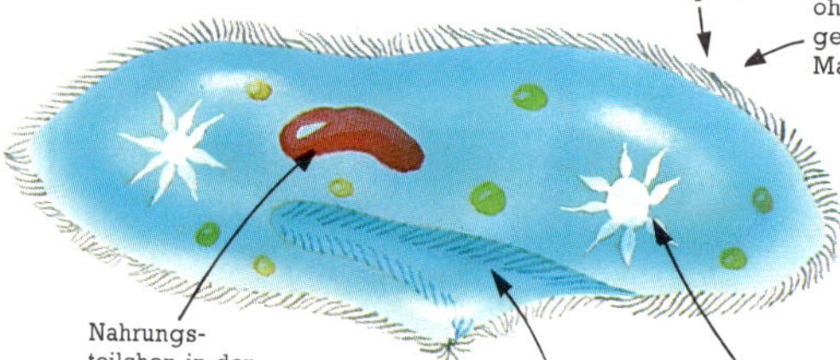

- **Geißeln**: Lange, fädige Fortsätze an der Körperoberfläche. Geißeln haben vor allem sehr viele Einzeller, und es gibt sogar eine Gruppe der Geißeltierchen. Mit schnellem Schlag treiben die Geißeln diese Lebewesen im Wasser voran.

Zeichnungen ohne gemeinsamen Maßstab

Borstenwurm ▼

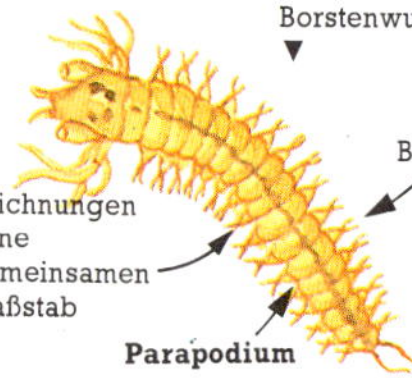

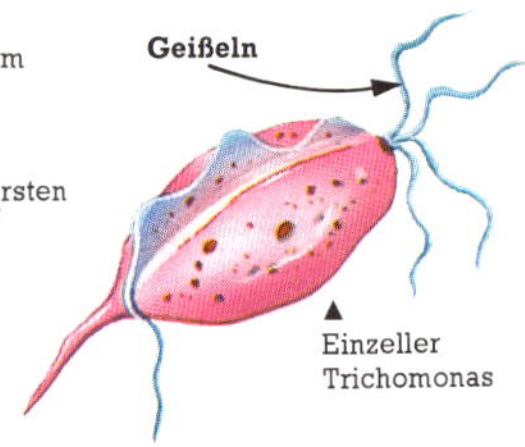

▲ Einzeller Trichomonas

- **Parapodien** (Einzahl: **Parapodium**): Paarige Fortsätze an den Körperseiten wasserbewohnender Borstenwürmer. Sie spielen bei der Fortbewegung eine Rolle und tragen am Ende ein Bündel aus Borsten. Bei den landbewohnenden Formen, etwa dem Regenwurm, fehlen die Parapodien.

- **Pseudopodien** (Einzahl: **Pseudopodium**) oder **Scheinfüßchen**: Vorübergehend gebildete Fortsätze des Zellkörpers oder **Zytoplasmas***, eines einzelligen Lebewesens. Pseudopodien werden gebildet, um entweder die Fortbewegung zu ermöglichen oder um Nahrungsteilchen in den Zelleib aufzunehmen. Diesen Vorgang bezeichnet man auch als **Phagozytose**.

Fortbewegung

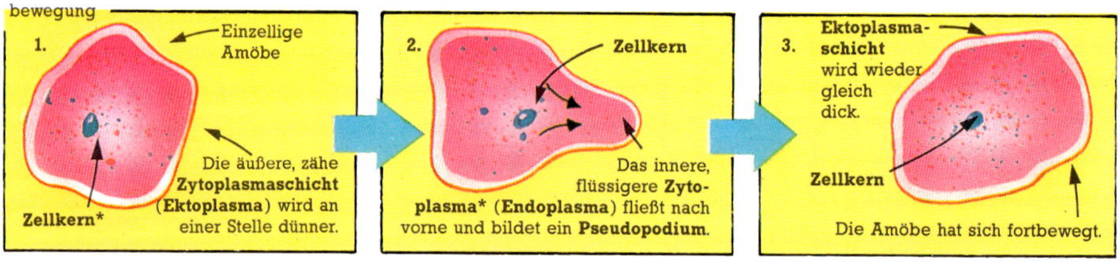

Phagozytose

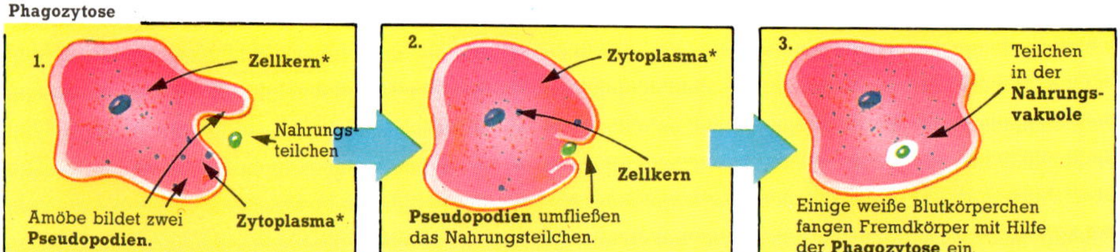

***Pulsierende Vakuole**, 45; **Zellkern, Zytoplasma**, 10.

Schwimmer

- **Flossen:** Besondere Körperfortsätze, mit denen die Fische sich fortbewegen, ihre Schwimmbahn stabilisieren und die Richtung verändern. Die Flossen werden von **Strahlen** gestützt, die, je nach der systematischen Zugehörigkeit (s. Seite 113), aus **Knorpel*** oder Knochen sind. Jeder Fisch hat **paarige** und **unpaarige** Flossen

Forelle ▼

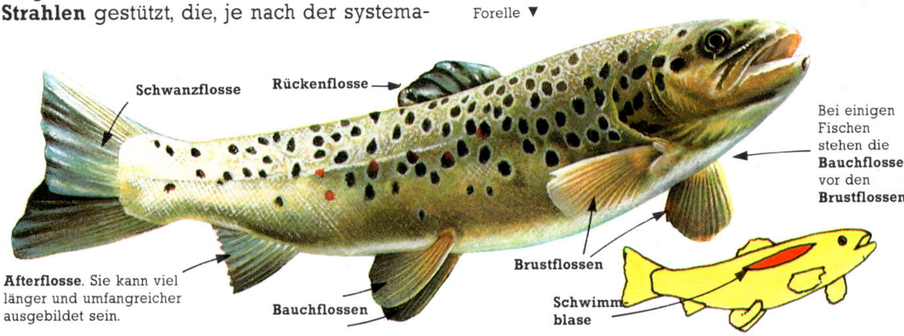

- **Unpaarige Flossen**: Bezeichnung für jene Flossen, die in der Symmetrieebene des Fisches stehen. Die Aale haben eine sehr lange, durchgehende, unpaarige Flosse. Bei den meisten anderen Fischen unterscheiden wir jedoch **Rückenflosse**, **Schwanzflosse** und **Afterflosse**. Die Rükkenflosse und die Afterflosse helfen bei der Änderung der Bewegungsrichtung und stabilisieren die Lage des Fischkörpers. Die Schwanzflosse vergrößert die Schlagfläche.
- **Paarige Flossen**: Flossen, die doppelt vorhanden sind. Es sind dies die **Bauchflossen** und die **Brustflossen**. Sie kontrollieren die Aufwärts- und Abwärtsbewegung beim Schwimmen.
- **Schwimmblase**: Ein langer, luftgefüllter Sack im Körperinnern der meisten Knochenfische (Klasse **Osteichthyes***). Wenn der Fisch die Luftmenge in der Schwimmblase verändert, kann er damit die Tauchtiefe regulieren. Nur Fische mit einer Schwimmblase können ohne aktive Körperbewegung eine bestimmte Wassertiefe beibehalten.

Medial bedeutet „in der Mitte" oder „in der Symmetrieebene zwischen zwei spiegelbildlichen Hälften stehend". Unpaarige Flossen stehen medial.

Dorsal bedeutet „auf dem Rücken stehend".

Caudal bedeutet „am Schwanz stehend" oder „in Richtung auf den Schwanz zu". Die Bauchflossen stehen meistens stärker caudal als die Brustflossen.

Ventral bedeutet „auf dem Bauch stehend" oder „gegen die Bauchseite zu stehend".

Fliegen

- **Brustmuskeln**: Zwei große paarige Muskeln, die bei vielen **Säugetieren*** ausgebildet sind. Besonders kräftig sind sie jedoch bei Vögeln entwickelt. Jeder Flügel hat einen **großen Brustmuskel** (Pectoralis major) und einen **kleinen Brustmuskel** (Pectoralis minor). Beide sind am **Brustbeinkamm** befestigt, einem blattartigen Fortsatz des **Brustbeins**. Die Muskeln ziehen sich bei der Flügelbewegung abwechselnd zusammen.

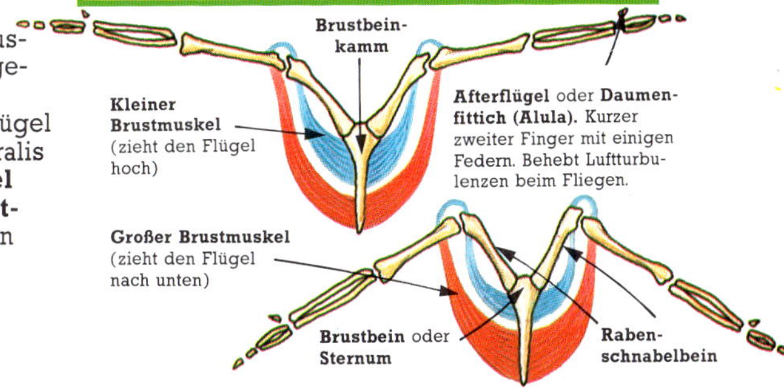

Gehen

- **Zehenspitzengänger**: Gehen auf Hufen an den Spitzen der Zehen. Beispiel: Pferde.

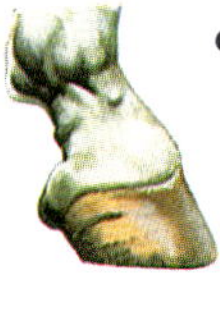

- **Zehengänger**: Setzen beim Gehen die Unterseite der Zehen auf. Beispiele: Hunde und Katzen.

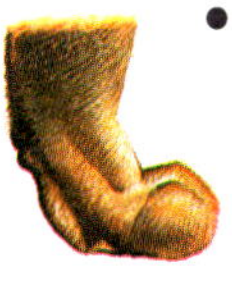

- **Sohlengänger**: Setzen die Unterseite des ganzen Fußes auf. Beispiel: Mensch, Bär.

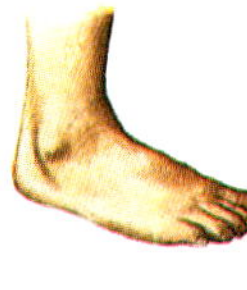

*__Finger__, 51 (**Mittelhandknochen**); **Knorpel**, 53; **Osteichthyes, Säugetiere**, 113.

Ernährung

Die Tiere zeigen eine große Vielfalt der Ernährungsweisen, und je nach Tiergruppe sind auch ganz unterschiedliche Körperteile damit befaßt. Manche verfügen über hoch spezialisierte **Verdauungsapparate**, während sie bei anderen ähnlich wie beim Menschen ausgebildet sind (s. Seiten 66–67). Hier beschreiben wir einige der wichtigsten Körperteile, die bei der Ernährung und Verdauung eine Rolle spielen.

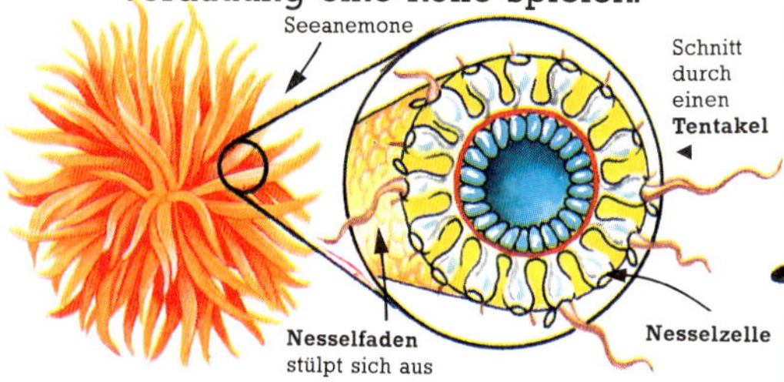

- **Nesselzellen**: Spezialisierte Zellen auf den **Tentakeln*** der **Hohltiere*** z. B. der Seeanemonen und Quallen. Jede Nesselzelle enthält einen eng aufgewickelten Nesselfaden und an der Spitze ein Stilett. Wenn ein Fortsatz an der Nesselzelle berührt wird, springt diese auf. Das Stilett durchschlägt die Haut des Beutetieres, und der Nesselfaden dringt in die Wunde ein.

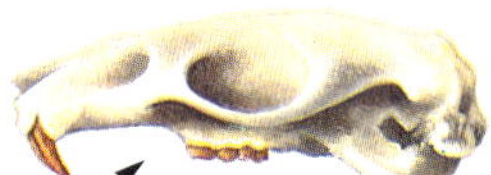

- **Diastema** (Mehrzahl **Diastemata**): Eine Lücke zwischen den vorderen Schneidezähnen und den rückwärtigen Zähnen bei vielen Pflanzenfressern, gelegentlich auch Affenlücke genannt. Das Diastema ist besonders wichtig bei Nagetieren; zum Beispiel Mäusen.

- **Reißzähne**: Zwei besonders angepaßte Zähne im Gebiß von Raubtieren, nämlich der zweite obere **Backenzahn*** und der untere **Mahlzahn***. Mit den Reißzähnen zerschneiden die Raubtiere Fleisch und knacken Knochen.

- **Radula**: Die hornige Raspelzunge vieler **Weichtiere***, z. B. der Schnecken. Die Radula trägt viele spitze Zähnchen zum Abraspeln der Pflanzennahrung.

Mundteile der Gliederfüßer

Der Mund der **Gliederfüßer***, vor allem der Insekten, setzt sich aus vielen verschiedenen Teilen zusammen. Je nach der Ernährungsweise des Tieres nehmen diese Teile aber ein ganz unterschiedliches Aussehen an. Die grundlegenden Mundwerkzeuge aller Insekten sind die **Mandibeln** oder **Oberkiefer**, die **Maxillen** oder **Unterkiefer**, das **Labrum** oder **Oberlippe** und das **Labium** oder **Unterlippe**. Mandibeln und Maxillen treten auch bei anderen Gliederfüßern auf, z. B. bei den Krabben und Hundertfüßern. Einige davon haben zwei Maxillenpaare.

Die **Maxillen** der Schmetterlinge sind stark verlängert und bilden den langen **Saugrüssel** (leckend-saugende Mundwerkzeuge).

Die **Unterlippe** (Labium) der Stubenfliegen ist zu einem Rüssel verbreitert, der als Saugorgan dient.

Saugröhren, sogenannte **Pseudotracheen**

- **Filtrierer:** Tiere, die Nahrungsteilchen einer bestimmten Größe aus dem Wasser seihen. Die Seepocken z. B. filtern die winzig kleinen Lebewesen des **Planktons*** mit beborsteten **Rankenfüßen** oder **Cirren** (Einzahl **Cirrus**) aus dem Wasser. Die größten Walarten seihen mit mehreren Hundert quergestellten Hornlamellen, den Barten, die Garnelen des **Krills** aus dem Wasser.

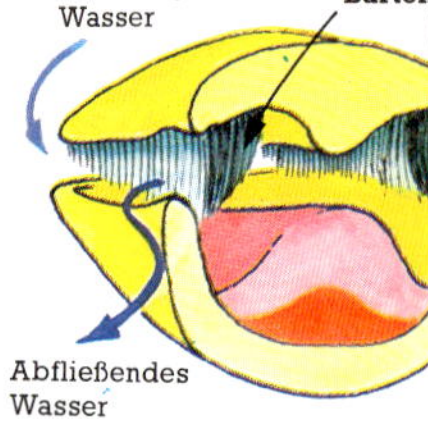

*__Backenzähne__, 57; **Gliederfüßer, Hohltiere**, 112; **Mahlzähne**, 57; **Plankton**, 114; **Tentakel**, 47; **Weichtiere**, 112.

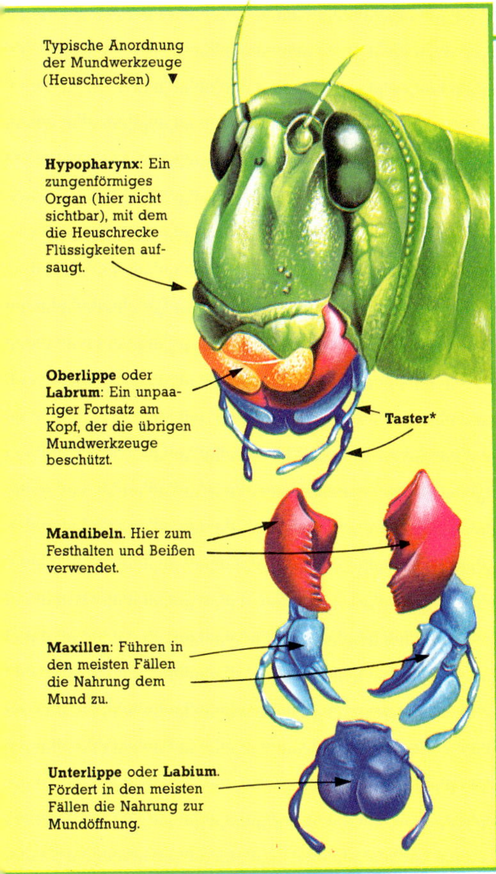

Verdauungsorgane

- **Kropf**: Eine dünnwandige Erweiterung der **Speiseröhre*** bei Vögeln. Die Tiere speichern die Nahrung erst im Kropf, bevor sie in den **Muskelmagen** gelangt. Kropfartige Bildungen finden wir z. B. auch bei Schnecken, Ringelwürmern und Heuschrecken.

- **Muskelmagen**: Hinterer Abschnitt des Vogelmagens mit dicken Muskelwänden. Die **Speiseröhre*** mündet erst in den drüsenreichen Vormagen und dann in den Muskelmagen. Vögel haben keine Zähne und zerkleinern ihre Nahrung im Muskelmagen. Sehr viele verschlucken dazu kleine Kiesel, die wie Mühlsteine wirken. Andere Vogelarten haben an den Wänden des Muskelmagens harte, zahnartige Strukturen zum zerreiben der Nahrung.

- **Pansen**: Die erste große Kammer des kompliziert aufgebauten Magens einiger pflanzenfressender **Säugetiere***, nämlich der Wiederkäuer wie der Kühe. Der Pansen nimmt die nur wenig zerkleinerte Nahrung auf. Er enthält Bakterien, die imstande sind, **Zellulose*** abzubauen. Für die meisten anderen Tiere gilt Zellulose als Abfall, weil sie sie nicht verdauen können. Bei den überwiegend grasfressenden Wiederkäuern hingegen macht sie den größten Teil ihrer Nahrung aus. Die vorverdaute Nahrung gelangt vom Pansen in den **Netzmagen**. Dann wird sie von den Tieren wieder hochgewürgt und ein zweites Mal gekaut (wiedergekaut). beim Herunterschlucken wandert die Nahrung am Pansen und am Netzmagen vorbei und gelangt in den **Blättermagen**. Dort wird ihr zu einem großen Teil das Wasser entzogen. Der darauffolgende **Labmagen** ist dann der eigentliche Magen wie bei den übrigen Säugetieren.

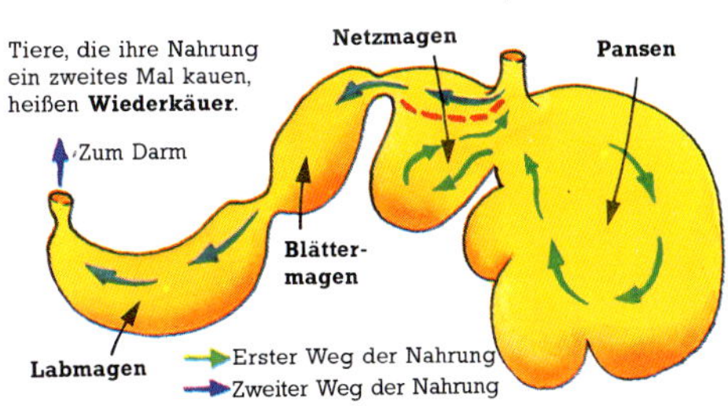

- **Blinddarm**: Ein blindgeschlossener Darmabschnitt beim Übergang vom Dünn- zum Dickdarm. Bei den Hasen ist der Blinddarm lebenswichtig, weil dort wesentliche Schritte der Verdauung stattfinden, nämlich der Abbau von **Zellulose*** mit Hilfe von Bakterien (s. **Pansen**). Beim Menschen hat der Blinddarm mit dem Wurmfortsatz keine Funktion mehr (s. **Dickdarm***).

* **Dickdarm**, 67; **Säugetiere**, 113; **Speiseröhre**, 66; **Taster**, 46; **Zellulose**, 10 (**Zellwand**).

Atmung der Tiere

Die **Atmung** umfaßt eine Reihe verschiedenartiger Vorgänge (s. Einführung, Seite 70). In jedem Fall wird Sauerstoff aufgenommen und von Körperzellen zum Abbau der Nahrung verwendet. Gleichzeitig geben die Zellen und der ganze Körper Kohlendioxid ab. Auf diesen Seiten werden einige der wichtigsten Atmungsorgane beschrieben.

- **Stigmen** (Einzahl **Stigma**): Öffnungen der Tracheen bei vielen **Gliederfüßern***, vor allem den Insekten. Die Stigmen liegen in der seitlichen Körperhaut und können bei manchen Tieren verschlossen werden.

Floh ▼

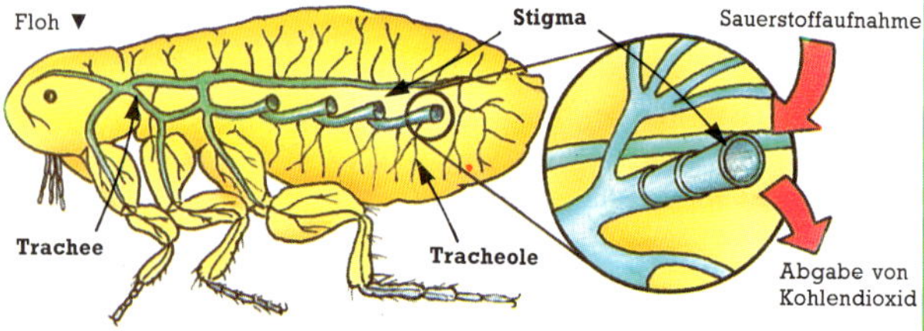

- **Tracheen**: Dünne Röhren, die bei den **Gliederfüßern***, vor allem den Insekten, von den **Stigmen** ins Körperinnere führen. Die Tracheen sind stark verzweigt (**Tracheolen**) und endigen blind. Sauerstoff aus der Luft dringt durch die Wand der Tracheen und Tracheolen und gelangt zu den Körperzellen. Das Kohlendioxid nimmt den umgekehrten Weg.

▼ Fächertracheen

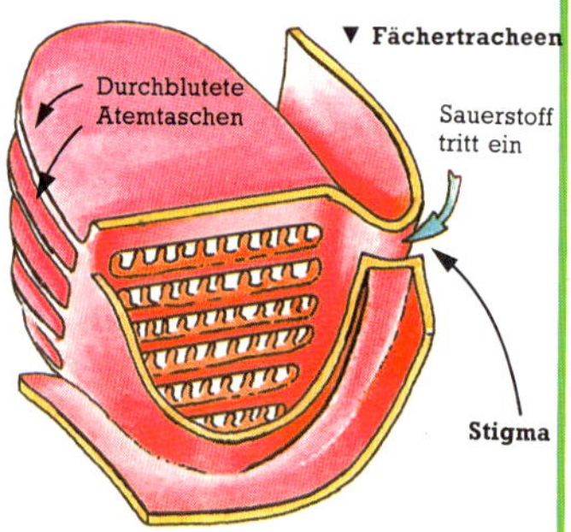

- **Fächertracheen** oder **Tracheenlungen**: Paarige Atmungsorgane vieler landbewohnender Spinnentiere, z. B. der Skorpione (vier Paare). Jede Tracheenlunge besteht aus zahlreichen stark durchbluteten Atemtaschen, die ähnlich wie die Seiten eines Buches angeordnet sind. Der Sauerstoff dringt durch ein schlitzartiges **Stigma** (je eines pro Fächertrachee) und wird vom Blut aufgenommen. Das Kohlendioxid nimmt den umgekehrten Weg.

Kiemen

Kiemen oder **Branchien**: Atmungsorgane der meisten wasserbewohnenden Tiere. Sie enthalten viele Blutgefäße, die den Sauerstoff über die Schleimhaut der Kiemen direkt aus dem Wasser aufnehmen. Kohlendioxid wird in umgekehrter Richtung ins Wasser abgegeben. Man unterscheidet zwei Typen von Kiemen, **innere** und **äußere**.

Atmen mit **Kiemen**

1. Wasser wird in die Mundhöhle aufgenommen.

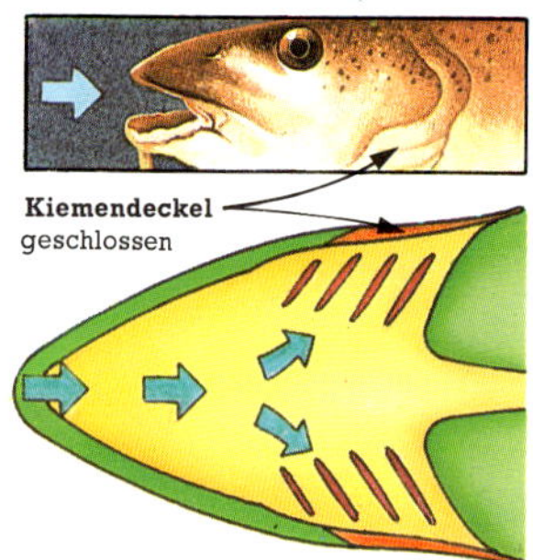

2. Mund geschlossen, **Kiemendeckel öffnet sich**

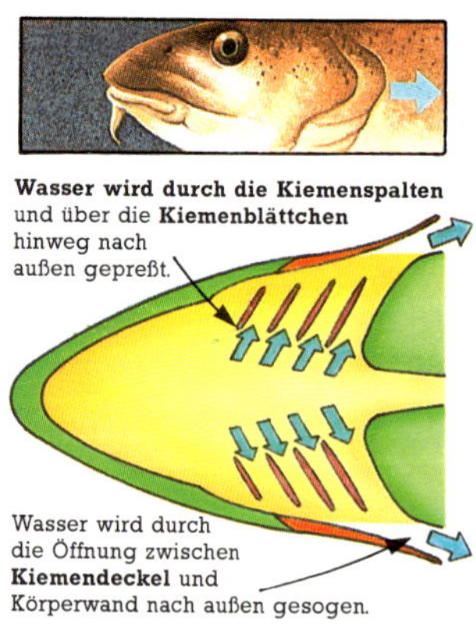

- **Sipho**: Allgemeine Bezeichnung für eine Röhre, die Atemwasser zu den Kiemen wasserbewohnender Weichtiere führt (z. B. Wellhornschnecke, s. Bild auf Seite 37) oder von dort abführt. Im besonderen ist jener **Trichter** gemeint, der bei **Kopffüßern*** zur Fortbewegung Wasser aus der Mantelhöhle ausstößt.

* **Gliederfüßer**, **Kopffüßer**, 112; **Trichter**, 47.

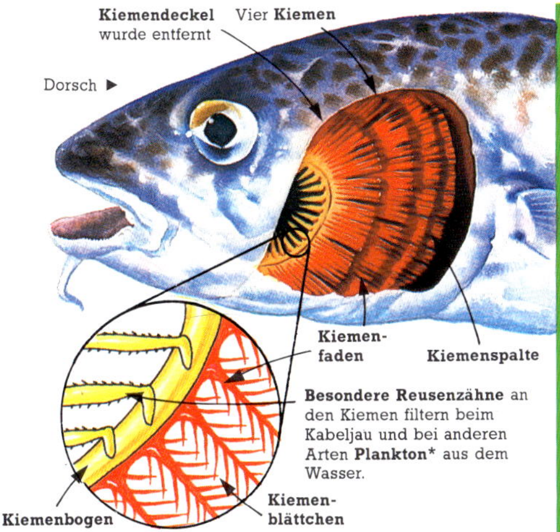

- **Innere Kiemen**: **Kiemen** im Inneren des Körpers. Sie treten in unterschiedlichster Ausprägung bei allen Fischen, den meisten **Weichtieren*** und **Krebstieren*** auf. Die meisten Fische habe vier Kiemenpaare. Die Zwischenräume zwischen ihnen bezeichnet man als **Kiemenspalten**. Diese sind als einzelne längliche Öffnungen am Vorderende der Haie deutlich zu erkennen. Bei den höheren Fischen werden die Kiemen von einem gemeinsamen beweglichen **Kiemendeckel** beschützt. Jede Kieme besteht aus einem gekrümmten Stab, dem **Kiemenbogen**. Daran sind zahlreiche feine **Kiemenfäden** mit den **Kiemenblättchen** befestigt. Sie vergrößern die Oberfläche für den Gasaustausch und enthalten zahlreiche Blutgefäße.

- **Äußere Kiemen: Kiemen** an der Außenseite des Körpers. Äußere Kiemen finden wir vor allem bei den Jugendstadien der meisten Fische und **Amphibien*** sowie bei wasserbewohnenden **Larven*** vieler Insekten, z. B. den Köcherfliegen und den Eintagsfliegen. Bei den Wirbeltieren handelt es sich um büschelig verzweigte Auswüchse in der Nähe des Kopfes, z. B. bei jungen Kaulquappen oder beim erwachsenen Axolotl.

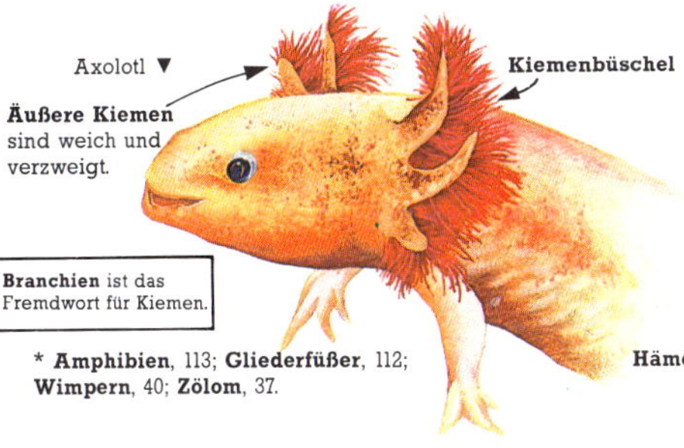

Branchien ist das Fremdwort für Kiemen.

Ausscheidung bei den Tieren

Als Ausscheidung oder **Exkretion** bezeichnen wir die Entfernung von Abfallstoffen aus dem Körper. Dadurch wird der Körper giftige Stoffwechselprodukte los. Gleichzeitig sorgt die Ausscheidung für die Aufrechterhaltung eines ausgewogenen Flüssigkeitshaushaltes (s. Homeostasis, Seite 105).

- **Pulsierende Vakuolen**: Kleine, flüssigkeitsgefüllte Bläschen in einzelligen Lebewesen des Süßwassers. Überschüssig aufgenommenes Wasser gelangt über mehrere Kanäle in die pulsierende Vakuole. Wenn diese gefüllt ist, zieht sie sich zusammen und entleert ihren Inhalt nach außen.

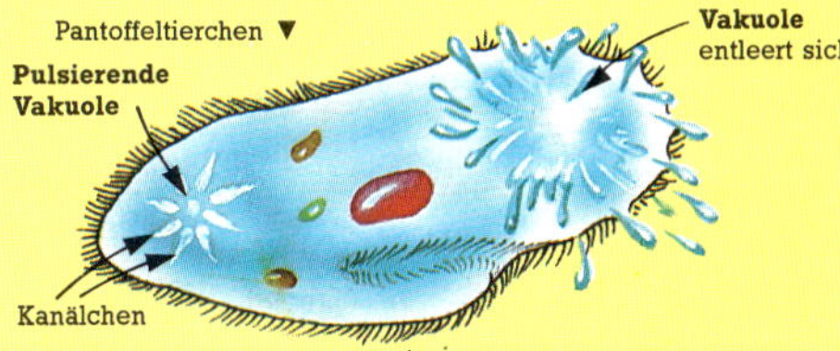

- **Nephridien** (Einzahl **Nephridium**): Röhrenförmige Ausscheidungsorgane bei vielen Würmern, bei den **Larven*** zahlreicher **Weichtiere*** sowie in abgewandelter Form bei den Krebsen. Bei den höheren Würmern nehmen die Nephridien die Abfallstoffe aus dem **Zölom*** (s. Bild Seite 37) auf. Niedere Würmer und Weichtierlarven haben die primitiveren **Protonephridien**. Die flüssigen Abfallstoffe dringen in die hohlen **Solenozyten** ein, angetrieben durch **Wimpernflammen**. Bei Nephridien und Protonephridien verlassen die Abfallstoffe den Körper durch eine feine Öffnung, den **Nephroporus**.

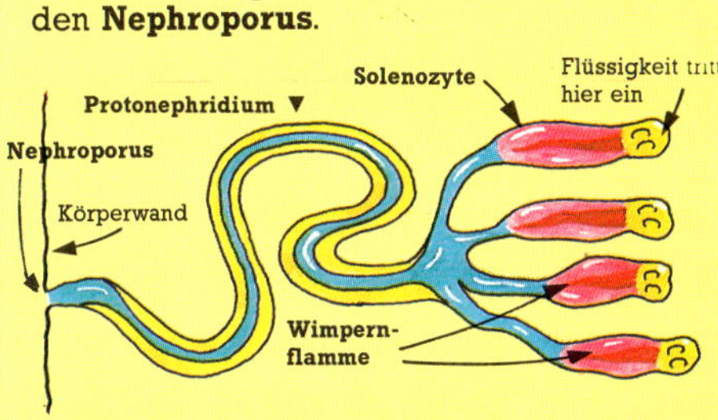

- **Malpighische Gefäße**: Lange Röhren im Körper vieler **Gliederfüßer***, z. B. der Insekten. Die Malpighischen Gefäße transportieren gelöste Abfallstoffe aus der Hauptleibeshöhle (**Hämozöl***) in den letzten Darmabschnitt (s. Bild auf Seite 37).

* **Amphibien**, 113; **Gliederfüßer**, 112; **Hämozöl**, 37; **Krebstiere**, 112; **Larve**, 49; **Plankton**, 114; **Weichtiere**, 112; **Wimpern**, 40; **Zölom**, 37.

Sinnesleistungen und Kommunikation bei Tiere

Alle Tiere zeigen eine **Reizbarkeit**, das heißt, sie reagieren auf äußere Reize wie Licht oder Schallwellen. Bei uns Menschen sind alle Sinne recht gut entwickelt. Manche Tiere zeigen eine viel stärkere Spezialisierung und bringen es zu viel höheren Sinnesleistungen, die Greifvögel z. B. beim Sehen. Hier sind einige der wichtigsten tierischen Sinnesorgane beschrieben. Sie nehmen den Reiz auf. Für die Weiterleitung sorgen aber Nerven, die Informationen darüber an das Gehirn oder an primitivere Nervenzentren senden. Diese setzen dann die Reizantwort in Gang.

Gehör und Gleichgewicht

- **Seitenlinien**: Zwei wassergefüllte, in die Haut versenkte Röhren, je eine auf einer Körperseite. Seitenlinien treten bei allen Fischen und bei jenen **Amphibien*** auf, die den größten Teil ihres Lebens im Wasser verbringen, z. B. bei einigen Kröten. Mit Hilfe der Seitenlinien nehmen die Tiere Wasserströmungen und Druckunterschiede wahr. Die Seitenlinien dienen im weitesten Sinn der Orientierung.

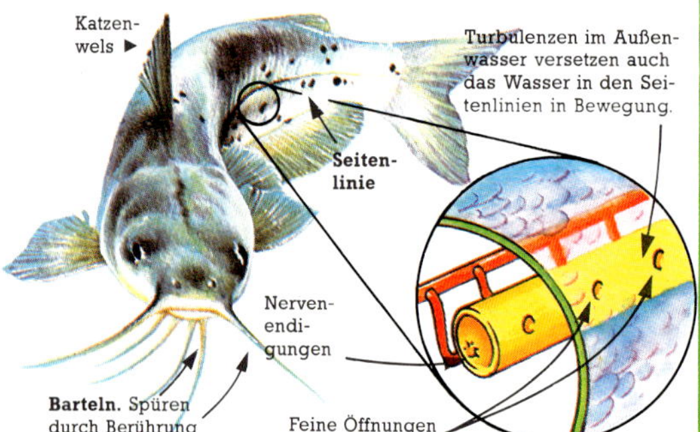

- **Tympanalorgane**: Organe zur Wahrnehmung von Schallwellen. Tympanalorgane finden wir z. B. am Hinterleib und in den Vorderbeinen einiger Insekten. Diese Organe bestehen aus einem luftgefüllten Sack, der von einer dünnen Gewebsschicht verschlossen wird. Sinneszellen im Inneren nehmen hochfrequente Schallwellen wahr.

- **Statozysten**: Winzige Gleichgewichtsorgane vieler wasserbewohnender **Wirbelloser***, z. B. der Quallen. Jede Statozyste besteht aus einem kleinen Säckchen und darin winzigen Steinchen, den **Statolithen**. Wenn das Tier seine Lage verändert, bewegen sich auch die Statolithen und reizen dabei bestimmte Sinneszellen.

Berührung, Geruch und Geschmac

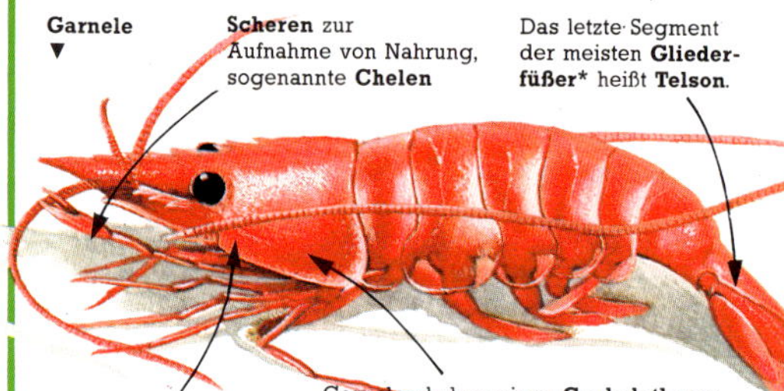

Fühler oder **Antennen**: Peitschenartige, aus vielen Einzelgliedern zusammengesetzte Sinnesorgane am Kopf von Insekten, **Tausendfüßern*** (Hundertfüßern und Doppelfüßern) und von **Krebstieren***, z. B. von Garnelen. Die Insekten und die Tausendfüßer haben ein Fühlerpaar, die Krebstiere deren zwei. An den Fühlern liegen Sinnesorgane für Berührung, Temperaturänderung sowie Geschmack oder Geruch. Einige Krebstiere verwenden sie auch zum Schwimmen oder zum Festhalten.

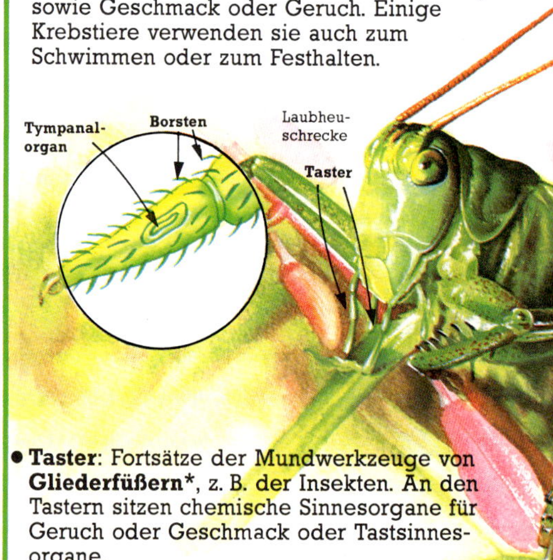

- **Taster**: Fortsätze der Mundwerkzeuge von **Gliederfüßern***, z. B. der Insekten. An den Tastern sitzen chemische Sinnesorgane für Geruch oder Geschmack oder Tastsinnesorgane.

* **Amphibien**, 113; **Brust**, 36 (**Segmentation**); **Gliederfüßer, Krebstiere**, 112; **Tausendfüßer**, 113 (Anmerkung 5); **Wirbellose**, 113 (Anmerkung 8).

Kommunikation

- **Pheromone**: Chemische Stoffe, die ein Tier nach außen abgibt, um anderen Individuen derselben Art Informationen zu übermitteln. Beispiel: Sexuallockstoff vieler Insekten.

- **Syrinx**: Das Stimmorgan der Vögel, ähnlich unserem **Kehlkopf***, aber an der Gabelung der Stammbronchien gelegen.

- **Vibrissen**: Steife lange Haare im Gesicht vieler **Säugetiere***, z. B. die Schnurrbarthaare um die Nase der Katze. Die Vibrissen stehen mit Tastsinnesorganen in Verbindung.

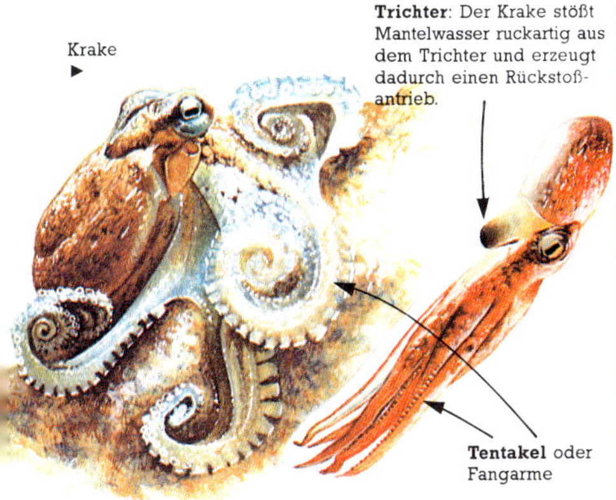

- **Tentakel**: Lange, bewegliche Gliedmaßen, z. B. bei vielen **Weichtieren*** wie den Kraken oder bei den **Hohltieren***, etwa den Quallen. In den meisten Fällen tragen die Tentakel Tastsinnesorgane und dienen dem Nahrungserwerb. Landschnecken tragen am Kopf zwei Paar Tentakel, von denen das kürzere am Ende Augen trägt.

Sehr viele Heuschrecken und Grillen **stridulieren**, das heißt sie reiben zur Lauterzeugung unterschiedliche Körperteile aneinander. Die Stridulationsgeräusche sollen vor allem Partner anlocken. Laubheuschrecken verwenden dazu ihre Flügelkanten.

- **Borsten**: Lange Haare in der Haut vieler **Wirbelloser***, z. B. von Insekten. Sie nehmen Luftströmungen oder Berührungen wahr.

Sehen

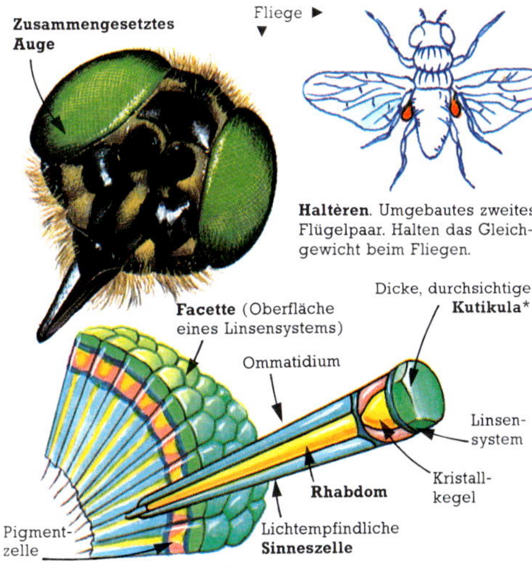

Haltèren. Umgebautes zweites Flügelpaar. Halten das Gleichgewicht beim Fliegen.

- **Zusammengesetzte Augen** oder **Komplexaugen**: Die Augen vieler Insekten und einiger anderer **Gliederfüßer***, z. B. der Krabben. Jedes Komplexauge besteht aus Hunderten von Einzelaugen, der **Ommatidien** (Einzahl **Ommatidium**). Jedes Ommatidium hat ein eigenes Linsensystem, welches die Lichtstrahlen zum **Rhabdom** hin bricht. Dieser durchsichtige Stab ist von meist acht lichtempfindlichen Sehzellen umgeben.

Mosaikbild einer **Blüte**

Jedes Ommatidium hat einen etwas anderen Sehwinkel und nimmt unterschiedliche Lichtintensitäten und Farbwerte wahr. Das Gehirn vereinigt die zahlreichen Einzelinformationen der Ommatidien zu einem vollständigen **Mosaikbild**. Ihr Auflösungsvermögen ist nicht so gut wie das unseres Linsenauges.

* **Gliederfüßer**, **Hohltiere**, 112; **Kehlkopf**, 70; **Kutikula**, 38; **Pigmente**, 27; **Säugetiere**, 113; **Weichtiere**, 112; **Wirbellose**, 113 (Anmerkung 8).

Die Fortpflanzung der Tiere

Fortpflanzung ist die Schaffung neuen Lebens. Die meisten Tiere kennen eine **geschlechtliche Fortpflanzung***, bei der Geschlechtszellen, die weibliche **Eizelle** mit der männlichen **Samenzelle**, verschmelzen. Weiter unten werden die Hauptbegriffe der Fortpflanzungsbiologie erklärt.

Zwergmaus ▶

- **Vivipar**: Lebendgebärend. Bei viviparen Lebewesen findet die Verschmelzung der Geschlechtszellen (**Befruchtung**) und die Entwicklung des **Embryos*** im Innern des weiblichen Körpers statt (**innere Befruchtung**). Das Weibchen gebärt ein Jungtier.

Junge Schlange beim Schlüpfen aus der Eihülle

Ovipar: Eierlegend. Die Entwicklung des **Embryos*** oviparer Tiere findet im Inneren eines Eies statt, das das Weibchen abgelegt hat. In einigen Fällen, z. B. bei den Vögeln, verschmelzen die männlichen und weiblichen Geschlechtszellen im Inneren des weiblichen Körpers (**innere Befruchtung**), so daß das frisch gelegte Ei bereits einen Embryo enthält (**Ovoviviparie**). In anderen Fällen, vor allem bei den meisten Fischen, enthalten die Eier bei der Ablage nur die weibliche Geschlechtszelle oder Eizelle, und das Männchen spritzt dann seinen **Samen** mit den männlichen Geschlechtszellen darüber (**äußere Befruchtung**).

- **Eier**: Es gibt zwei Haupttypen von Eiern. **Beschalte Eier** legen die meisten landbewohnenden Tiere, z. B. die Vögel, und die meisten **Reptilien***. Wir finden sie auch bei einigen Wassertieren, z. B. den Haien. Beschalte Eier schotten den **Embryo*** oder **Keim** weitgehend von seiner Umgebung ab. Nur Gase können durch die zähe Schale hindurchtreten, während Abfallstoffe gespeichert werden. Das Ei enthält genügend Nährstoffe (**Dotter**) für die gesamte Entwicklung des Embryos, und das Jungtier sieht beim Schlüpfen ähnlich aus wie das erwachsene Tier. Der andere Eityp hat eine dünne Außenhaut, durch die Wasser, Gase und Abfallstoffe hindurchtreten können. Solche Eier legen die meisten wasserbewohnenden Tiere, z. B. die Mehrzahl der Fische. Die schlüpfenden Jungtiere sind nicht voll entwickelt, sondern Larven.

Beschaltes Ei

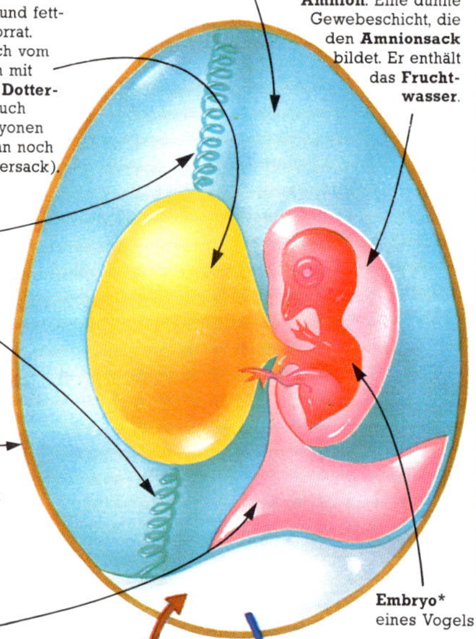

* **Embryo**, 93; **Geschlechtliche Fortpflanzung**, 92; **Reptilien**, 113; **Restorgan**, 67 (**Wurmfortsatz**).

- **Eileiter**: Ein Gang im weiblichen Körper, durch den fertige **Eier** oder **Eizellen** (weibliche Geschlechtszellen) abgegeben werden. Man kann auch **Ovidukt** sagen. Beim Menschen mündet der Eileiter in die **Gebärmutter***.

- **Ovipositor**: Ein Organ am Hinterleibsende vieler weiblicher Insekten, mit dem **Eier** gelegt werden können. Oft ist der Ovipositor lang, entweder weich und teleskopartig ausziehbar oder scharf und imstande, bei der Eiablage pflanzliche oder tierische Gewebe zu durchstoßen.

- **Samenbehälter**: Ein Säckchen für die Aufbewahrung männlicher **Samenflüssigkeit** (mit Geschlechtszellen) im Körper vieler weiblicher **Wirbelloser***, z. B. der Insekten, sowie bei einigen niedrigen **Wirbeltieren***, etwa bei Wassermolchen. Das Weibchen bewahrt die Samenflüssigkeit so lange auf, bis seine **Eizellen** reif für die **Befruchtung** sind. Einige **zwittrige** Tiere (Tiere mit männlichen und weiblichen Geschlechtsorganen), zum Beispiel Regenwürmer, haben Samenbehälter. Sie tauschen bei der Paarung ihren Samen aus.

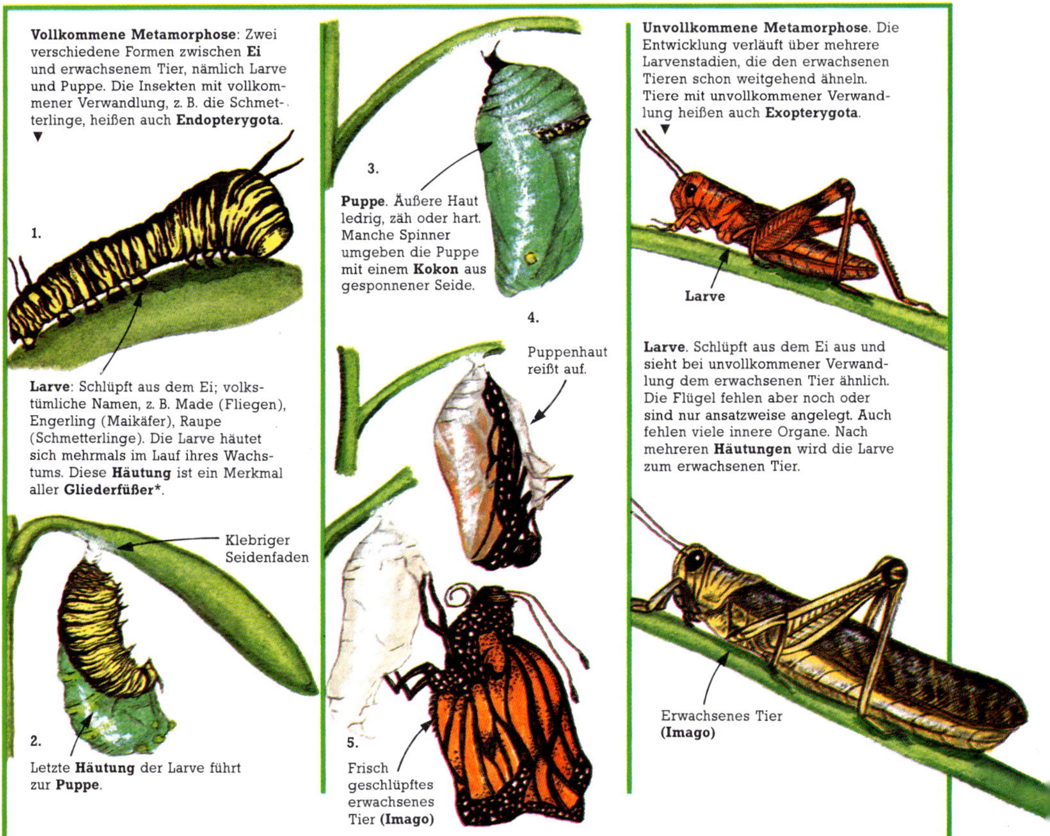

Vollkommene Metamorphose: Zwei verschiedene Formen zwischen **Ei** und erwachsenem Tier, nämlich Larve und Puppe. Die Insekten mit vollkommener Verwandlung, z. B. die Schmetterlinge, heißen auch **Endopterygota**.

1. **Larve**: Schlüpft aus dem Ei; volkstümliche Namen, z. B. Made (Fliegen), Engerling (Maikäfer), Raupe (Schmetterlinge). Die Larve häutet sich mehrmals im Lauf ihres Wachstums. Diese **Häutung** ist ein Merkmal aller **Gliederfüßer***.

2. Letzte **Häutung** der Larve führt zur **Puppe**. – Klebriger Seidenfaden

3. **Puppe**. Äußere Haut ledrig, zäh oder hart. Manche Spinner umgeben die Puppe mit einem **Kokon** aus gesponnener Seide.

4. Puppenhaut reißt auf.

5. Frisch geschlüpftes erwachsenes Tier **(Imago)**

Unvollkommene Metamorphose. Die Entwicklung verläuft über mehrere Larvenstadien, die den erwachsenen Tieren schon weitgehend ähneln. Tiere mit unvollkommener Verwandlung heißen auch **Exopterygota**.

Larve. Schlüpft aus dem Ei aus und sieht bei unvollkommener Verwandlung dem erwachsenen Tier ähnlich. Die Flügel fehlen aber noch oder sind nur ansatzweise angelegt. Auch fehlen viele innere Organe. Nach mehreren **Häutungen** wird die Larve zum erwachsenen Tier.

Erwachsenes Tier **(Imago)**

- **Metamorphose**: Entwicklung und Wachstum eines Tieres über eines oder mehrere Larvenstadien, die sich vom erwachsenen Tier mehr oder minder deutlich unterscheiden. Man spricht deswegen auch von Verwandlung. Während der Metamorphose verwandelt sich das Jungtier langsam zum erwachsenen Tier. Alle Insekten, die meisten meeresbewohnenden **Wirbellosen***, z. B. Hummer, und die meisten **Amphibien***, darunter die Frösche, kennen eine mehr oder minder stark ausgeprägte Metamorphose. Zwischenformen treten dabei häufig auf, z. B. beinlose Kaulquappen bei Fröschen und Kröten. Im Bild oben sind zwei Arten der Metamorphose illustriert, die **vollkommene** und die **unvollkommene**.

* **Amphibien**, 113; **Gebärmutter**, 89; **Gliederfüßer**, 112; **Wirbellose**, 113 (Anmerkung 8); **Wirbeltiere**, 113 (**Craniota**).

Das Skelett

Das menschliche Skelett besteht aus über 200 Knochen. Es stützt und schützt Körperorgane und bildet ein festes Gerüst, an dem die Muskeln angreifen können.

- **Schädel**: Er beschützt das Gehirn (**Hirnschädel**) und die Gesichtsorgane (**Gesichtsschädel**). Die einzelnen Knochen sind über **Schädelnähte** oder **Suturen** miteinander verbunden. Der **Oberkiefer (Maxille)** besteht aus zwei miteinander verwachsenen Knochen.

Schädel ►

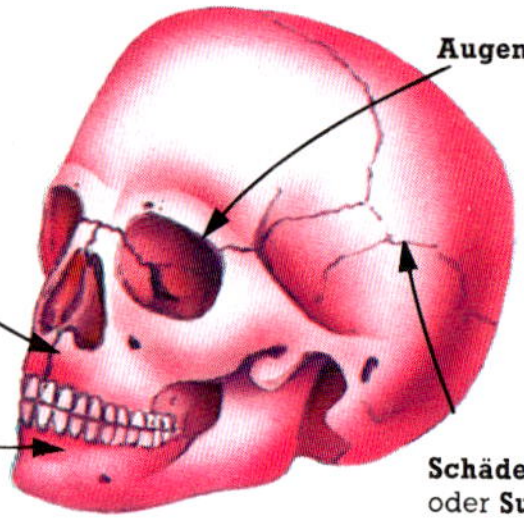

- **Brustkorb**: Der Brustkorb schützt die Lunge und das Herz und wird von zwölf Paar **Rippen**, den **Brustwirbeln** und dem **Brustbein** gebildet. Die Rippen sind mit dem Brustbein durch Bänder aus **Knorpel*** verbunden, den sogenannten **Rippenknorpeln**. Allerdings setzen nur die ersten fünf Paare direkt am Brustbein an. Die übrigen bezeichnet man als **falsche Rippen**. Die obersten drei sind indirekt über den Rippenknorpel der siebten Rippe mit dem Brustbein verbunden. Die untersten beiden Rippenpaare heißen **freie Rippen**, weil sie nur mit den Brustwirbeln verbunden sind.

Brustkorb ►

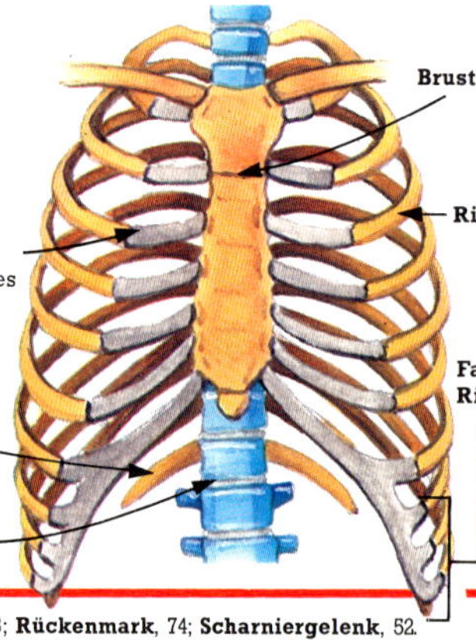

- **Wirbelsäule**: Eine bewegliche Kette von 33 Wirbeln, auch **Rückgrat** genannt. Die Wirbelsäule schützt das **Rückenmark***, trägt den Kopf und die Eingeweide und dient als Anheftungsstelle für das **Becken** und den **Brustkorb**. Die Wirbelsäule bildet den zentralen Teil des Skeletts und heißt deswegen auch Achsenskelett.

- **Wirbel**: Einer der 33 Knochen der Wirbelsäule. Ein typischer Wirbel hat einen umfangreichen **Wirbelkörper** und mehrere **Fortsätze** (Namen siehe unten) sowie ein zentrales **Wirbelloch**. Dieses wird vom **Wirbelbogen** umschlossen. Die Gesamheit dieser Wirbellöcher bildet den **Wirbelkanal**, in dem das **Rückenmark*** verläuft.

Typischer **Wirbel (Brustwirbel).** Ansicht von oben ►

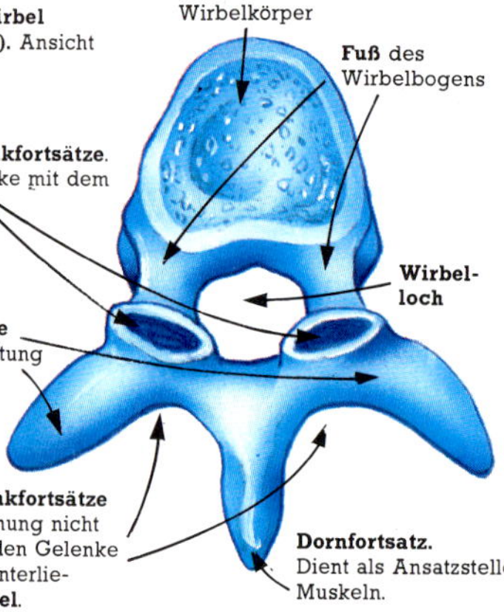

Die Namen der unterschiedlichen Wirbel findet man auf der gegenüberliegenden Seite. Die oberen 24 Wirbel sind beweglich und untereinander durch **Zwischenwirbelscheiben** aus **Knorpel*** verbunden. Sie heißen volkstümlich auch **Bandscheiben**. Die unteren neun Wirbel sind miteinander verschmolzen. Alle Wirbel zeigen die oben beschriebene typische Struktur, mit Ausnahme allerdings der beiden obersten, des ersten Halswirbels (**Atlas**) und des zweiten Halswirbels (**Axis** oder **Epistropheus**). Der Atlas bildet mit dem Schädel ein besonderes Gelenk, das Bewegungen in alle Richtungen erlaubt. Die Axis hat oben einen Zahnfortsatz, der sich in den Atlas einfügt. Er bildet dort ein **Eigelenk**, das Drehbewegungen des Kopfes erlaubt.

* **Knorpel**, 53; **Rückenmark**, 74; **Scharniergelenk**, 52.

Die Knochen des Skeletts

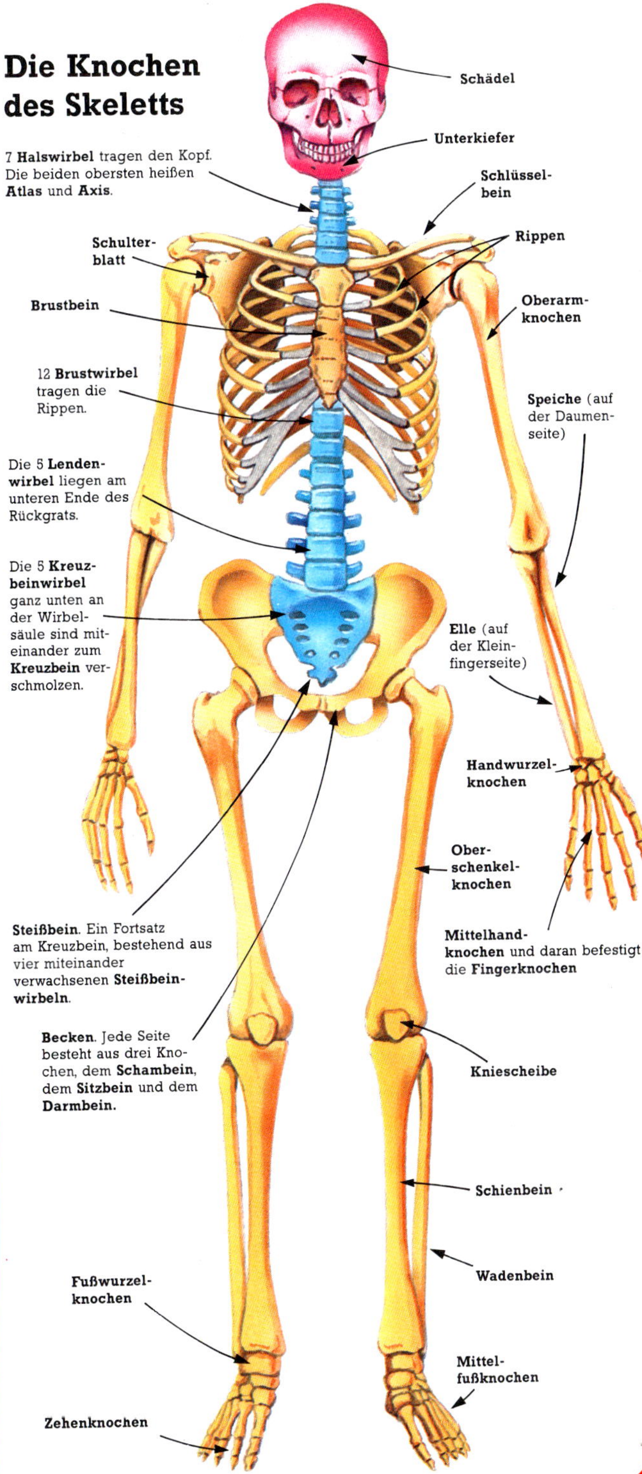

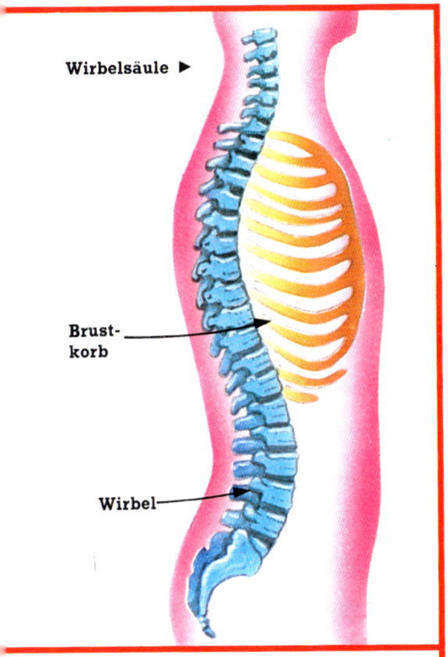

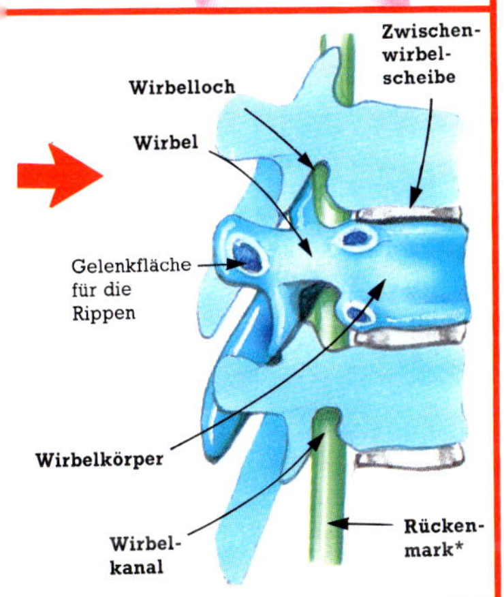

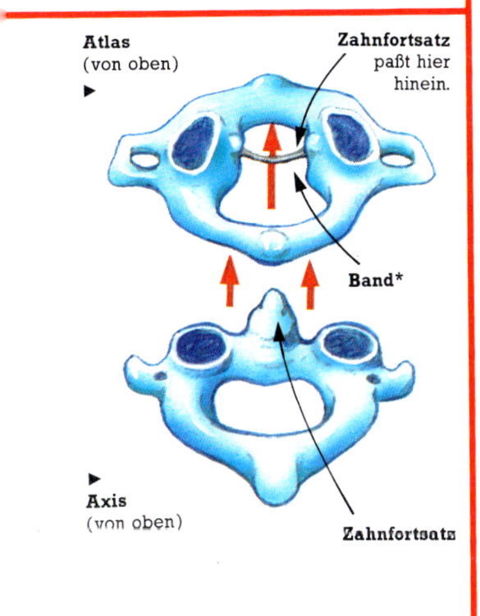

* **Bänder**, 52; **Rückenmark**, 74.

Gelenke, Knochen

Der Anatom bezeichnet jede Verbindung von Knochen als **Gelenk**. Die festen Knochenverbindungen oder **Haften** erlauben keine Bewegungen, zum Beispiel die **Schädelnähte***. Die meisten Knochenverbindungen sind jedoch echte bewegliche Gelenke, die dem Körper Geschmeidigkeit verleihen.

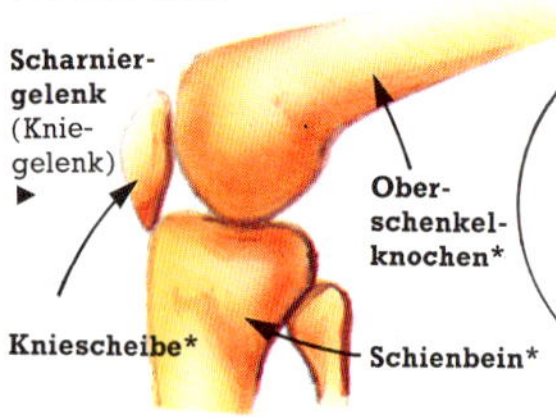

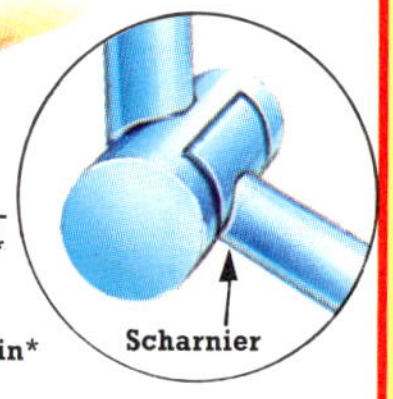

- **Scharniergelenke**: Scharniergelenke erlauben Bewegungen nur in einer Ebene. Scharniergelenke befinden sich zum Beispiel im Ellbogen, im Knöchel, in den Zehen- und Fingerknochen und im Knie.

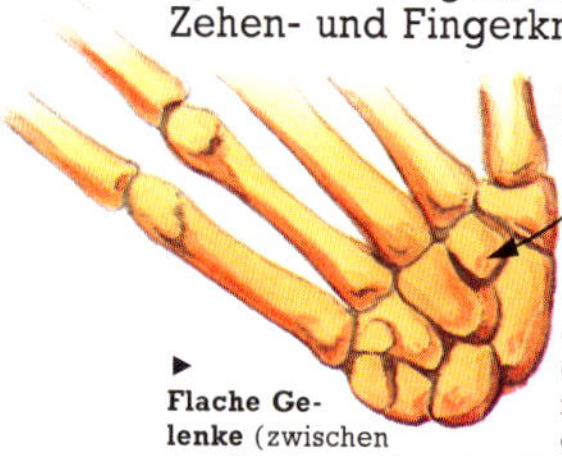

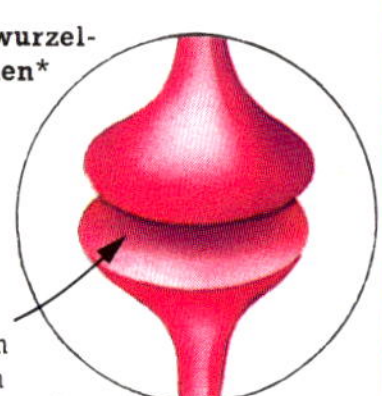

- **Flache Gelenke**: Flache Gelenke erlauben nur geringe gleitende Bewegungen, indem sich die flachen Gelenkflächen gegeneinander verschieben. Flache Gelenke finden wir zum Beispiel bei den **Handwurzelknochen***.

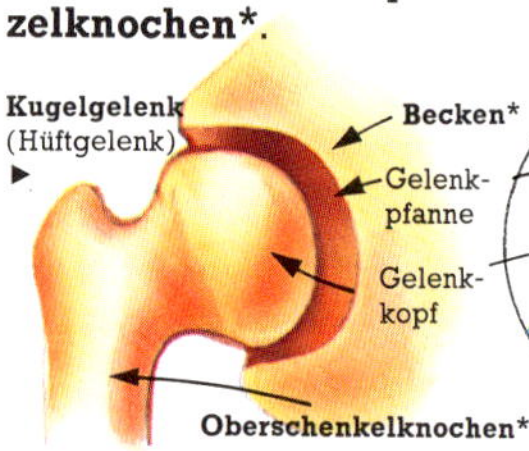

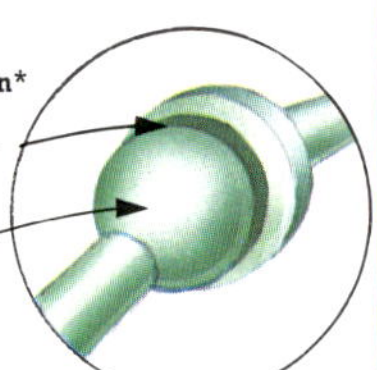

- **Kugelgelenke**: Die weitaus beweglichsten Gelenke, die eine Bewegung in allen drei Ebenen ermöglichen. Der Gelenkkopf paßt in die Gelenkpfanne. Kugelgelenke finden wir vor allem in der Hüfte und in der Schulter.

Stützgewebe

Es gibt viele verschiedene Typen von **Stützgewebe** im Körper. Wie der Name sagt, haben sie vor allem die Aufgabe, den Körper zu stützen. Die verschiedenen Arten des Stützgewebes sind bei einem Gelenk anzutreffen. Dazu gehören vor allem **Knochen**, **Knorpel** und das **Bindegewebe**. Dieses verbindet die Gewebe, Organe und Organsysteme miteinander. Es besteht aus mehr oder minder dicht gepackten Zellen, die in einer Zwischensubstanz liegen. Diese ist durch die Einlagerung besonderer Fasern gekennzeichnet, nämlich der zugfesten **kollagenen Fasern** und der dehnbaren **elastischen Fasern**.

- **Knochenhaut**: Eine dünne Schicht elastischen Bindegewebes. Es umgibt alle Knochen mit Ausnahme der Gelenke, wo anstelle von Knochenhaut **Knorpel** auftreten. Die Knochenhaut enthält **Knochenbildungszellen** oder **Osteoblasten**, die für das Knochenwachstum wichtig sind.

- **Bänder**: Zugfestes Bindegewebe, das die Knochen eines Gelenkes miteinander verbindet und viele Organe an Ort und Stelle fixiert. Die meisten Bänder sind zäh und fest, doch einige sind auch elastisch, etwa zwischen den **Wirbeln***.

- **Knochen** oder **Knochengewebe**: Eigentlich eine besondere Form des Bindegewebes. Knochengewebe wird hart durch Einlagerung von Phosphor- und Kalziumverbindungen. Die lebenden Knochenzellen oder **Osteozyten** befinden sich in winzigen Zwischenräumen in der anorganischen Grundsubstanz.

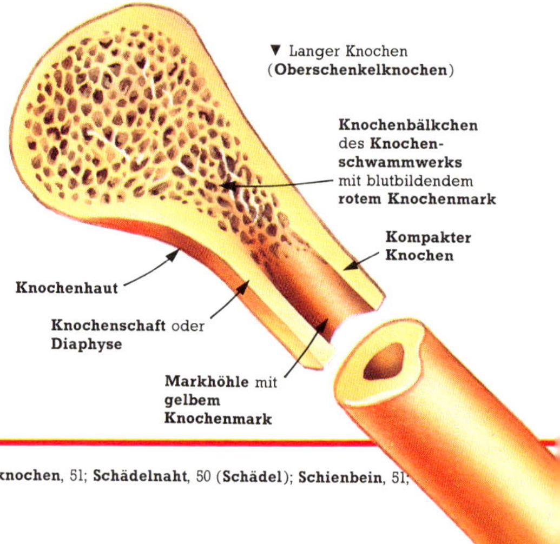

* **Becken**, **Handwurzelknochen**, **Kniescheibe**, 51; **Oberschenkelknochen**, 51; **Schädelnaht**, 50 (**Schädel**); **Schienbein**, 51; **Wirbel**, 50.

• **Schleimbeutel**: Ein stoßdämpfender „Sack", gefüllt mit schleimiger, klebriger, fadenziehender **Gelenkschmiere (Synovialflüssigkeit)** und umgeben von einer äußeren **Gelenkhaut** aus elastischem Bindegewebe. Die meisten beweglichen Gelenke, z. B. das Knie, weisen einen solchen Schleimbeutel auf. Schleimbeutel befinden sich an Stellen, wo Sehnen über Knochen gleiten.

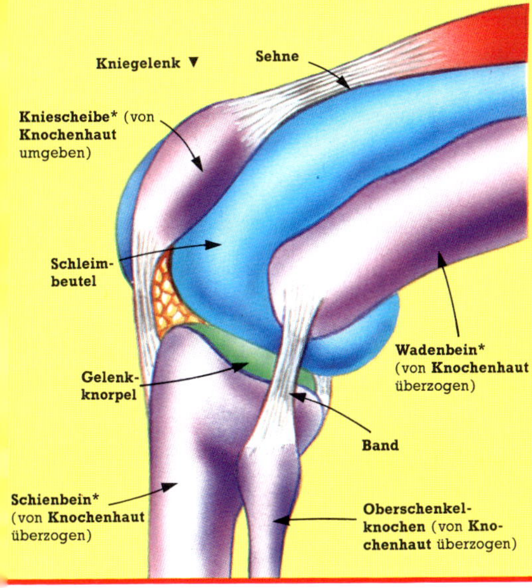

• **Sehnen**: Bänder aus zähem Bindegewebe, die für die Anheftung von Muskeln an Knochen sorgen. Die Sehne ist die Fortsetzung jener bindegewebigen Haut, die jeden Muskel oder jede Muskelgruppe umgibt.

• **Knorpel**: Ein druckfestes Stütz- oder Bindegewebe, gebildet von wasserreichen Knorpelzellen, die in einer Zwischensubstanz liegen. Aus Knorpel sind beispielsweise die Band- oder Zwischenwirbelscheiben, welche für eine federnde Verbindung zwischen den **Wirbeln*** sorgen. Auch die Enden gelenkig miteinander ver-

bundener Knochen sind von Knorpel überzogen. Die Nasenspitze und die Ohrmuschel sind beweglich und enthalten **elastischen Knorpel**. In einem frühen Stadium weist der Embryo im Mutterleib zuerst ein Knorpelskelett auf. Später findet die **Verknöcherung** oder **Ossifikation** statt.

• Es gibt zwei Arten von Knochen: **Bälkchenknochen** oder **Knochenschwammwerk** kommt in kurzen und/oder platten Knochen vor, z. B. im **Brustbein***, und füllt auch die Gelenkenden der langen Knochen, etwa des **Oberschenkelknochens***, aus. Es besteht aus einer schwammartigen Struktur mit zahlreichen **Knochenbälkchen**. Die großen Zwischenräume darin sind mit **rotem Knochenmark*** angefüllt. **Kompakter Knochen** oder **Lamellenknochen** bildet die äußere Schicht aller Knochen. Er hat viel weniger Zwischenräume und liegt in konzentrischen Schichten oder **Lamellen** um die sogenannten **Haversschen Kanäle**. Darin befinden sich Blutgefäße und Nerven, die zu den Knochenzellen ziehen.

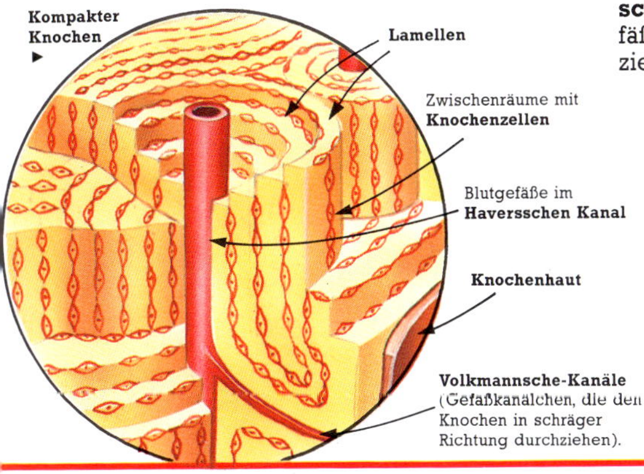

• **Knochenmark**: Es gibt zwei Typen von Knochenmark. Das **rote Knochenmark** tritt im schwammartigen Bälkchenknochen (s. **Knochen**) auf und stellt alle neuen roten und einige weiße Blutkörperchen her. Das **gelbe Knochenmark** findet sich in den **Markhöhlen** langer Röhrenknochen und dient als Fettspeicher.

* **Brustbein, Kniescheibe, Oberschenkelknochen, Schienbein, Wadenbein**, 51; **Wirbel**, 50.

Muskeln

Muskeln bestehen aus einem besonderen elastischen Gewebe, das sich zusammenziehen kann. Muskeln kommen überall am Körper vor. Man unterscheidet **willkürliche Muskeln**, die wir über den Willen beeinflussen und steuern können, und **unwillkürliche Muskeln**, die nicht der Kontrolle durch den Willen unterliegen.

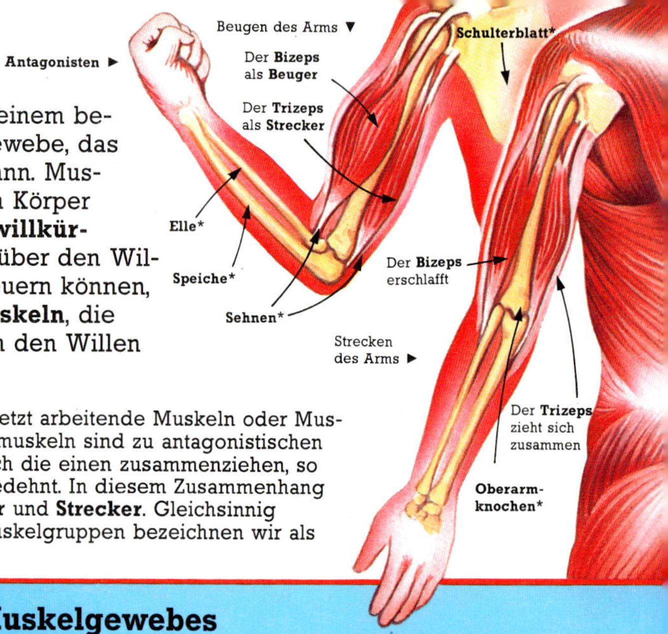

- **Antagonisten:** Entgegengesetzt arbeitende Muskeln oder Muskelgruppen. Fast alle Skelettmuskeln sind zu antagonistischen Paaren angeordnet. Wenn sich die einen zusammenziehen, so werden ihre Antagonisten gedehnt. In diesem Zusammenhang spricht man auch von **Beuger** und **Strecker**. Gleichsinnig arbeitende Muskeln oder Muskelgruppen bezeichnen wir als **Synergisten**.

Der Aufbau des Muskelgewebes

Die verschiedenen Muskeltypen des menschlichen Körpers bestehen auch aus unterschiedlichen Arten von Muskelgewebe. Jedes Muskelgewebe weist jedoch viele Blutgefäße auf, die Nährstoffe für die Energiegewinnung herantransportieren. Außerdem hat es viele Nerven für die Reizleitung.

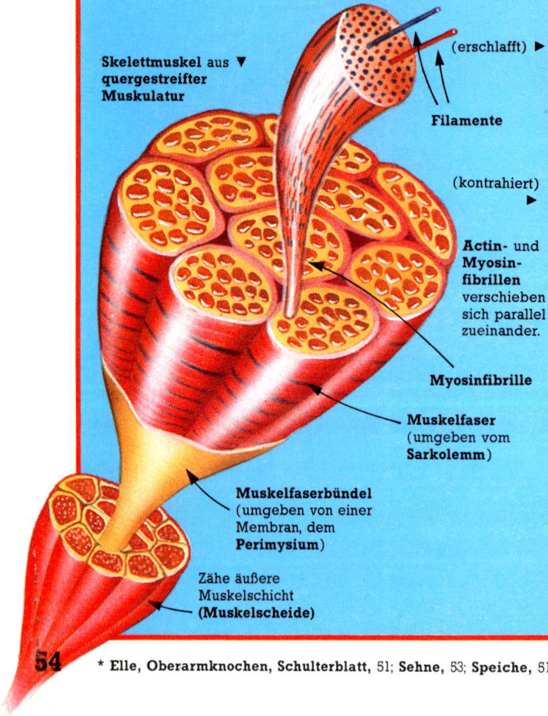

- **Quergestreifte Muskulatur:** Aus diesem Muskeltyp sind die **Skelettmuskeln** aufgebaut Er besteht aus langen **Muskelfasern**, die zu Muskelfaserbündeln zusammengefaßt sind. Jede einzelne Muskelfaser sieht

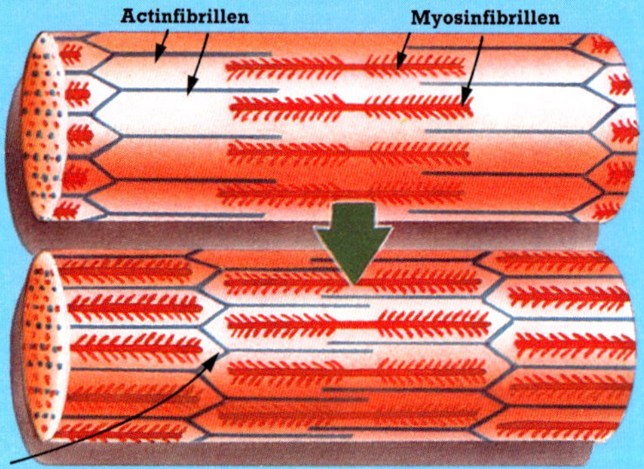

quergestreift aus und besteht aus zahlreichen Längszylindern, den **Myofibrillen.** Diese ziehen sich zusammen, wenn der Nerv von einer Muskelfaser erregt wird. Die Myofibrillen selbst bestehen aus zwei ineinandergreifenden Arten von **Filamenten** oder **Protofibrillen,** den dünnen Fibrillen aus **Actin** und den dickeren Fibrillen aus **Myosin**. Beide sind zu Querbändern angeordnet, die sich bei der Kontraktion parallel zueinander verschieben.

* **Elle, Oberarmknochen, Schulterblatt,** 51; **Sehne,** 53; **Speiche,** 51.

Muskeltypen

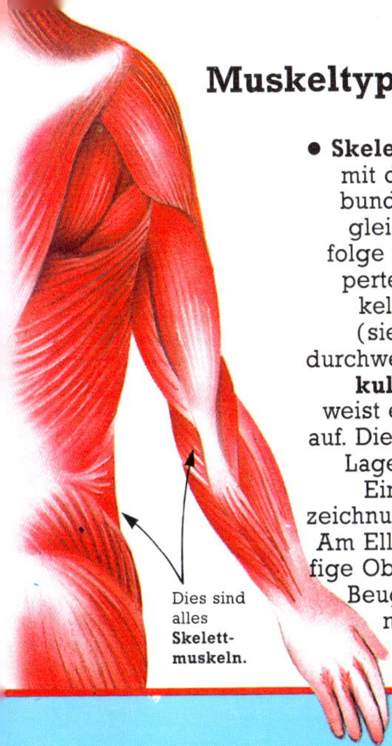

- **Skelettmuskeln:** Alle Muskeln, die mit den Knochen des Skeletts verbunden sind. Sie kontrahieren sich gleichzeitig oder in zeitlicher Abfolge und können dadurch alle Körperteile bewegen. Die Skelettmuskeln sind **willkürliche Muskeln** (siehe Einführung) und bestehen durchwegs aus **quergestreifter Muskulatur.** Der menschliche Körper weist einige hundert Skelettmuskeln auf. Die Benennung erfolgt nach ihrer Lage, ihrer Form oder ihrer Größe. Eine allgemeine funktionelle Bezeichnung sind **Beuger** und **Strecker**. Am Ellbogengelenk ist der zweiköpfige Oberarmmuskel oder **Bizeps** der Beuger, der dreiköpfige Oberarmmuskel oder **Trizeps** hingegen der Strecker.

- **Herzmuskel:** Der Muskel, aus dem fast die gesamte Herzwand besteht. Der Herzmuskel ist ein **unwillkürlicher Muskel** (s. Einführung) und untersteht nicht dem Willen. Er ist aus einem besonderen Gewebetyp aufgebaut, der **Herzmuskulatur.**

- **Eingeweidemuskeln:** Die Muskeln in den Wänden vieler innerer Organe, z. B. des Darms. Sie alle gehören zu den **unwillkürlichen Muskeln** (s. Einführung), die dem Willen nicht unterworfen sind und die aus **glatter Muskulatur** bestehen.

- **Herzmuskulatur:** Eine besondere Form der quergestreiften Muskulatur; sie findet sich ausschließlich im Herzmuskel. Die dauernden rhythmischen Kontraktionen dieses Organs werden von bestimmten Gebieten auf dem Herzmuskel selbst ausgelöst. Dazu erzeugen sie eigene elektrische Impulse. Eine Beeinflussung dieses eigengesetzlichen Rhythmus ist von außen her möglich, allerdings nur als Beschleunigung oder Verlangsamung.

- **Glatte Muskulatur:** Die glatte Muskulatur baut die **Eingeweidemuskeln** auf. Sie besteht aus spindelförmigen Zellen, die viel kürzer sind als die kompliziert aufgebauten Muskelfasern der quergestreiften Muskulatur. Man weiß noch nicht genau, wie sich die glatte Muskulatur zusammenzieht. Sie enthält jedenfalls auch **Actin** und **Myosin** und wird von Nerven zur Kontraktion veranlaßt.

Reizung durch Nerven

Die meisten Muskeln werden von Nerven, die durch den ganzen Körper ziehen, zur Bewegung und Kontraktion veranlaßt. Mehr darüber s. Seiten 80–81.

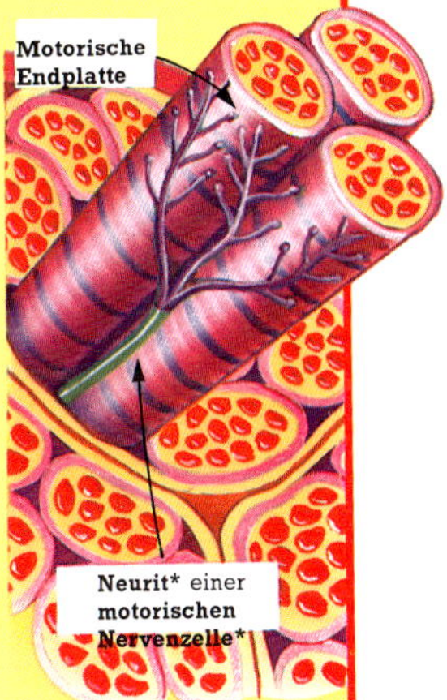

- **Motorische Endplatte:** Die Verbindungsstellen der Endfasern einer **motorischen Nervenzelle*** an einer **Muskelfaser** (s. **quergestreifte Muskulatur**). Diese Endfasern sind Abzweigungen eines langen Nervenfortsatzes, des **Neuriten*.** Er überträgt die Nervenimpulse, die zur Kontraktion des Muskels führen. Jeder Impuls wird verdoppelt und in jede Endfaser gesandt, so daß der gesamte Muskel eine große Zahl von Nervenimpulsen erhält. Die motorische Endplatte erscheint unter dem Mikroskop als kleines Knöpfchen.

- **Muskelspindel:** Eine Gruppe von Muskelfasern (s. **quergestreifte Muskulatur**), die von den Endfasern einer sensorischen Nervenzelle versorgt werden. Diese Endfasern münden in eine einzige Nervenfaser (**Dendrit***). Wenn sich der Muskel bewegt, senden diese Nervenfasern Informationen in Form von Impulsen ins Gehirn, so daß dieses über den neuen Bewegungszustand informiert ist. Es kann dann die Befehle für weitere zusätzliche Bewegungen erteilen.

* **Dendron,** 76; **Dendrit,** 76; **Motorische Nervenzellen,** 77; **Neurit,** 76; **Sensorische Nervenzellen,** 77.

Zähne

Die **Zähne** bereiten die Nahrung für die Verdauung vor, indem sie sie in kleine Stücke schneiden, zerquetschen oder zerreiben. Jeder Zahn sitzt im Kieferknochen und ist von einer weichen Gewebeschicht, dem Zahnfleisch, umgeben. Der Mensch bekommt zweimal in seinem Leben ein Gebiß. Das Milchgebiß besteht aus 20 Milchzähnen und entwickelt sich nach und nach im Alter von einem halben bis zu zwei Lebensjahren. Ungefähr im sechsten Lebensjahr erscheint das Dauergebiß mit insgesamt 32 Zähnen.

Aufbau des Zahns

- **Krone:** Der sichtbare Teil des Zahns. Die Krone ist von **Schmelz** bedeckt und ist vor allem äußeren Einwirkungen ausgesetzt, etwa dem Zahnzerfall.

- **Wurzel:** Der untere Teil des Zahns, der in einem Fächer im Kieferknochen ruht. **Schneidezähne** und **Eckzähne** haben eine Wurzel, die **Backenzähne** eine oder zwei Wurzeln und die **Mahlzähne** zwei oder drei Wurzeln. Jede Wurzel wird von den zähen Fasern eines **Bandes***, der **Wurzelhaut**, festgehalten. Diese Fasern sind am einen Ende am Kieferknochen, am anderen Ende am **Zement** befestigt; sie dienen auch als Stoßdämpfer.

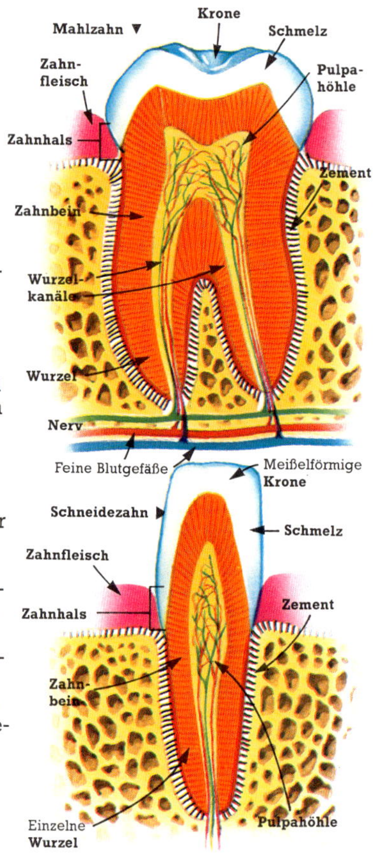

- **Zahnhals:** Abschnitt des Zahns auf der Höhe des Zahnfleisches. Der Zahnhals vermittelt zwischen der **Krone** und der **Wurzel**.

- **Schmelz:** Eine knochenähnliche Substanz, welche die Krone von Zähnen überzieht. Sie ist allerdings härter als Knochen und die härteste Substanz im Körper überhaupt. Der Schmelz enthält keine lebenden Zellen. Er besteht aus eng gepackten **Hydroxyapatit**-Kristallen. Chemisch gesehen handelt es sich dabei um Kalziumphosphat mit Fluoreinlagerungen. Das Element Fluor härtet den Zahnstein.

- **Zement:** Eine knochenähnliche Substanz, ähnlich dem **Schmelz,** aber viel weicher. Der Zement umgibt die dünne Oberflächenschicht der **Wurzel** und ist über die **Wurzelhaut** (s. **Wurzel**) mit dem Kieferknochen verbunden. Unter der dünnen Zementschicht liegt das **Zahnbein** oder **Dentin.**

- **Zahnbein** oder **Dentin:** Eine gelbliche Substanz, welche die zweite Schicht im Innern des Zahnes bildet. Sie weist, wie der Zahnschmelz, Bestandteile auf, die wir auch im Knochen finden, ist aber weicher und beherbergt auch **kollagene Fasern*** sowie lebende Zellen mit **Zytoplasma***. Diese ragen in die **Pulpahöhle** hinein, in der auch Blutgefäße und Nerven liegen.

- **Pulpahöhle:** Die zentrale Höhle eines Zahns. Die Pulpahöhle ist überall vom **Zahnbein** oder **Dentin** umgeben. Sie enthält ein weiches Gewebe, die **Pulpa** mit Blutgefäßen und Nervenendigungen. Unten an der **Wurzel** treten die Blutgefäße und Nerven über die **Wurzelkanäle** in die Pulpahöhle ein. Die Nervenendigungen dienen als **Rezeptoren*** für den Schmerz.

* **Bänder,** 52; **Kollagene Fasern,** 52 (**Stützgewebe**); **Rezeptoren,** 79; **Zytoplasma,** 10.

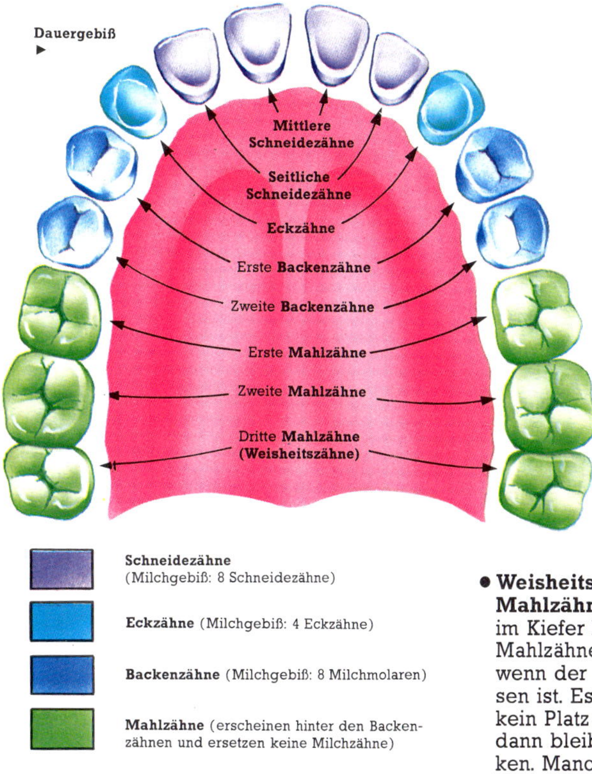

Zahntypen

- **Schneidezähne:** Scharfe, meißel- oder schaufelförmige Zähne zum Beißen und Schneiden. Jeder Schneidezahn hat eine Wurzel, und in jedem Kiefer stehen vorne vier Schneidezähne.
- **Eckzähne:** Kegelförmige Zähne, die zum Zerreißen der Nahrung dienen. Jeder Eckzahn hat eine scharfe **Kauspitze** und eine **Wurzel**. In jedem Kiefer stehen zwei Eckzähne, je einer hinter den Schneidezähnen. Bei manchen Raubtieren sind die Eckzähne sehr lang und scharf ausgebildet und dienen als Tötungswerkzeuge.
- **Backenzähne** oder **Prämolaren:** Stumpfe, breite Zähne zum Zerkleinern und Zerreiben der Nahrung. Die Backenzähne kommen eigentlich nur im Dauergebiß vor, denn das Milchgebiß hat Milchmolaren. In jedem Kiefer stehen vier Backenzähne, je zwei hinter dem **Eckzahn.** Backenzähne haben zwei scharfe **Kauspitzen** und eine **Wurzel.** Lediglich die ersten oberen Backenzähne haben zwei Wurzeln.
- **Mahlzähne** oder **Molaren:** Stumpfe, breite Zähne, ähnlich den **Backenzähnen** oder **Prämolaren,** jedoch mit einer größeren Oberfläche. Wie der Name sagt, haben die Mahlzähne die Aufgabe, die Nahrung fein zu zerkleinern. Dazu verfügen sie über je vier **Kauspitzen.** Die unteren Mahlzähne haben je zwei **Wurzeln,** die oberen jedoch drei. Beim Dauergebiß stehen in jedem Kiefer sechs Mahlzähne, jeweils drei hinter dem Backenzahnpaar. Die dritten Mahlzähne heißen auch Weisheitszähne.
- **Weisheitszähne:** Bezeichnung für vier **Mahlzähne** oder **Molaren,** die ganz hinten im Kiefer liegen. Sie stellen also die dritten Mahlzähne dar und erscheinen als letzte, wenn der Mensch schon ganz ausgewachsen ist. Es kommt oft vor, daß im Kiefer kein Platz für die Weisheitszähne ist, und dann bleiben sie im Kieferknochen stekken. Manche Menschen bekommen niemals Weisheitszähne.

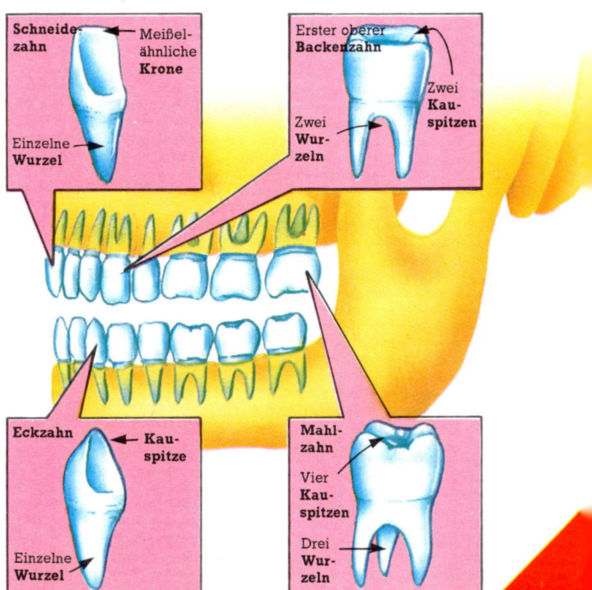

Blut

Blut ist eine Körperflüssigkeit, die aus **Plasma, Blutplättchen** sowie **roten** und **weißen Blutkörperchen** besteht. Ein erwachsener Mensch hat ungefähr 5,5 Liter Blut, die über das **Kreislaufsystem** im ganzen Körper verteilt werden. Dies geschieht in besonderen Röhren, den **Blutgefäßen**. Das Blut transportiert Wärme sowie Nährstoffe und Gase. Die alten Blutzellen werden dauernd durch neue ersetzt (**Blutbildung, Hämatopoese**).

Bestandteile des Blutes

- **Plasma**: Eine gelbliche Flüssigkeit, die ungefähr 55 Prozent des Blutes ausmacht und selber zu 90 Prozent aus Wasser besteht. Sie enthält die Blutplättchen und Blutkörperchen und transportiert Nährstoffe für die Körperzellen, Abfallstoffe, Antikörper zur Bekämpfung von Infektionen sowie **Enzyme*** und **Hormone*** zur Kontrolle von Körperfunktionen.

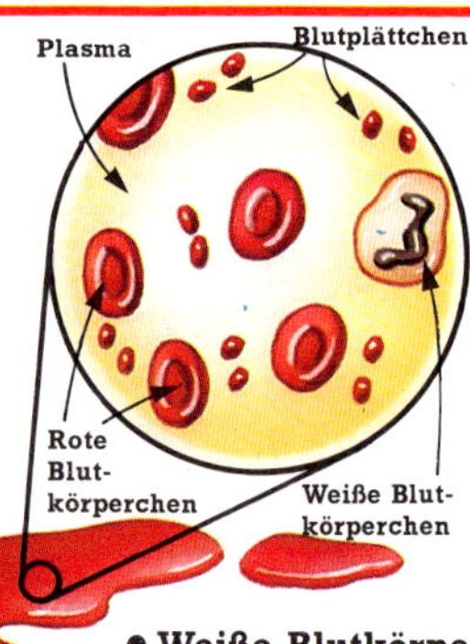

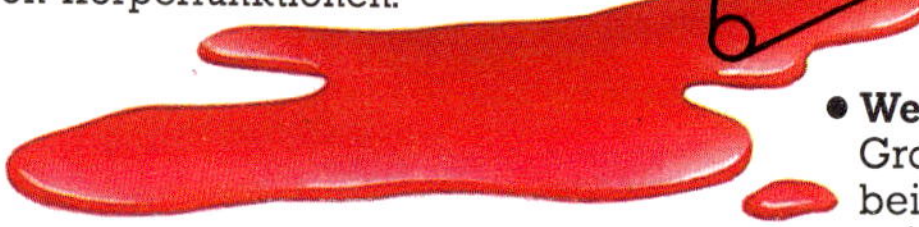

- **Blutplättchen** oder **Thrombozyten**: Sehr kleine, scheibenähnliche Blutzellen ohne **Zellkern***. Sie werden im **Knochenmark*** gebildet. Ihre Hauptaufgabe erfüllen sie bei Verletzungen von Blutgefäßen, wo sie zur **Gerinnung** des Blutes beitragen.

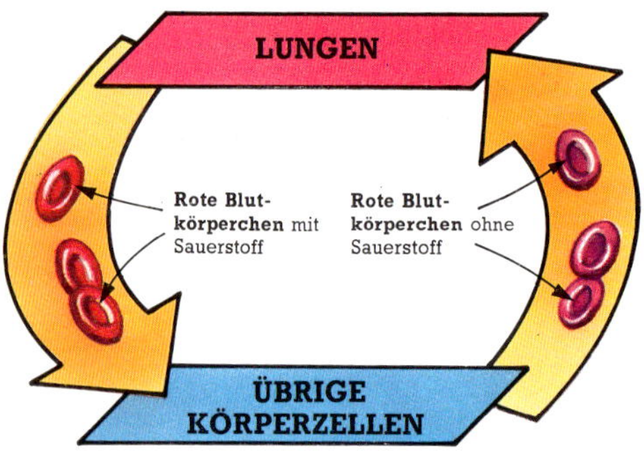

- **Weiße Blutkörperchen** oder **Leukozyten:** Große, milchig aussehende Blutzellen, die bei der Körperabwehr eine wichtige Rolle spielen. Man unterscheidet verschiedene Typen. **Lymphozyten** z. B. entstehen im **Lymphgewebe*** und treten im **Lymphsystem*** ebenso auf wie im Blut. Sie stellen **Antikörper** her. Ein weiterer Typ der weißen Blutkörperchen, die **Monozyten**, wird im **Knochenmark*** hergestellt. Durch **Phagozytose*** umfließen und verschlucken sie eingedrungene Fremdkörper, z. B. Bakterien. Manche weiße Blutkörperchen, die **Makrophagen**, verlassen die Blutgefäße. Wenn sie dauernd im Gewebe umherziehen, bezeichnen wir sie als **wandernde Makrophagen**. Viele setzen sich aber auch in einem Organ, z. B. einem **Lymphknoten*** (**festsitzende Makrophagen**), fest.

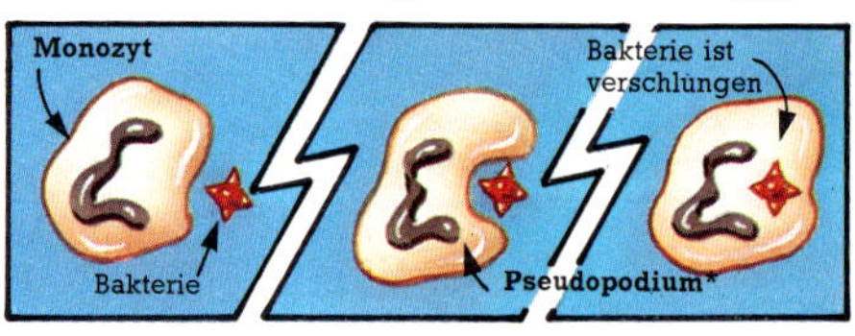

- **Rote Blutkörperchen** oder **Erythrozyten**: Rot gefärbte, scheibenähnliche Zellen mit verdicktem Rand und ohne **Zellkern***. Die roten Blutkörperchen entstehen im **Knochenmark*** und enthalten **Hämoglobin**, ein eisenhaltiges, kompliziert aufgebautes Protein, das dem Blut die dunkelrote Farbe verleiht. Das Hämoglobin nimmt in den Lungen Sauerstoff auf und wird zum **Oxyhämoglobin**, wobei das Blut eine hellrote Farbe annimmt. Die roten Blutkörperchen übergeben den Sauerstoff durch **Diffusion*** an die Körperzellen und kehren mit dem Hämoglobin wieder in die Lungen zurück.

* **Diffusion**, 99; **Enzyme**, 103; **Hormone**, 106; **Knochenmark**, 53; **Kreislaufsystem**, 60; **Lymphgewebe**, 65 (**Organe des Lymphsystems**); **Lymphknoten, Lymphsystem**, 65; **Phagozytose**, 40 (**Pseudopodium**); **Zellkern**, 10.

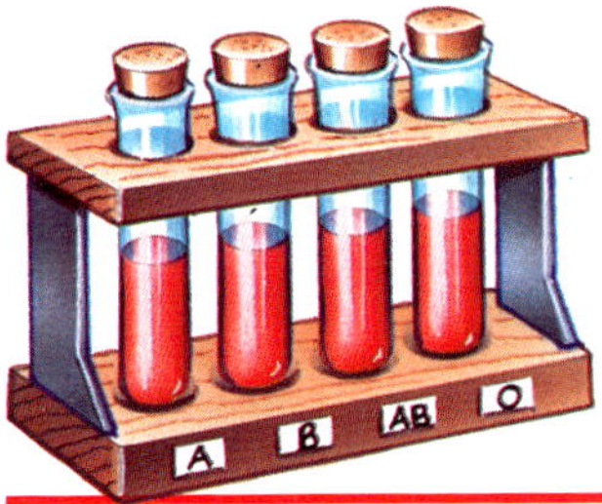

- **Blutgruppen:** Die Einteilung erfolgt danach, ob die **roten Blutkörperchen** die **Antigene** A oder B enthalten. Blutgruppe A hat das A-Antigen, Blutgruppe B das B-Antigen, Blutgruppe AB beide Antigene und Blutgruppe 0 keines davon.

- **Rhesusfaktor**, abgekürzt **Rh**: Eine weitere, vor allem bei Transfusionen wichtige Einteilung des Blutes in verschiedene Gruppen (s. **Blutgruppen**). Ist das Rhesus-Antigen vorhanden, so nennen wir das Blut **rhesuspositiv**, im gegenteiligen Fall **rhesusnegativ**.

Körperabwehr

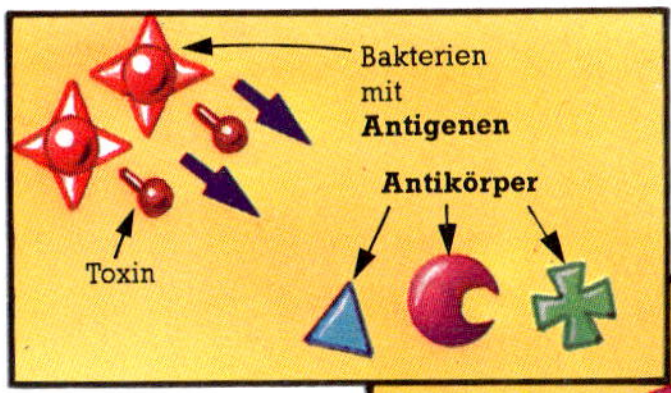

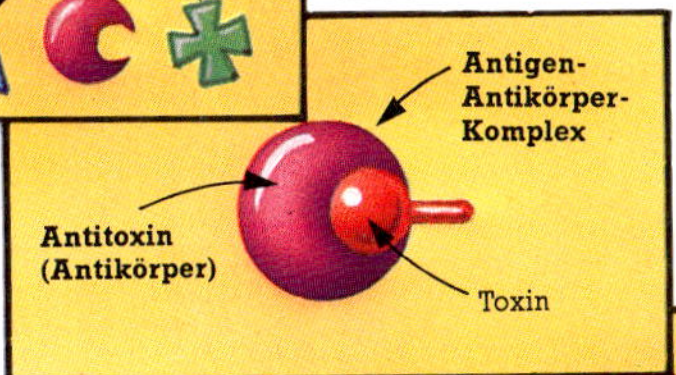

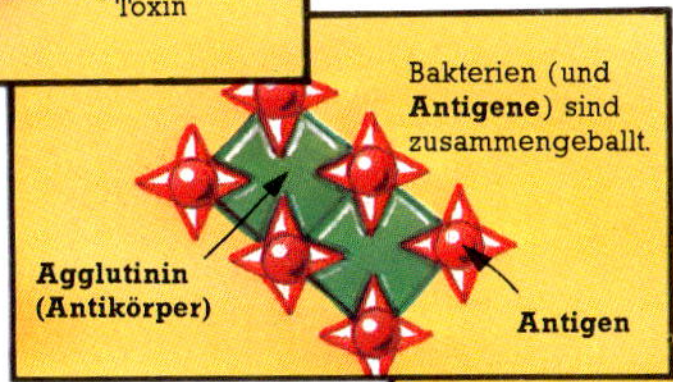

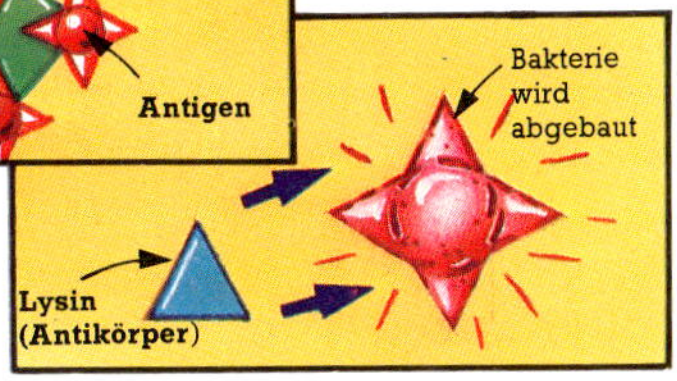

- **Antikörper**: Abwehrproteine in Körperflüssigkeiten, z. B. im Plasma. Die Antikörper werden von **Lymphozyten** (s. **weiße Blutkörperchen**) hergestellt, wenn im Körper **Antigene** auftauchen. Für jedes Antigen entsteht dabei eine unterschiedliche Art von Antikörpern, und diese beiden reagieren auch auf unterschiedliche Weise miteinander. **Antitoxine** neutralisieren Giftstoffe (**Toxine**, s. **Antigene**). Jedes Antitoxin hängt sich an ein Toxinmolekül an und bildet einen **Antigen-Antikörper-Komplex. Agglutinine** bewirken eine Zusammenballung von Bakterien oder Viren, während die **Lysine** diese Eindringlinge abtöten, indem sie deren äußere Membranen auflösen.

- **Antigene**: Bezeichnung für Stoffe, meistens Proteine, die die Produktion von **Antikörpern** anregen. Diese bekämpfen die in den Körper eingedrungenen Antigene und damit die Infektion. Antigene können Teile von Bakterien oder Viren oder von diesen Krankheitserregern abgegebene **Toxine** (Giftstoffe) sein. Einige Antigene sind von Geburt an im Blut vorhanden, z. B. jene, welche die **Blutgruppe** bestimmen.

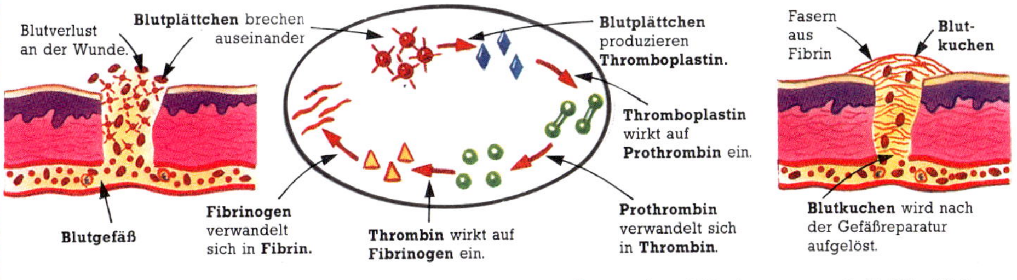

- **Blutgerinnung** oder **Koagulation:** Veränderung des Blutes bei einer Verletzung. Dabei bildet das Blut durch hochkomplizierte Vorgänge an Ort und Stelle einen festen Blutpfropf. Beschädigte Blutplättchen und Körperzellen geben den Stoff **Thromboplastin** ab. Dieser bewirkt, daß aus **Prothrombin**, einem Protein des **Plasmas**, das **Enzym*** **Thrombin** wird. Dieses wiederum führt dazu, daß sich das wasserlösliche Plasmaprotein **Fibrinogen** in das unlösliche faserige **Fibrin** verwandelt. Ein Netzwerk von Fasern legt sich dann über die Wunde.

- **Serum**: Eine gelbliche Flüssigkeit, die nach der **Blutgerinnung** vom Plasma übrigbleibt. Das Serum enthält viele **Antikörper** zur Bekämpfung von Infektionen. Eingespritztes antikörperhaltiges Serum kann einen kurzfristigen Schutz vor Infektionen geben.

* **Enzyme**, 103.

Das Kreislaufsystem

Das **Kreislauf-** oder **Blutgefäßsystem** besteht aus einem Netzwerk bluterfüllter Röhren, den **Blutgefäßen**, von denen wir drei Typen unterscheiden: **Arterien, Venen** und **Kapillaren**. Eine dünne Gewebeschicht, das **Endothel**, kleidet Arterien und Venen aus und bildet bei den Kapillaren die einzige Gefäßwand. Das Herz pumpt das Blut stets in eine Richtung. Unterstützend wirken dabei Muskeln in den Arterien- und Venenwänden sowie ein Druckabfall im ganzen System, denn Flüssigkeiten fließen von Gebieten mit hohem Druck zu Gebieten mit niedrigem Druck.

Der Transport der wichtigsten Stoffe im **Kreislaufsystem**

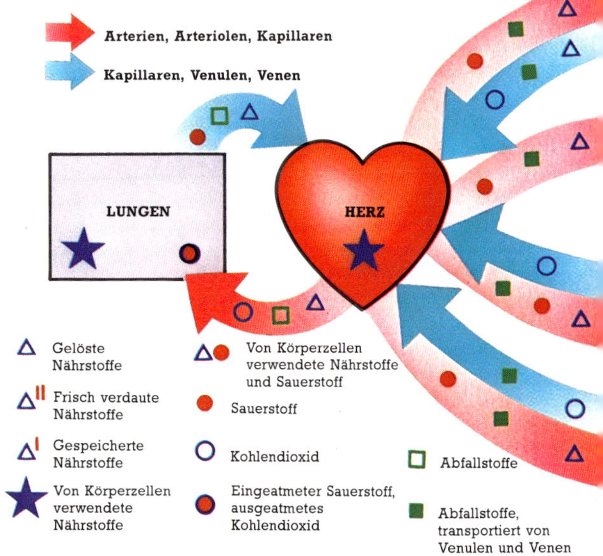

- **Arterien** oder **Schlagadern**: Weite, dickwandige Blutgefäße, die Blut vom Herzen wegtransportieren. Die Hauptarterien oder die großen Arterien verzweigen sich nach und nach in die kleineren **Arteriolen**, und diese wiederum lösen sich in die vielen **Kapillaren** oder **Haargefäße** auf. Mit Ausnahme der **Lungenarterien*** enthält das arterielle Blut stets Sauerstoff und zeigt deswegen eine hellrote Farbe. Daneben führt es auch Nähr- und Abfallstoffe mit, die der Körper in das Blut der **Venen** abgegeben hat. Im Herzen gelangt das Blut dann wieder in die Arterien. In den Arterien transportiert es über die Arteriolen und Kapillaren Nährstoffe zu den Zellen und Abfallstoffe zu den Nieren.

- **Venen**: Weite, dickwandige Blutgefäße, die das Blut vom Körper zurück zum Herzen transportieren. Die Venen enthalten Klappen, welche verhindern, daß das Blut infolge der Schwerkraft zurückfließt. Wenn sich die **Kapillaren** im Körpergewebe zu größeren Gefäßen zusammenschließen, entstehen daraus die **Venulen**. Und die Venulen münden schließlich in die großen Venen. Mit Ausnahme der **Lungenvenen*** enthält das venöse Blut stets viel Kohlendioxid und sonstige Abfallstoffe, welche die Körperzellen an das kapillare Blut abgegeben haben. Das Blut der Venen, die vom Verdauungskanal und der Leber zum Herzen führen, enthält auch gelöste Nährstoffe. Das Herz pumpt diese dann wieder in die Arterien.

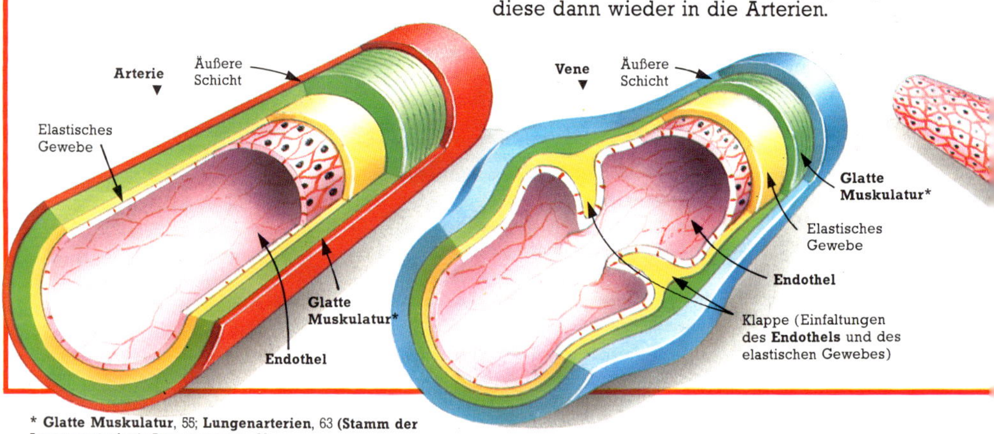

* **Glatte Muskulatur**, 55; **Lungenarterien**, 63 **(Stamm der Lungenarterien); Lungenvenen**, 63.

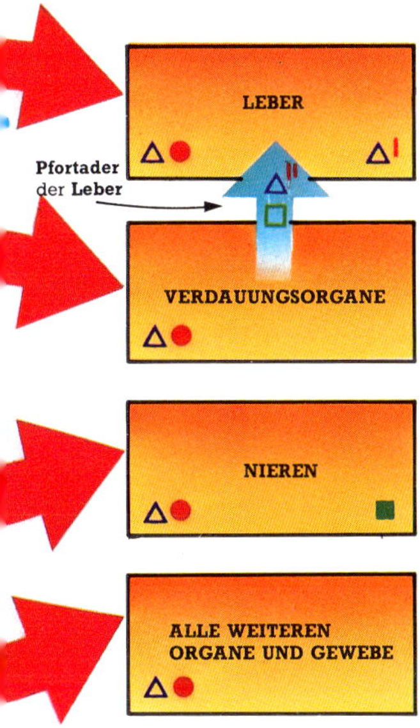

- **Kapillaren** oder **Haargefäße**: Enge, dünnwandige Blutgefäße. Kapillaren entstehen, wenn sich die **Arteriolen** (s. **Arterien**) in ein komplexes Netzwerk verzweigen. Sauerstoff und gelöste Nährstoffe dringen durch die Kapillarwand und gelangen zu den Körperzellen. Gleichzeitig nimmt das Kapillarblut in umgekehrter Richtung Kohlendioxid und Abfallstoffe auf (s. **Gewebeflüssigkeit**, Seite 64). Die Kapillaren der Verdauungsorgane und der Leber nehmen auch Nährstoffe auf. Die Kapillaren münden in kleine Venen, die **Venulen**.

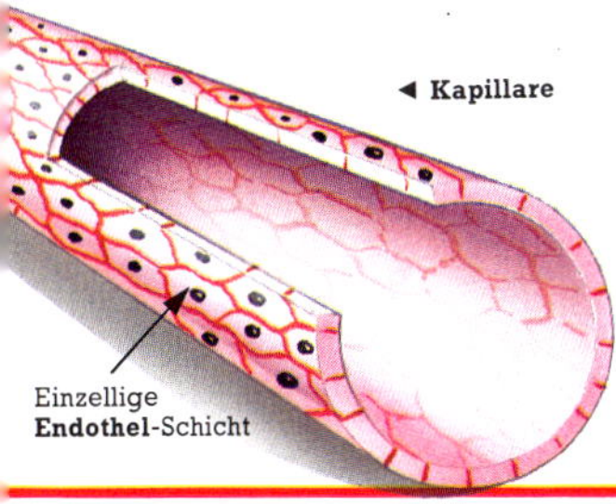

◄ **Kapillare**

Die wichtigsten Arterien und Venen

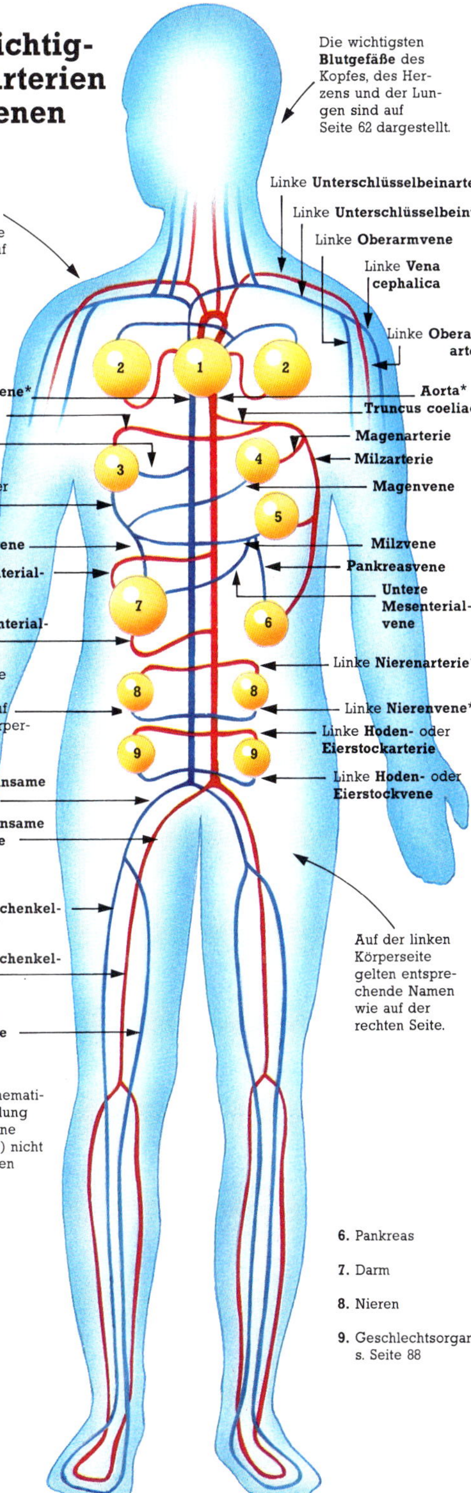

Bei dieser schematischen Darstellung sind die Organe (gelbe Kreise) nicht an der richtigen Stelle.

1. Herz
2. Lungen
3. Leber
4. Magen
5. Milz
6. Pankreas
7. Darm
8. Nieren
9. Geschlechtsorgane, s. Seite 88

* **Aorta**, 63; **Nierenarterien**, **Nierenvenen**, 72 (**Nieren**); **Pfortader**, 68 (**Leber**); **Untere Hohlvene**, 63.

Das Herz

Das **Herz** ist ein Hohlmuskel, der Blut durch die Blutgefäße des Körpers pumpt. Zusammen mit dem Herzen bilden sie das **Kreislaufsystem.** Das Herz ist von einem **Herzbeutel** oder **Perikard** umgeben, in dem eine Flüssigkeit **(Perikardialflüssigkeit)** enthalten ist, die die Aufgabe eines Stoßdämpfers erfüllt. Das Herz enthält vier Hohlräume, zwei Vorhöfe und zwei Kammern, die alle von einer dünnen Gewebeschicht ausgekleidet sind, dem **Endokard.**

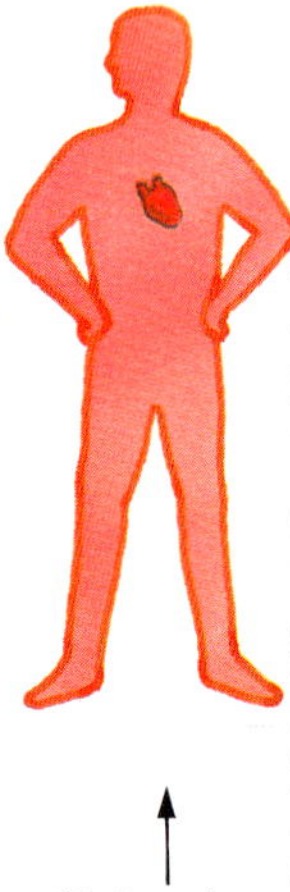

Die Lage des **Herzens**

Der Herzzyklus

Als **Herzzyklus** bezeichnen wir die Gesamtheit aller Ereignisse während einer vollständigen rhythmischen Pumpaktion des Herzens. Von außen hört man diesen Herzzyklus als Herzschlag. Im Durchschnitt schlägt das Herz siebzigmal in der Minute. Zuerst ziehen sich die beiden **Vorhöfe** zusammen und pumpen Blut in die rechte bzw. linke Herzkammer, die erschlafft sind, um das Blut aufzunehmen. Dann kontrahieren sich die Kammern, um das ▶

Die Hohlräume des Herzens

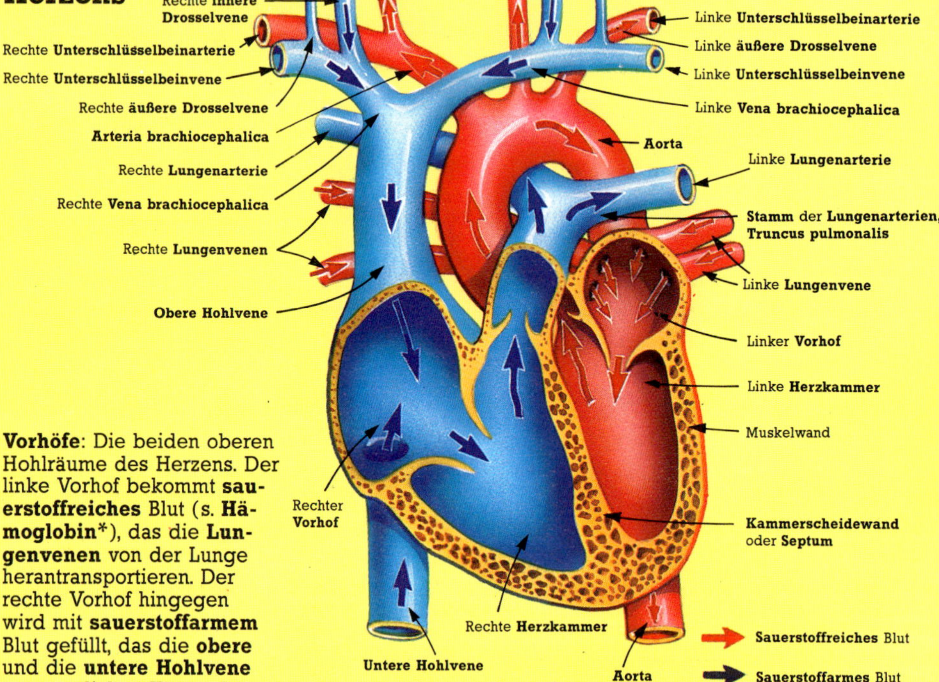

- **Vorhöfe**: Die beiden oberen Hohlräume des Herzens. Der linke Vorhof bekommt **sauerstoffreiches** Blut (s. **Hämoglobin***), das die **Lungenvenen** von der Lunge herantransportieren. Der rechte Vorhof hingegen wird mit **sauerstoffarmem** Blut gefüllt, das die **obere** und die **untere Hohlvene** vom restlichen Körper heranschaffen. Der Sauerstoff dieses venösen Blutes wurde in den Kapillaren von den Körperzellen verbraucht und durch den gasförmigen Abfallstoff Kohlendioxid ersetzt.

- **Herzkammern:** Die beiden unteren Hohlräume des Herzens. Die linke Herzkammer erhält Blut vom linken **Vorhof** und pumpt dieses in die **Aorta.** Die rechte Herzkammer erhält Blut vom rechten Vorhof und pumpt es über den gemeinsamen **Stamm** der **Lungenarterien,** den **Truncus pulmonalis,** zu den Lungen.

* **Hämoglobin,** 58 **(Rote Blutkörperchen); Kreislaufsystem,** 60.

Herzzyklus ►

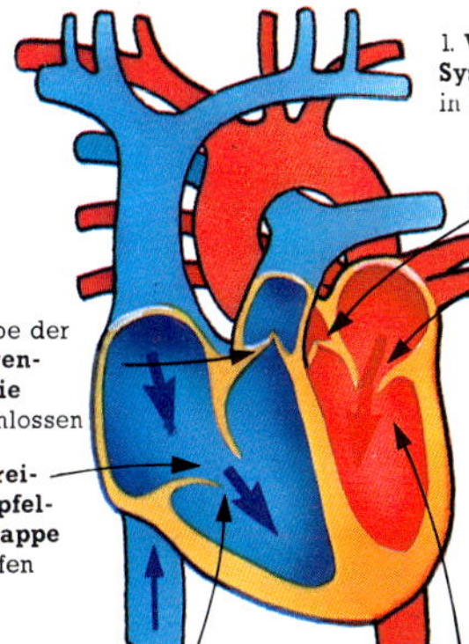

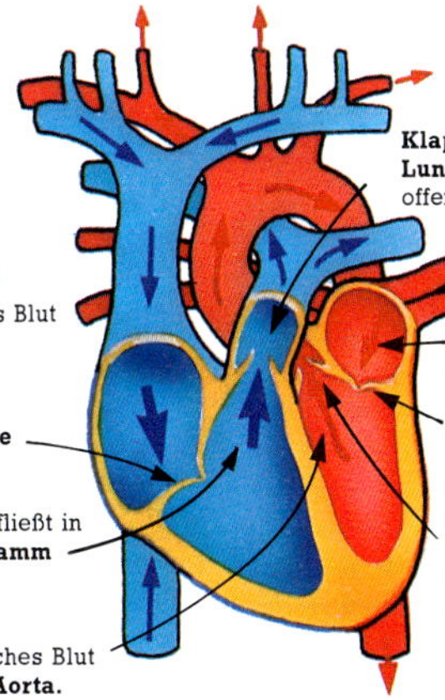

Kardial – bedeutet „das Herz betreffend".
Pulmonar – bedeutet „die Lungen betreffend".

► Blut hinauszupumpen. Die Ruhephase eines Hohlraumes bezeichnen wir als **Diastole**; in dieser Zeit wird sie gefüllt. Die Arbeits- oder Kontraktionsphase heißt **Systole.** Nach der Systole der Herzkammern findet eine kleine Pause statt, in der sich alle Hohlräume des Herzens in Diastole befinden. Wie sich die verschiedenen Klappen während des Herzzyklus öffnen und schließen, ist in den beiden Bildern rechts dargestellt.

Die wichtigsten Arterien und Venen

- **Aorta:** Die größte **Arterie*** im Körper. Sie führt sauerstoffhaltiges Blut aus der linken **Herzkammer** in den restlichen Körper.

  Gemeinsamer Stamm der Lungenarterien, Truncus pulmonalis: Stamm jener **Arterien***, die sauerstoffarmes Blut aus der rechten Herzkammer wegführen. Der Truncus pulmonalis teilt sich kurz nach dem Verlassen des Herzens in die rechte und linke **Lungenarterie** auf, von denen jede in die entsprechende Lungenhälfte geht.

- **Obere Hohlvene:** Eine der beiden wichtigsten **Venen*.** Sie führt sauerstoffarmes Blut von der oberen Körperhälfte in die rechte **Vorkammer.** Alle Venen der oberen Körperhälfte münden in die obere Hohlvene.

  Untere Hohlvene: Eine der beiden wichtigsten **Venen*.** Sie führt sauerstoffarmes Blut aus dem Unterkörper in die rechte **Vorkammer**. Alle Venen des Unterkörpers münden in die untere Hohlvene.

- **Lungenvenen:** Gemeinsame Bezeichnung für vier **Venen***, die sauerstoffreiches Blut in die linke **Vorkammer** führen. Zwei rechte Lungenvenen kommen von der rechten Lungenhälfte, während die beiden linken Lungenvenen Blut transportieren, das in der linken Lungenhälfte mit Sauerstoff angereichert wurde.

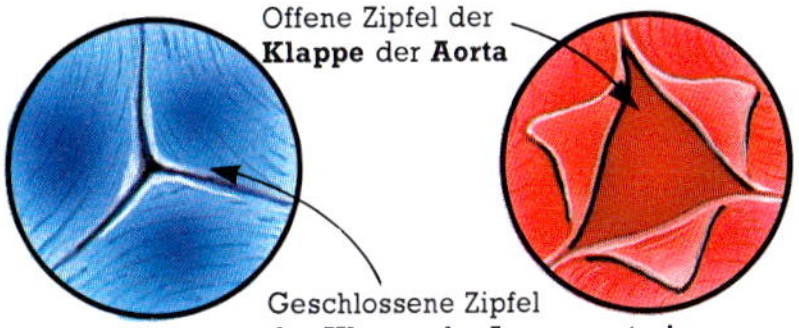

- **Taschen-** oder **Semilunarklappen:** Gemeinsame Bezeichnung für die **Klappe** der **Aorta** in der linken Herzkammer und für die **Klappe** des gemeinsamen Stamms der **Lungenarterien** in der rechten Herzkammer. Diese beiden Klappen arbeiten völlig passiv.

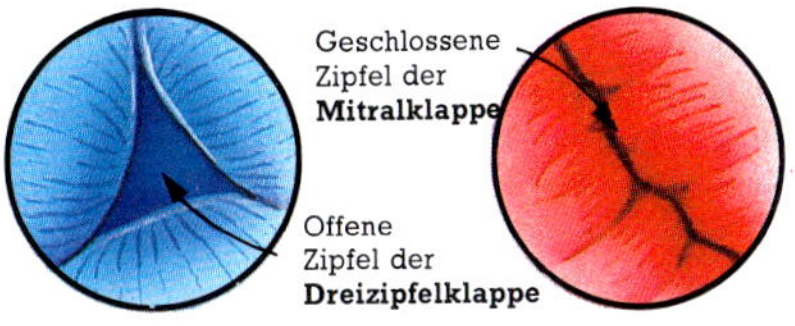

- **Segel-** oder **Atrioventrikularklappen:** Gemeinsame Bezeichnung für die beiden Klappen zwischen Vorhof und Herzkammer. In der linken Herzhälfte liegt die **Mitral-** oder **Zweizipfelklappe (Bicuspidalis).** In der rechten Herzhälfte liegt die **Dreizipfelklappe** oder **Tricuspidalis.**

* **Arterien, Venen,** 60.

Gewebeflüssigkeit und Lymphsystem

Die kleinsten Blutgefäße, die **Kapillaren***, stehen in direktestem Kontakt mit den einzelnen Zellen des Körpers. Doch auch sie berühren diese Zellen nicht. Die Nährstoffe und der Sauerstoff, den die Kapillaren herantransportieren, gelangen nur über die **Gewebeflüssigkeit** zu den Zellen. Sie stellt die Verbindung zwischen dem **Kreislaufsystem*** und dem Drainagesystem des Körpers dar, dem **Lymphsystem**.

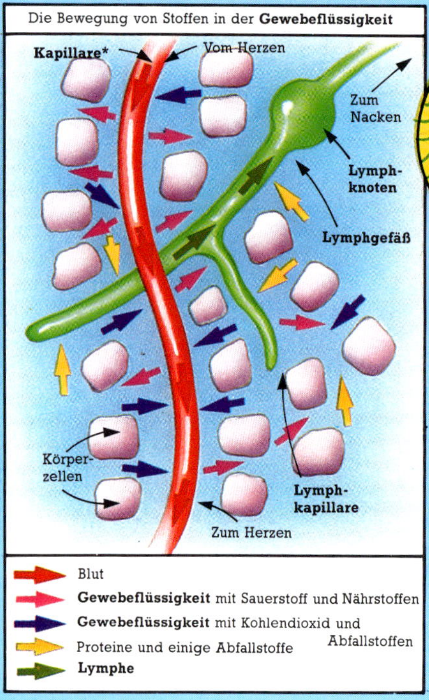

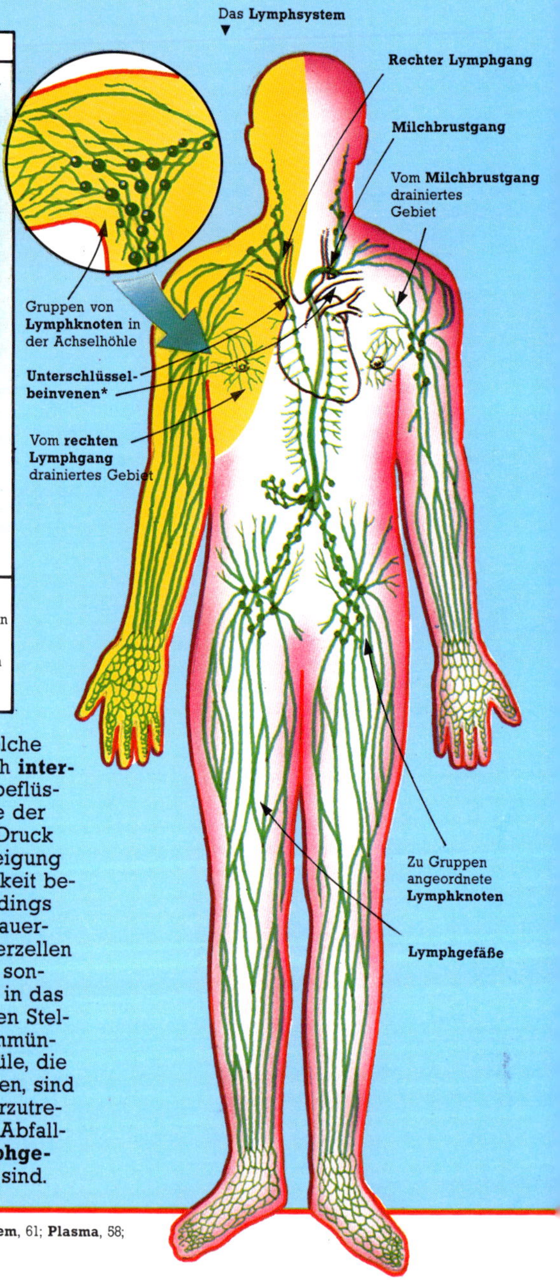

- **Gewebeflüssigkeit**: Eine Flüssigkeit, welche die Körperzellen umfließt, deswegen auch **interstitielle Flüssigkeit** genannt. Die Gewebeflüssigkeit tritt aus dem Blut über die Wände der **Kapillaren*** aus, vor allem dort, wo der Druck am höchsten ist, nämlich nach der Abzweigung von den **Arteriolen***. Die Gewebeflüssigkeit besteht im wesentlichen aus **Plasma***, allerdings mit weniger Proteinen. Sie transportiert Sauerstoff und gelöste Nährstoffe zu den Körperzellen und nimmt von diesen Kohlendioxid und sonstige Abfallstoffe auf. Diese Stoffe gehen in das Blut der Kapillaren über, besonders an den Stellen mit niedrigem Druck, kurz vor der Einmündung in die **Venulen***. Die Proteinmoleküle, die von den Zellen nicht mehr benötigt werden, sind zu groß, um wieder in die Kapillaren überzutreten. Sie gelangen zusammen mit einigen Abfallstoffen in die **Lymphkapillaren** (s. **Lymphgefäße**), deren Wände leichter durchlässig sind.

* **Arteriolen**, 60 (**Arterien**); **Kapillaren**, 61; **Kreislaufsystem**, 61; **Plasma**, 58; **Unterschlüsselbeinvenen**, 61; **Venulen**, 60 (**Venen**).

Organe des Lymphsystems

Die Organe des Lymphsystems bestehen alle aus demselben Gewebetyp, den wir **Lymphgewebe** nennen. Ferner produzieren sie alle **Lymphozyten***, also weiße Blutkörperchen für die Bekämpfung von Krankheiten.

- **Lymphknoten**: Kleine, knötchenartige Organe, die vor allem an Schnittpunkten von Lymphgefäßen liegen. Oft sagt man auch **Lymphdrüsen**, obwohl es sich nicht um eigentliche Drüsen handelt. Die Lymphknoten stehen meist in Gruppen, z. B. in der Achselhöhle oder in der Leistengegend. Sie produzieren **Lymphozyten** (s. oben) und enthalten auch ein Filtersystem, das Bakterien und Fremdkörper zurückhält. Diese werden dann von weißen Blutkörperchen (**festsitzende Makrophagen***) verschlungen.

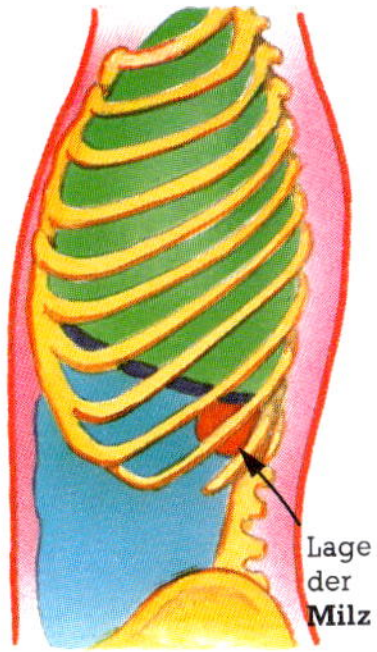

- **Milz**: Das größte Organ des Lymphsystems, gleich unterhalb des **Zwerchfells*** auf der linken Körperseite gelegen. Die Milz speichert für den Notfall rote Blutkörperchen und enthält auch weiße Blutkörperchen (**festsitzende Makrophagen***), die alte, abgestorbene Blutkörperchen und Fremdkörper zerstören, z. B. Bakterien.

- **Mandeln** oder **Tonsillen**: Vier Organe des Lymphsystems; die **Rachenmandel** ganz hinten im Rachen, die **Zungenmandel** an der Basis der Zunge und die beiden **Gaumenmandeln** hinten im Mund.

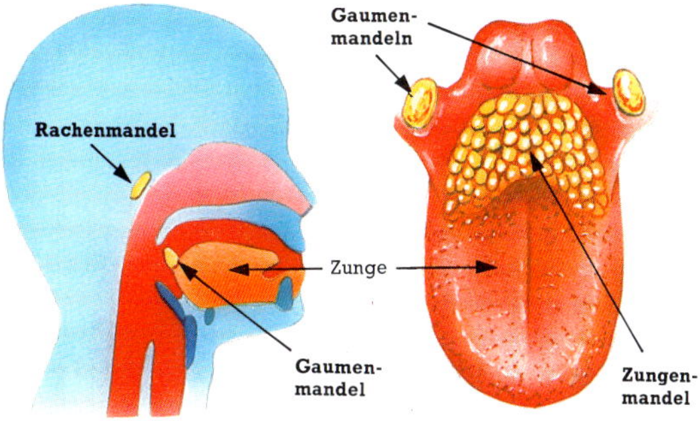

- **Thymusdrüse**: Ein Organ des Lymphsystems im oberen Teil der Brust. Die Thymusdrüse ist bei Kindern ziemlich groß, erreicht während der **Pubertät*** ihr Maximum und bildet sich dann zurück (**Atrophie**).

- **Lymphsystem**: Ein System von Röhren (**Lymphgefäße**) und kleinen Organen (**Organe** des **Lymphsystems**). Es spielt bei der Wiederverwertung und Aufarbeitung von Körperflüssigkeiten und bei der Krankheitsabwehr eine wichtige Rolle. Die Lymphgefäße transportieren die **Lymphe** oder Lymphflüssigkeit durch den ganzen Körper und entleeren sie zurück in die **Venen***. In den Organen des Lymphsystems entstehen die Zellen für die Krankheitsabwehr.

- **Lymphgefäße**: Blind endigende Röhren, die Lymphflüssigkeit aus allen Körperbereichen in den Oberkörper transportieren. Dort gelangt die Lymphe wieder zurück ins Blut. Die Lymphgefäße werden von einem **Endothel*** ausgekleidet und verfügen über Klappen, so daß die Lymphflüssigkeit nicht der Schwerkraft folgend zurückfließen kann. Am dünnsten sind die **Lymphkapillaren** mit den **Chylusgefäßen***. Diese nehmen Fetteilchen auf, welche zu groß sind, um vom Blutkreislauf direkt übernommen zu werden. Die Lymphkapillaren vereinigen sich zu größeren Lymphgefäßen, und diese wiederum münden schließlich in zwei **Lymphstämme, den rechten Lymphgang**, der dann zur rechten **Unterschlüsselbeinvene*** zieht, und den **Milchbrustgang**, der seinen Inhalt in die linke **Unterschlüsselbeinvene*** entleert.

- **Lymphe**: Die Flüssigkeit in den Lymphgefäßen. Sie enthält **Lymphozyten** (s. **Organe** des **Lymphsystems**), einige Substanzen aus der Gewebeflüssigkeit (vor allem Proteine wie **Hormone*** und **Enzyme**) sowie Fettpartikel (s. **Lymphgefäße**).

* **Chylusgefäße**, 67, (**Dünndarm**); **Endothel**, 60; **Enzyme**, 103; **Festsitzende Makrophagen**, 58, (**Weiße Blutkörperchen**); **Hormone**, 106; **Lymphozyten**, 58 (**Weiße Blutkörperchen**); Pupertät, 90; **Unterschlüsselbeinvenen**, 61; **Venen**, 60; **Zwerchfell**, 70.

Verdauungsapparat

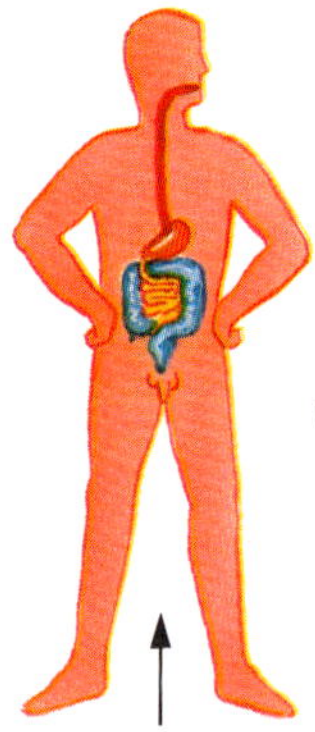

Lage des Verdauungsapparats

Nach der Aufnahme durch den Mund gelangt die Nahrung in den **Verdauungsapparat**. Dort wird sie allmählich in einfache, lösliche Nährstoffe abgebaut. Diesen Vorgang bezeichnen wir als **Verdauung** (s. auch Seiten 108 bis 109). Die Nährstoffe werden von den Blutgefäßen, die um den Verdauungsapparat herum angeordnet sind, aufgenommen und zu den Körperzellen transportiert. Hier liefern sie Energie und stellen gleichzeitig die Grundbausteine für neue Zellen und Gewebe. Mehr über diese verschiedenen Vorgänge findet man auf den Seiten 100 bis 104. Hier behandeln wir nur die wichtigsten Organe des Verdauungsapparats. Die Bauchspeicheldrüse und die Leber (s. Seite 68) stellen die beiden wichtigsten **Verdauungsdrüsen*** dar, welche **Verdauungssäfte*** produzieren.

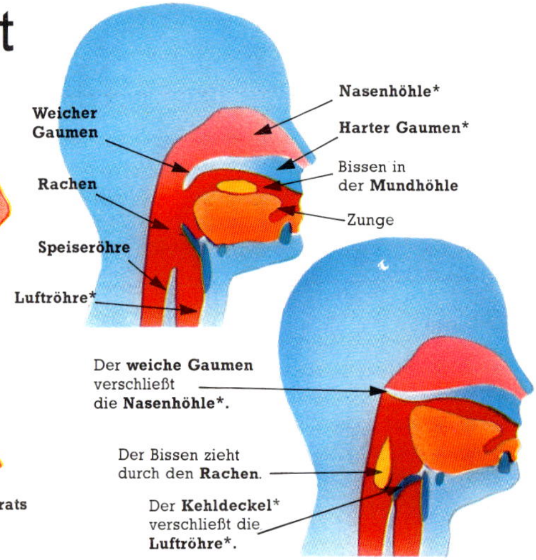

- **Speiseröhre**: Jene Röhre, die den Mund mit dem Magen verbindet. Die Speiseröhre transportiert die Nahrungsbissen.

- **Verdauungskanal** oder **Verdauungstrakt**: Eine allgemeine Bezeichnung für alle Teile des Verdauungssystems. Es handelt sich um eine lange Röhre, die vom Mund bis zum **After** (s. Dickdarm) verläuft. Der größte Teil des Verdauungskanals liegt beim Menschen im **Unterleib (Abdomen)** in der großen **Leibeshöhle***. Der Verdauungskanal wird von bindegewebigen Falten (**Mesenterien**, Gekröse) des **Bauchfells** oder **Peritoneums** fixiert.

- **Rachen**: Ein Hohlraum hinten im Mund, wo die **Mundhöhle** und die **Nasenhöhlen*** zusammentreffen. Wenn wir die Nahrung verschlucken, verschließt der **weiche Gaumen**, ein Gewebelappen hinten im Mund, die Nasenhöhlen, und der **Kehldeckel*** legt sich über die **Luftröhre***.

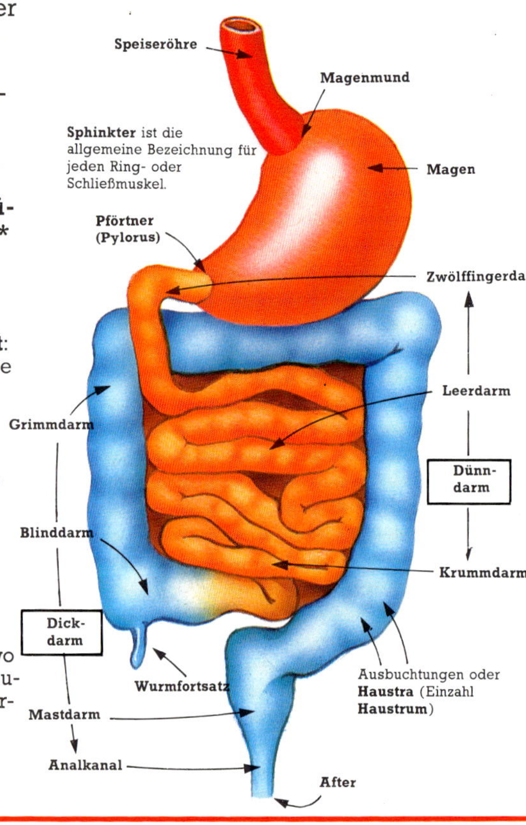

* **Harter Gaumen**, 79; **Kehldeckel**, 70; **Leibeshöhle**, 37; **Nasenhöhle**, 79 **(Nase)**; **Speiseröhre**, 70; **Verdauungssäfte**, 68 (**Verdauungsdrüsen**).

● **Magenmund** oder **Cardia**: Einmündungsstelle der **Speiseröhre** in den **Magen**. Dort liegt ein **Ringmuskel** oder **Sphinkter**, der sich beim Erschlaffen öffnet und Nahrung hindurchtreten läßt.

● **Magen**: Ein großer Sack, in dem die ersten Schritte der Verdauung erfolgen. Die Magenwand zeigt im Innern zahlreiche **Schleimhautfalten**. Darunter liegt eine Bindehaut, die sich den verschiedenen Füllungszuständen des Magens anpassen kann. Einige Stoffe, z. B. Wasser, treten durch die Magenwand in nahegelegene Blutgefäße über. Fast die gesamte halbverdaute Nahrung (**Chymus**) hingegen gelangt in den **Dünndarm (Zwölffingerdarm)**.

● **Dünndarm**: Ein in Falten gelegter Darmabschnitt, bestehend aus drei Teilen, dem **Zwölffingerdarm** (**Duodenum**), dem **Leerdarm** (**Jejunum**) und dem **Krummdarm** (**Ileum**). Im Dünndarm finden die wichtigsten Vorgänge der Verdauung statt. Viele fingerähnliche **Zotten** ragen von der Darmwand ins Innere. Jede Zotte enthält **Kapillaren*** (Haargefäße), welche den größten Teil der Nährstoffe aufnehmen, sowie ein **Lymphgefäß***, das sogenannte **Chylusgefäß**, das größere Fetteilchen (s. Fette, Seite 100) aufnimmt. Die halbflüssigen Abfallstoffe, die nach dieser Absorption zurückbleiben, werden an den Dickdarm weitergeleitet.

● **Dickdarm**: Ein Darmabschnitt mit großem Durchmesser; er erhält Abfallstoffe vom **Dünndarm**. Der Dickdarm setzt sich zusammen aus dem **Blinddarm*** (**Caecum**), dem **Grimmdarm** (**Colon**), dem **Mastdarm** (**Rectum**) und dem **Analkanal**. Der Grimmdarm enthält Bakterien, die Nährstoffreste abbauen und einige wichtige Vitamine aufbauen. Der Grimmdarm entzieht der verdauten Nahrung auch nahezu alles Wasser. Am Ende bleibt halbfester **Kot** (**Fäzes**) übrig, der über den Mastdarm, den Analkanal und den After (Anus) nach außen abgegeben wird (**Defäkation**). Die Abgabe regelt der **Schließmuskel** (**Sphinkter**) des Afters.

● **Wurmfortsatz**: Eine blind endigende Röhre am **Blinddarm** (s. **Dickdarm**). Es handelt sich um ein Restorgan, das keine Funktion mehr ausübt. Wenn wir von einer Blinddarmoperation sprechen, wird nur der Wurmfortsatz oder Appendix entfernt.

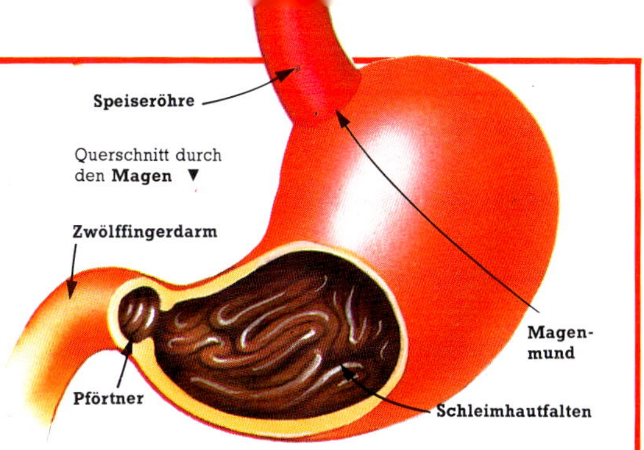

● **Pförtner** oder **Pylorus**: Ausgang des Magens in den Dünndarm. Am Pförtner liegt ein **Ringmuskel** oder **Sphinkter**, der beim Erschlaffen vorverdaute Nahrung hindurchtreten läßt.

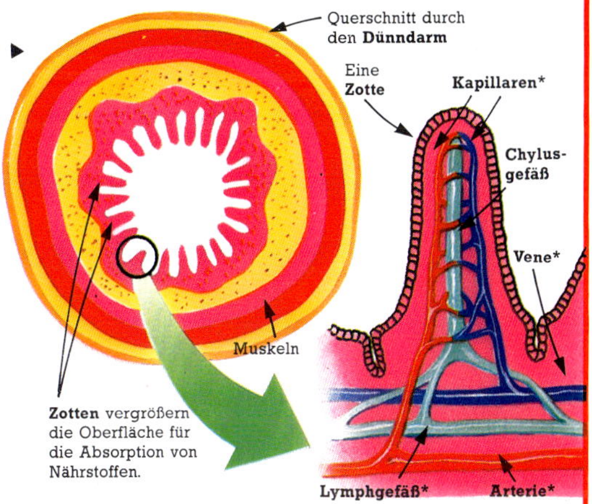

● **Schleimhaut** oder **Mucosa**: Eine dünne Gewebeschicht, die das Innere aller Verdauungsorgane auskleidet und z. B. auch in der Luftröhre und den Bronchen vorkommt. Es handelt sich um eine besondere Form eines **Epithels***, das viele einzellige **exokrine Drüsen*** enthält. Diese sind **Schleimdrüsen**, die Schleim absondern. Damit bezeichnen wir eine Flüssigkeit, die die Reibung herabsetzt, als Schmiermittel dient und gleichzeitig vor den **Verdauungssäften*** schützt.

● **Peristaltik**: Die Kontraktionswellen von Muskeln in den Wänden von Hohlorganen, insbesondere des Magens und des Darms. Durch die Peristaltik wird der Nahrungsbrei weiterbefördert.

* **Arterien**, 60; **Blinddarm**, 43; **Epithel**, 82 (**Oberhaut**); **Exokrine Drüsen**, 68; **Kapillaren**, 61; **Lymphgefäße**, 65; **Venen**, 60; **Verdauungssäfte**, 68 (**Verdauungsdrüsen**).

Drüsen

Drüsen sind besondere Organe oder Zellgruppen oder einzelne Zellen, die lebenswichtige Stoffe abgeben. Man unterscheidet zwei Typen, **exokrine** und **endokrine Drüsen**.

Exokrine Drüsen

Exokrin sind jene Drüsen, die ihre Stoffe oder **Sekrete** durch ableitende **Gänge** an die Körperoberfläche oder an eine innere Oberfläche abgeben. Die meisten Drüsen sind exokrin, z. B. **Schweißdrüsen*** und **Verdauungsdrüsen**.

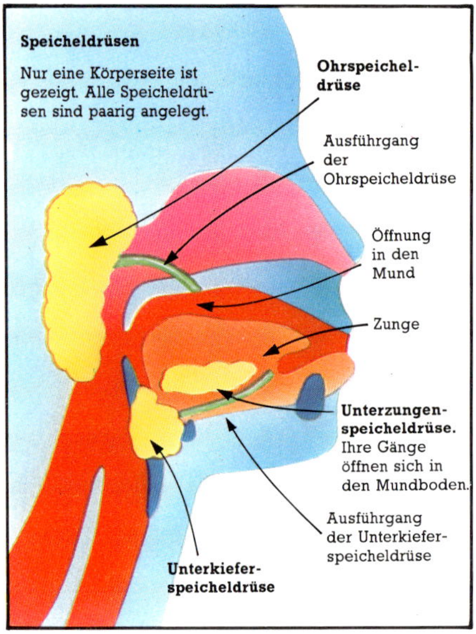

- **Verdauungsdrüsen**: Exokrine Drüsen, die **Verdauungssäfte** in die Organe des Verdauungsapparats abgeben. Diese Säfte enthalten **Enzyme***, die beim Abbau der Nahrung (s. Tabelle Seiten 108–109) helfen. Viele dieser Drüsen sind winzig und sitzen in den Wänden der entsprechenden Verdauungsorgane, z. B. die **Magendrüsen** in der Magenwand und die **Lieberkühnschen Drüsen** in den Vertiefungen zwischen den Zotten des Dünndarms. Andere Drüsen sind größer und liegen freier da, z. B. die **Speicheldrüsen**. Die größten Verdauungsdrüsen sind die **Bauchspeicheldrüse** und die **Leber**.

- **Bauchspeicheldrüse** oder **Pankreas**: Eine große Drüse, die gleichzeitig eine **Verdauungsdrüse** und eine **endokrine Drüse** darstellt. Sie produziert den **Bauchspeichel** (s. Tabelle Seiten 108–109), und gibt ihn über einen Ausführgang, den **Wirsungschen Gang**, in den Dünndarm ab. Gleichzeitig enthält die Bauchspeicheldrüse Zellgruppen, die **Langerhansschen Inseln**. Diese stellen den endokrinen Teil des Organs dar und produzieren die **Hormone* Insulin*** und **Glukagon***.

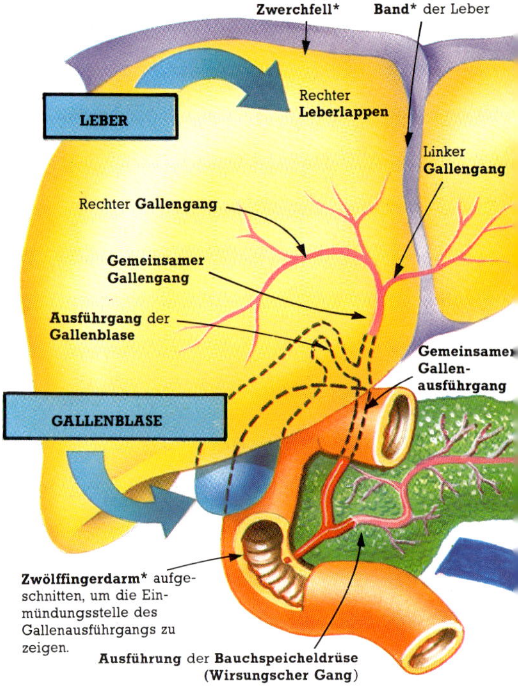

- **Leber**: Die größte Drüse des Körpers. Sie wiegt beim Erwachsenen ungefähr 1,5 Kilogramm. Eine ihrer vielen Aufgaben ist die einer **Verdauungsdrüse**, denn sie gibt über den **Gallenausführgang Galle** ab. Eine weitere lebenswichtige Aufgabe ist die Umwandlung und Speicherung frisch verdauter Nährstoffe (s. Tabelle auf Seite 101), die sie über die **Pfortader** (s. Bild auf Seite 61) erhält. Im besonderen reguliert die Leber den Glukosegehalt des Blutes. Ferner baut sie abgestorbene rote Blutkörperchen ab, speichert Vitamine und Eisen, stellt lebenswichtige Blutproteine her und baut Gifte zu harmlosen Stoffen ab.

* **Bänder**, 52; **Enzyme**, 103; **Glukagon, Hormone, Insulin**, 106; **Schweißdrüsen**, 83; **Zwerchfell**, 70; **Zwölffingerdarm**, 67 (**Dünndarm**).

- **Gallenblase**: Ein Hohlorgan, das die in der **Leber** hergestellte **Galle** in konzentrierter Form speichert, bis sie verwendet wird, das heißt, bis Nahrung in den **Zwölffingerdarm*** gelangt. Die Gallenblase zeigt zahlreiche **Schleimhautfalten**, die bei starker Füllung flacher werden. Bei Bedarf wird die Galle über den **Gallenausführgang** in den Dünndarm gepreßt.

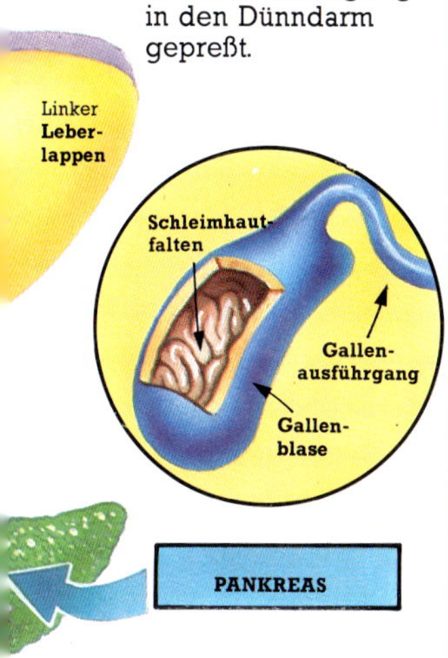

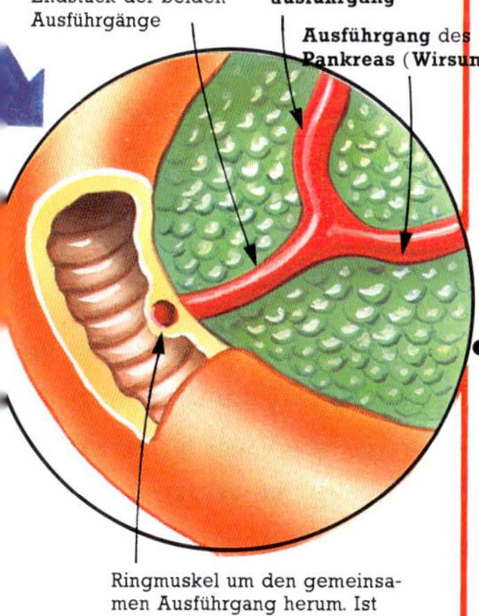

Endokrine Drüsen

Als endokrin bezeichnen wir jene Drüsen, die ihre Produkte, die **Hormone**, direkt in Blutgefäße innerhalb der Drüsen abgeben. Mehr über Hormone, vor allem eine Tabelle der unten erwähnten Hormone, findet man auf Seiten 106–107. Endokrine Drüsen können selbständige Organe (s. unten) oder Zellen innerhalb anderer Organe darstellen, z. B. in den Geschlechtsorganen.

- **Hypophyse**: Eine Drüse an der Unterseite des Gehirns, deswegen auch **Hirnanhangdrüse** genannt. Die Hypophyse wird direkt vom **Hypothalamus*** (s. auch **Hormone**, Seite 106) beeinflußt und besteht aus einem **Vorderlappen** (**Adenohypophyse**) und einem **Hinterlappen** (**Neurohypophyse**). Viele ihrer Hormone wirken auf andere Hormondrüsen ein und stimulieren deren Produktion. Solche Hormone tragen die Endsilbe **-trop** mit der Bedeutung „gerichtet auf". Die Hypophyse produziert **ACTH, TTH, STH, FSH, LH, Prolaktin, Oxytocin** und **ADH**.

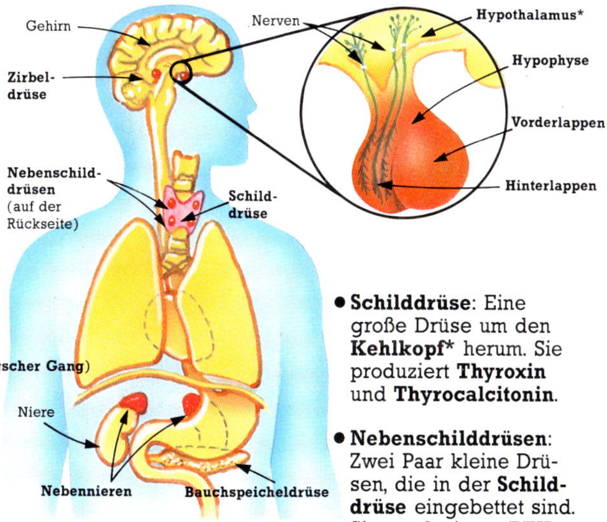

- **Schilddrüse**: Eine große Drüse um den **Kehlkopf*** herum. Sie produziert **Thyroxin** und **Thyrocalcitonin**.

- **Nebenschilddrüsen**: Zwei Paar kleine Drüsen, die in der **Schilddrüse** eingebettet sind. Sie produzieren **PTH**.

- **Nebennieren**: Zwei Drüsen, von denen jede auf einer Niere aufsitzt. Jede Nebenniere setzt sich aus einer äußeren **Rinde** und einem inneren **Mark** zusammen. Die Rinde produziert **Aldosteron**, **Cortison** und **Hydrocortison**, das innere Mark **Adrenalin** und **Noradrenalin**.

- **Zirbeldrüse** oder **Epiphyse**: Eine kleine Drüse im Zwischenhirn. Ihre Aufgabe ist nicht klar, doch produziert sie **Melatonin**, von dem man annimmt, daß es die Produktion der **Geschlechtshormone*** beeinflußt.

* **Geschlechtshormone**, 106; **Hypothalamus**, 75; **Kehlkopf**, 70; **Zwölffingerdarm**, 67 (**Dünndarm**).

Das Atmungssystem

Der Begriff der **Atmung** umfaßt drei Vorgänge: die **äußere Atmung**, also den Gasaustausch mit der Außenwelt, die **innere Atmung**, nämlich der Gasaustausch zwischen den Lungen und dem Blut (s. rote Blutkörperchen, Seite 58) und die **Zellatmung** mit dem Abbau der Nährstoffe unter Zuhilfenahme von Sauerstoff, wobei Kohlendioxid entsteht (s. Seiten 104–105). Hier werden die wichtigsten Teile des Atmungssystems behandelt.

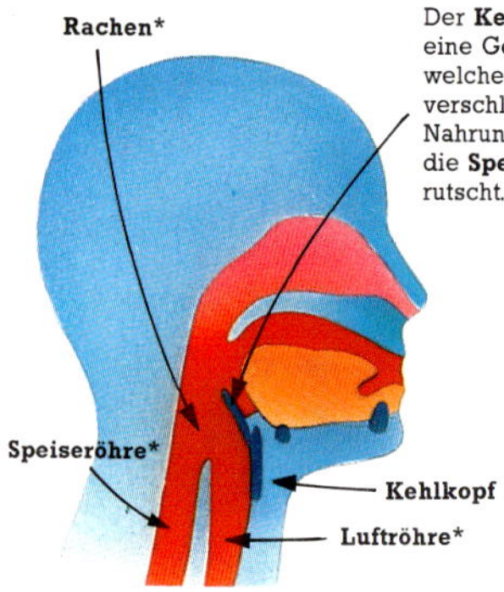

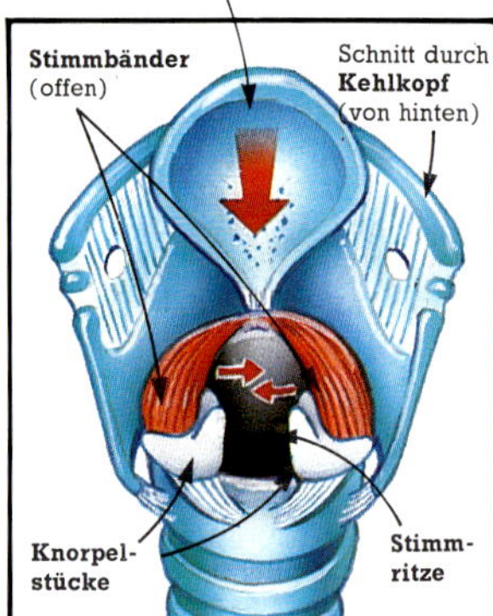

- **Lungen**: Die beiden wichtigsten Atmungsorgane, in deren Inneren der Gasaustausch stattfindet. Sie enthalten viele Röhren (**Bronchen** und **Bronchiolen**) sowie die **Lungenbläschen**.

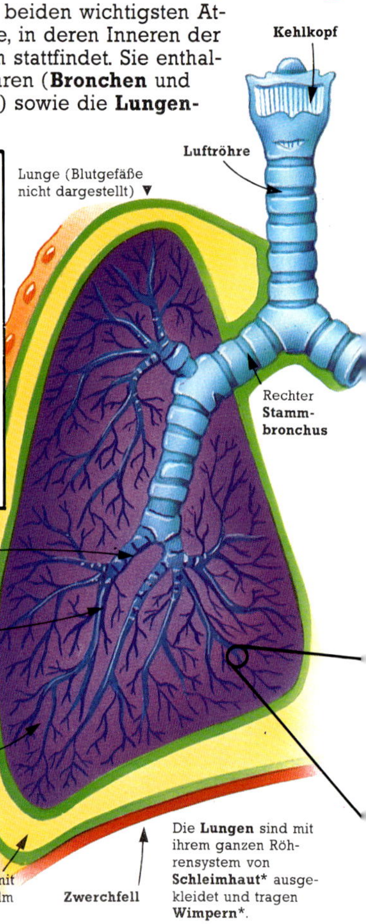

- **Luftröhre** oder **Trachea**: Von Knorpelspangen umgebene Röhre, welche die Nase mit den **Lungen** verbindet.
- **Kehlkopf** oder **Larynx**: Der Stimmapparat am oberen Ende der Luftröhre. Der Kehlkopf enthält die **Stimmbänder**. Es sind zwei Gewebelappen, die sich von der Auskleidung der Luftröhre nach innen falten und die an mehreren **Knorpeln*** befestigt sind. Die Öffnung zwischen den Stimmbändern bezeichnen wir als **Stimmritze** oder **Glottis**. Während des Sprechens ziehen Muskeln an den Knorpelstücken und verändern auf diese Weise die Öffnung der Stimmritze. Wenn Luft passiert, wird diese von den Stimmbändern zum Schwingen gebracht.
- **Brustfell** oder **Pleura**: Eine Gewebeschicht, die jede Lunge umgibt und dem Brustkorb anliegt. Es handelt sich um zwei dünne, spiegelglatte Häute, die eng aufeinanderliegen. Die äußere heißt **Rippenfell**, die innere **Lungenfell**. Der Raum dazwischen (**Pleuraspalt**) enthält einen Flüssigkeitsfilm, so daß sich beide Häute ohne Reibung gegeneinander verschieben lassen. Durch Unterdruck haften Lungen- und Rippenfell stets aneinander.
- **Zwerchfell** oder **Diaphragma**: Eine muskulöse oder sehnige Scheidewand, welche die Brusthöhle vom **Unterleib** trennt. Im Ruhezustand ist das Zwerchfell kuppelförmig gebogen, so daß die Leber noch in den Brustkasten hineinragt.

* **Knorpel**, 53; **Rachen**, 66; **Schleimhaut**, 67; **Speiseröhre**, 66; **Wimpern**, 40.

- **Bronchen** (Einzahl **Bronchus**) oder auch **Bronchien**: Allgemeine Bezeichnung für alle Röhren in der Lunge. Im engeren Sinne meint man aber meistens die **Stammbronchen** nach der Gabelung der Luftröhre. Der linke und der rechte **Stammbronchus** versorgen die jeweilige Lungenhälfte mit Luft. In der **Lungenwurzel (Hilus)**, in der auch die **Lungenarterie*** eintritt, teilen sie sich erst in **Lappenbronchen**, dann in **Segmentbronchen** und schließlich in **Bronchiolen** auf. Alle diese Röhren werden von Blutgefäßen begleitet, die von der **Lungenarterie*** herstammen und schließlich in die **Lungenvene*** münden.

- **Bronchiolen**: Die Millionen feinster Röhrchen in den Lungen. Sie alle sind von Blutgefäßen umgeben. Die Bronchiolen entstehen durch Verzweigung der **Segmentbronchen**. Die Bronchiolen gehen in **Alveolengänge** über, die schließlich in die blinden **Lungenbläschen** münden.

- **Lungenbläschen** oder **Alveolen**: Die Millionen feinster Bläschen, die am Ende der **Alveolengänge** (s. **Bronchiolen**) stehen. Die Lungenbläschen sind von **Kapillaren*** (Haargefäßen) mit kohledioxidreichem Blut umgeben. Dieses Gas tritt durch die Wände der Kapillaren und der Lungenbläschen hindurch und wird ausgeatmet. Gleichzeitig geht der eingeatmete Sauerstoff von den Lungenbläschen in das Blut der Kapillaren über, die sich dann nach und nach zu den **Lungenvenen*** vereinigen.

Bronchial – „zu den Bronchen oder Bronchiolen gehörig“

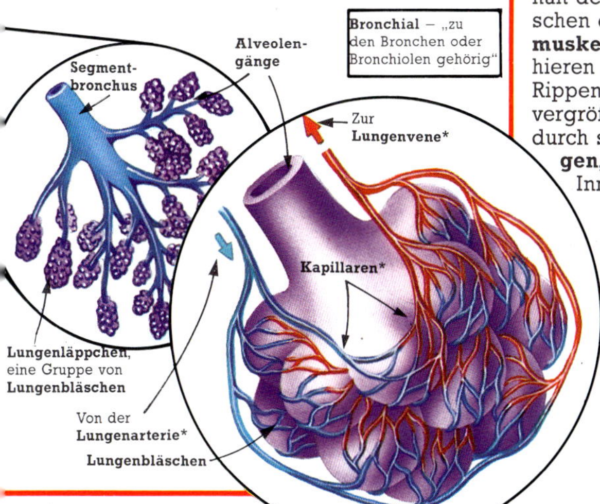

Atemmechanik

Die **Atemmechanik** besteht aus dem **Einatmen** (**Inspiration**) und dem **Ausatmen** (**Exspiration**). Beide Vorgänge laufen automatisch ab und werden vom Atemzentrum im **verlängerten Mark***, dem untersten Hirnteil, kontrolliert. Ein- und Ausatmen werden dann in Gang gesetzt, wenn das Atemzentrum eine zu hohe Kohlendioxidkonzentration im Blut feststellt.

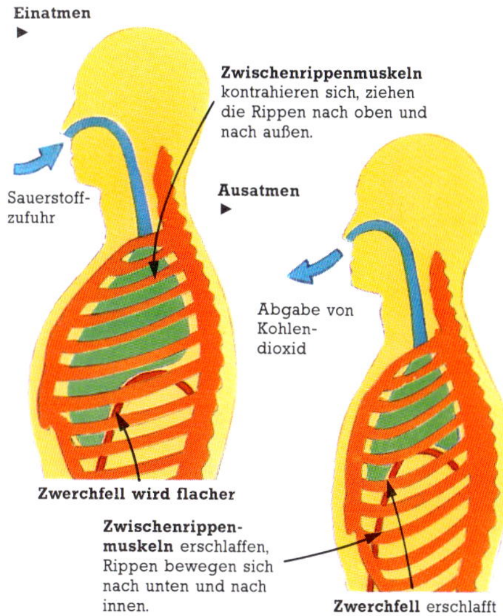

- **Einatmen** oder **Inspiration**: Die Muskeln des **Zwerchfells** ziehen sich zusammen, verlieren ihre Kuppelform und werden flacher. Dadurch vergrößert sich der Inhalt des Brustraumes. Die Muskeln zwischen den Rippen (**Zwischenrippenmuskeln, Interkostalmuskeln**) kontrahieren sich ebenfalls, ziehen damit die Rippen nach oben und nach außen und vergrößern weiterhin den Brustraum. Dadurch sinkt der Luftdruck in den **Lungen**, und Luft fließt so lange ein, bis der Innendruck und der Außendruck den gleichen Wert erreichen.

- **Ausatmen** oder **Exspiration**: Das **Zwerchfell** und die **Zwischenrippenmuskeln** (s. **Einatmen**) erschlaffen. Dadurch wird der Brustraum kleiner, und Luft wird über die Atemwege nach außen gedrückt.

* **Kapillaren**, 61; **Lungenarterien**, 63 (**Stamm der Lungenarterien**); **Lungenvenen**, 63; **Verlängertes Mark**, 75.

Die Ausscheidung

Das **Ausscheidungssystem** entfernt unerwünschte Abfallstoffe aus dem Körper (**Exkretion**). Die Funktion der wichtigsten Organe wird auf dieser Doppelseite erklärt. An der Ausscheidung beteiligen sich auch die Lungen und die Haut, denn sie geben Kohlendioxid bzw. Schweiß an die Umwelt ab.

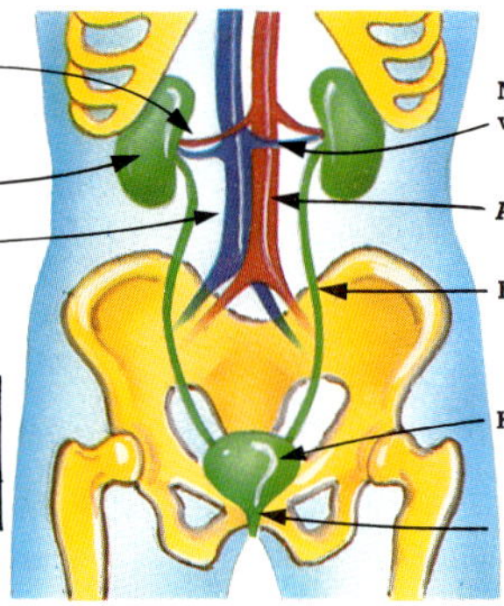

Ren oder **Renal** – „den Nieren zugehörig".

- **Nieren**: Zwei Organe an der Rückwand des Körpers, gerade unterhalb der Rippen gelegen. Sie stellen die Hauptorgane der Ausscheidung dar, denn sie filtern unerwünschte Stoffe aus dem Blut heraus und regeln die Menge und Beschaffenheit der Körperflüssigkeiten (s. auch **Homöostasis**, Seite 105). Das Blut gelangt über eine **Nierenarterie** in die Niere und verläßt es über die **Nierenvene**.

- **Harnleiter**: Die beiden Gänge, die **Urin** oder **Harn** von den Nieren in die **Harnblase** transportieren.

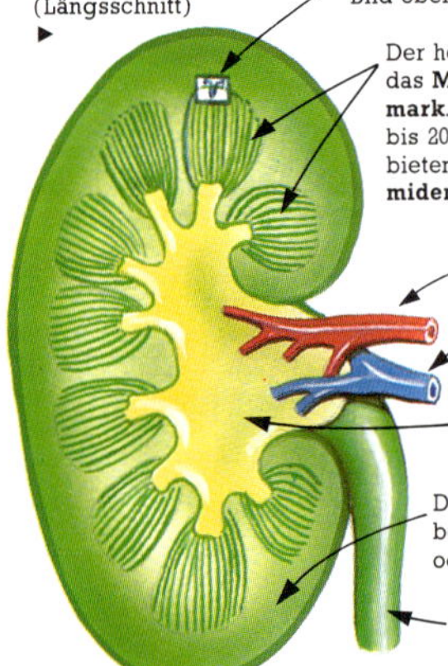

Im Innern der Niere

1. Ultrafiltration im Nierenkörperchen: Wenn Blut durch den **Gefäßknäuel** gepreßt wird, gelangt ein großer Teil des Wassers, der Mineralstoffe, der Vitamine, der Glukose, der **Aminosäuren*** und des **Harnstoffs** in die **Bowmansche Kapsel** und bildet den **Primärharn**.

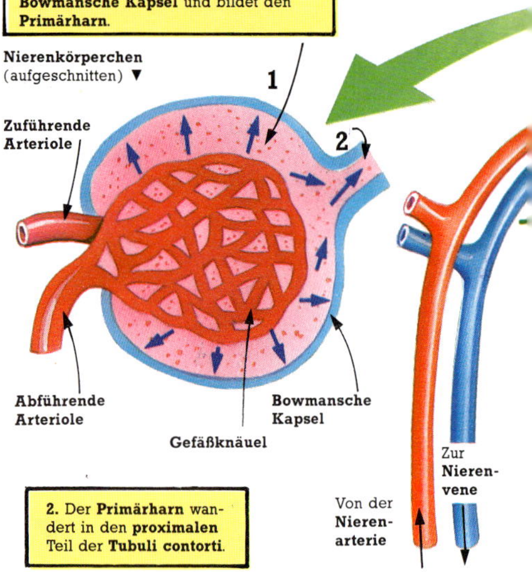

2. Der Primärharn wandert in den **proximalen** Teil der **Tubuli contorti**.

- **Nephronen**: Die Arbeitseinheit der **Nieren**, bestehend aus je einem **Nierenkörperchen** und einem **Nierenkanälchen**. Jede Niere setzt sich aus ungefähr einer Million Nephronen zusammen.

- **Nierenkörperchen** oder **Malpighische Körperchen**: Jene Einheiten, die Flüssigkeiten aus dem Blut herausfiltrieren. Jedes Nierenkörperchen setzt sich aus dem **Gefäßknäuel** (**Glomerulus**) und der **Bowmanschen Kapsel** zusammen.

- **Harnblase** oder **Blase**: Sackförmiges Speicherorgan für den **Harn** oder **Urin**. Sie weist im inneren viele **Schleimhautfalten** auf, die flacher werden, wenn sich der Füllzustand der Blase erhöht. Zwei Ringmuskeln, ein **äußerer** und ein **innerer Ringmuskel**, kontrollieren die Öffnung der Harnblase in die **Harnröhre**. Wenn der Urinspiegel ein gewisses Maß erreicht hat, bringen Nerven den inneren Ringmuskel dazu, sich zu öffnen. Der äußere Ringmuskel steht aber unter der Kontrolle des Willens (Ausnahme: Kleinkinder) und kann für längere Zeit verschlossen bleiben. ▸

* **Aminosäuren**, 100 (**Proteine**); **Aorta, untere Hohlvene**, 63.

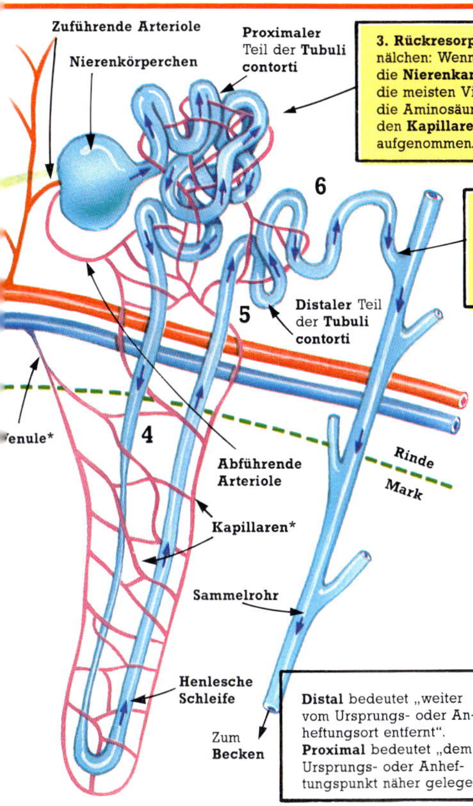

3. Rückresorption in den Nierenkanälchen: Wenn der **Primärharn** durch die **Nierenkanälchen** zieht, werden die meisten Vitamine, die Glukose und die Aminosäuren von den umgebenden **Kapillaren*** wieder in das Blut aufgenommen.

4. Auch einige Mineralstoffe werden zurückgewonnen. Das **Hormon* Aldosteron*** kontrolliert und stimuliert die Rückresorption bei Bedarf.

7. Der endgültige **Urin** zieht zum **Sammelrohr.**

5. Auch Wasser wird zurückgewonnen. Das **Hormon* ADH*** kontrolliert und stimuliert die Rückresorption bei Bedarf.

6. Ausscheidung in den **Tubuli**. Einige Stoffe, z. B. Ammoniak, gewisse Drogen und Medikamente gehen vom Blut in das **Nierenkanälchen** über.

Distal bedeutet „weiter vom Ursprungs- oder Anheftungsort entfernt". **Proximal** bedeutet „dem Ursprungs- oder Anheftungspunkt näher gelegen".

- **Gefäßknäuel** oder **Glomerulus**: Zu einem Knäuel angeordnete **Kapillaren*** (Haargefäße) im Inneren jedes **Nierenkörperchens**. Die Kapillaren verzweigen sich von einer **Arteriole***, die in das Körperchen eintritt (**zuführende** oder **afferente Artiole**) und vereinigen sich wieder in einer **abführenden (efferenten) Arteriole**.

- **Harnröhre**: Ausführgang, der Harn von der Harnblase nach außen schafft (bei Männern übernimmt er auch den Transport des **Spermas***, s. **Penis**, Seite 88). Die Harnabgabe bezeichnet man auch als **Miktion**.

- **Bowmansche Kapsel**: Der äußere umhüllende Teil jedes **Nierenkörperchens**. Es handelt sich um einen dünnwandigen Sack um das **Gefäßknäuel**.

- **Nierenkanälchen**: Lange, feine Röhrchen, die in einer Bowmanschen Kapsel ihren Anfang nehmen. Jedes Nierenkanälchen hat drei Hauptteile: den **proximalen** Teil der **Tubuli contorti** („geschlängelte Röhrchen"), die **Henlesche Schleife** und den **distalen** Teil der **Tubuli contorti**. Um das Nierenkanälchen schlingen sich zahlreiche **Kapillaren*** (Haargefäße). Es handelt sich dabei um Verzweigungen der **abführenden (efferenten) Arteriole** (s. **Gefäßknäuel**). Die Kapillaren vereinigen sich dann zu größeren Blutgefäßen, die Blut aus den Nieren wegtransportieren.

Harnblase bei der Frau (aufgeschnitten) ▸

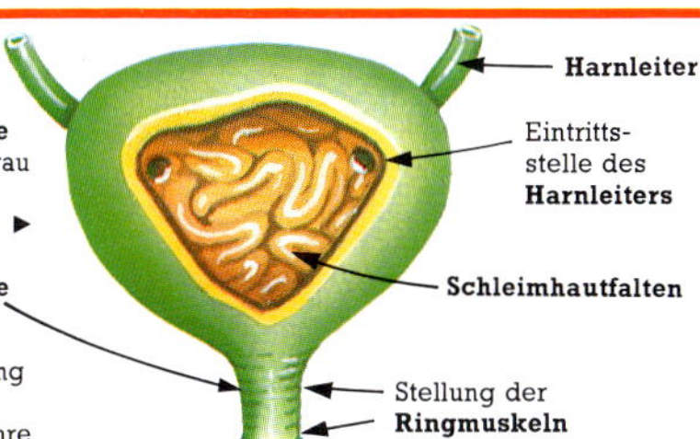

- **Sammelrohr**: Ein Kanal, der **Urin** aus mehreren Nierenkanälchen in das **Nierenbekken** transportiert.

- **Harnstoff**: Ein stickstoffhaltiger Abfallstoff, der beim Abbau überschüssiger **Aminosäuren*** in der Leber entsteht. Der Harnstoff gelangt zusammen mit kleineren Mengen verwandter Stoffe, etwa des Kreatinins, mit dem Blut in die Nieren.

- **Urin** oder **Harn**: Die Flüssigkeit, welche die Nieren verläßt. Urin besteht zur Hauptsache aus Wasser, Mineralsalzen und Harnstoff. Innerhalb von 24 Stunden scheidet ein Erwachsener 1 bis 1,5 Liter Urin aus.

* **ADH, Aldosteron**, 106; **Aminosäuren**, 100 (**Proteine**); **Arteriolen**, 60 (**Arterien**); **Hormone**, 106; **Kapillaren**, 61; **Sperma**, 93 (**Gameten**); **Venulen**, 60 (**Venen**).

Das zentrale Nervensystem

Das **zentrale Nervensystem (ZNS)** stellt das Kontrollzentrum des Körpers dar. Es koordiniert alle Tätigkeiten mechanischer wie chemischer Art (durch **Hormone***) und besteht aus dem **Gehirn** und dem **Rückenmark.** Millionen von Nerven im Körper leiten Informationen (Nervenimpulse) zu den zentralen Gebieten oder verteilen sie von dort in den Körper (s. Seiten 78 bis 81).

- **Gehirn:** Das Gehirn kontrolliert die meisten Tätigkeiten des Körpers. Als einziges Organ ist es zur „Intelligenz" befähigt – und diese beruht auf früheren Erfahrungen (also gespeicherten Informationen darüber), auf gegenwärtigen Geschehnissen und zukünftigen Plänen. Das Gehirn wird von Millionen von **Neuronen*** (Nervenzellen) aufgebaut, die zu **sensiblen** oder **motorischen Feldern** oder zu **Schaltfeldern** angeordnet sind. Die sensiblen Felder erhalten Informationen (Nervenimpulse) über Sinnesempfindungen von allen Körperteilen. Die Schaltfelder analysieren diese Impulse und treffen Entscheidungen. Die motorischen Felder senden Impulse (Befehle) an Muskeln oder Drüsen. Die Neuronen von insgesamt 43 Nervenpaaren übermitteln diese Impulse, wobei 12 Paar **Hirn-** oder **Schädelnerven** den Kopf versorgen und 31 Paar **Rückenmarksnerven** den übrigen Körper (s. **Rückenmark**).

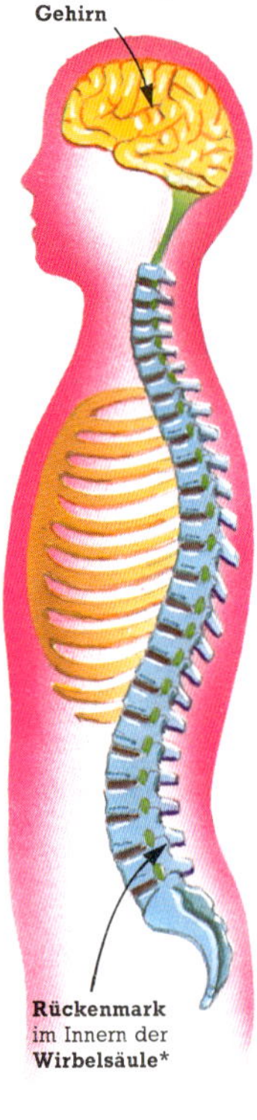

Teile des Gehirns

- **Großhirn:** Der umfangreichste, höchstentwickelte Hirnteil mit vielen tiefen Windungen. Das Großhirn setzt sich aus zwei **Hemisphären** zusammen, die vom **Balkenkörper** (einem Band aus **Nervenfasern***) oder **Corpus callosum** miteinander verbunden werden. Die äußere Schicht des Großhirns bezeichnen wir als **Rinde** oder **Cortex.** Dort liegen alle wichtigen **Felder,** die **sensiblen,** die **motorischen** und die **Schaltfelder** (s. **Gehirn**). Das Großhirn kontrolliert die meisten Körperaktivitäten und stellt gleichzeitig das Zentrum für die geistigen Tätigkeiten dar, z. B. für das Fällen von Entscheidungen, das Sprechen, das Lernen, das Gedächtnis und die Vorstellungskraft.

- **Kleinhirn:** Dieser Abschnitt des Gehirns koordiniert die Muskelbewegungen und das Gleichgewicht, doch stehen die beiden Tätigkeiten unter der Gesamtkontrolle des **Großhirns.**

- **Mittelhirn:** Ein Hirnabschnitt, der das **Zwischenhirn** mit der **Brücke** verbindet. Es transportiert einlaufende Nervenimpulse zum **Thalamus** und Impulse in umgekehrter Richtung vom **Kleinhirn** in das **Rückenmark.**

- **Brücke** oder **Pons:** Ein Abschnitt aus **Nervenfasern***, der die Teile des **Gehirns** über das **verlängerte Mark** mit dem **Rückenmark** verbindet.

- **Rückenmark:** Ein langer Strang von Nervengewebe, der im Innern der **Wirbelsäule*** vom **Gehirn** zum Unterkörper zieht. Nervenimpulse von allen Körperteilen durchlaufen das Rückenmark. Einige davon wandern in das Hirn oder gehen von dort aus, andere hingegen werden im Rückenmark selbst verarbeitet (s. **unwillkürliche Handlungen,** Seite 81). 31 Paar **Rückenmarks-** oder **Spinalnerven** zweigen in den Zwischenräumen zwischen den **Wirbeln*** vom Rückenmark ab. Jeder Rückenmarksnerv besteht aus einer **hinteren, dorsalen, sensiblen** Wurzel von **sensiblen Neuronen***, welche die Impulse heranführen, und einer **vorderen, ventralen, motorischen** Wurzel. Diese setzt sich aus **motorischen Neuronen*** zusammen, die Impulse nach außen transportieren.

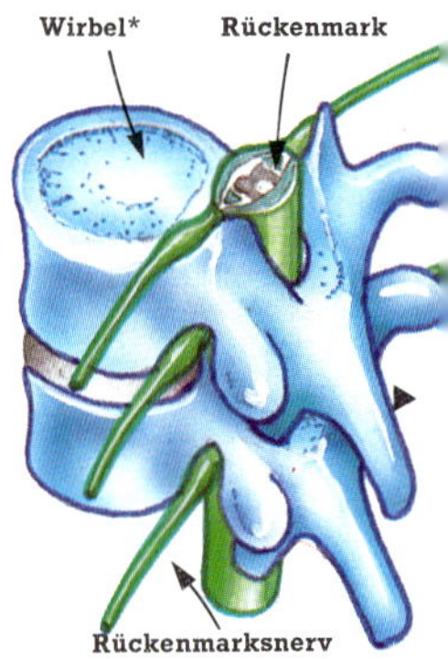

* **Hormone,** 106; **Motorische Neuronen,** 77; **Nervenfasern, Neuronen,** 76; **Sensible Neuronen,** 77; **Wirbel, Wirbelsäule,** 50.

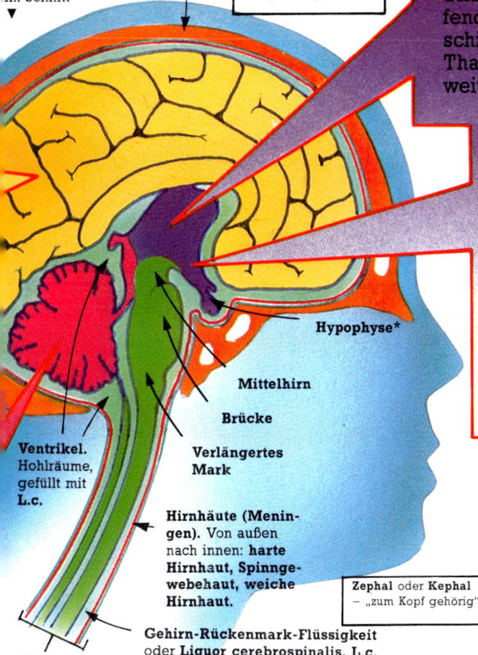

- **Thalamus:** Jenes Gebiet im Gehirn, das die eintreffenden Impulse als erstes sortiert und in die unterschiedlichen Teile des **Großhirns** weiterleitet. Der Thalamus leitet auch einige austretende Impulse weiter.

- **Hypothalamus:** Die wichtigste Kontrollstelle der meisten inneren Körperfunktionen. Der Hypothalamus kontrolliert die Tätigkeit des **autonomen Nervensystems*** (und damit unwillkürliche Handlungen) sowie die Funktion der **Hypophyse***. Die richtige Funktion des Hypothalamus ist lebenswichtig für die **Homeostasis***, die Aufrechterhaltung stabiler innerer Bedingungen.

- **Zwischenhirn:** Ein Hirnteil, der vor allem den **Thalamus** und den **Hypothalamus** umfaßt.

Funktionsfelder der Rinde des **Großhirns**

Sensible Felder: Empfangen eintreffende Impulse.
1. Allgemeiner sensibler Bereich, **Körperfühlbereich.** Empfängt Impulse von den Muskeln, der Haut und den inneren Organen.
2. **Primäres Geschmacksfeld:** Impulse von der Zunge.
3. **Primäres Hörfeld:** Impulse von den Ohren.
4. **Primäres Gesichtsfeld:** Impulse von den Augen.
5. **Primäres Riechfeld:** Impulse von der Nase.

Motorische Felder: Jeder noch so kleine Abschnitt sendet Impulse zu einem ganz bestimmten Muskel.

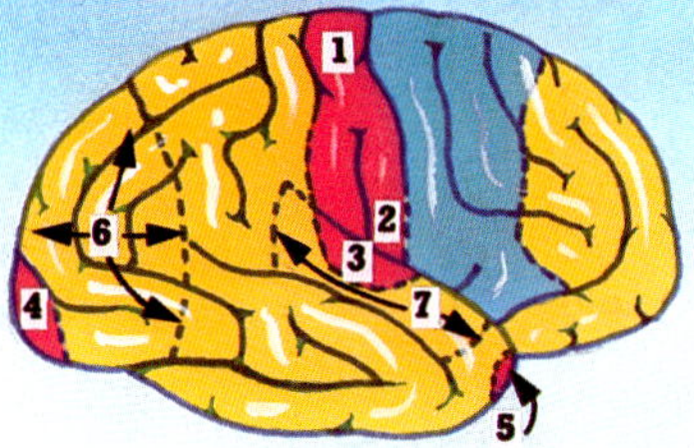

Schaltfelder interpretieren Impulse und fällen Entscheidungen. Einige spezifische Felder sind:
6. **Schaltfeld des Sehens.** Ermöglicht das Sehen.
7. **Schaltfeld des Hörens.** Ermöglicht das Hören.

- **Verlängertes Mark** oder **Medulla oblongata:** Ein Abschnitt des Gehirns, der die Feinabstimmung vieler unwillkürlicher Handlungen kontrolliert, welche unter der Kontrolle des **Hypothalamus** stehen. Dabei sind unterschiedliche Gebiete für jeweils andere Bereiche zuständig. Das **Atemzentrum** z. B. kontrolliert die gesamte Atmung.

- **Stammhirn** oder **Hirnstamm:** Allgemeine Bezeichnung für das **verlängerte Mark,** die **Brücke** und andere Teile des Gehirns.

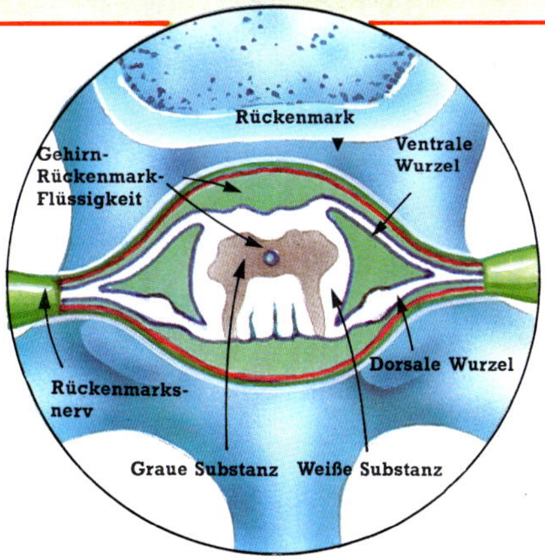

- **Neuroglia** oder **Glia:** Besondere steife Zellen, welche die **Neuronen*** des zentralen Nervensystems stützen und schützen. Einige produzieren eine weiße fettige Substanz, das **Myelin** (s. auch **Schwannsche Scheide,** Seite 76). Eine Myelinhülle oder **Markscheide** umgibt die langen Nervenfasern im Gehirn und in der äußeren Schicht des Rückenmarks. Man spricht auch von **markhaltigen Fasern** oder **weißer Substanz.** Die **graue Substanz** ist marklos und besteht zur Hauptsache nur aus den **Zellkörpern*** und ihren kurzen Fasern mit Neuroglia ohne Myelin.

* **Autonomes Nervensystem,** 80; **Homeostasis,** 105; **Hypophyse,** 69; **Knochenhaut,** 52; **Neuronen, Zellkörper,** 76.

Die Einheiten des Nervensystems

Die Grundeinheiten des Gehirns und des Rückenmarks (**zentrales Nervensystem***, ZNS) und der übrigen Nerven des Körpers (**peripheres Nervensystem**) stellen die Nervenzellen oder **Neuronen** dar. Sie haben die Fähigkeit, auf elektrischem Weg – mit Hilfe der Nervenimpulse – Informationen im ganzen Körper zu verbreiten. Jedes Neuron setzt sich aus dem **Zellkörper**, einem **Neurit** und einem oder mehreren **Dendriten** zusammen. Es gibt drei funktionelle Typen von Neuronen, **sensible Neuronen, Schaltneuronen** und **motorische Neuronen.**

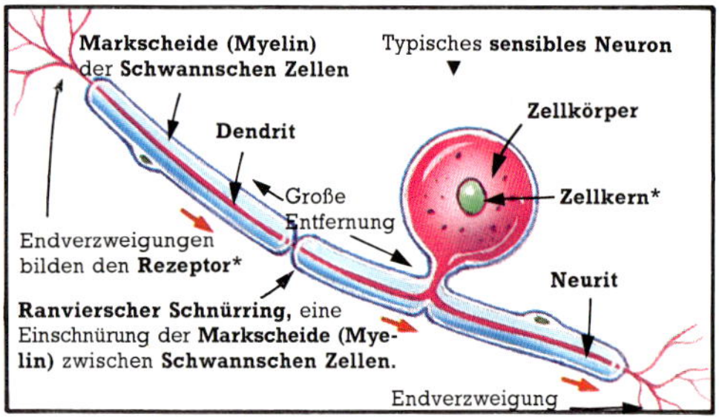

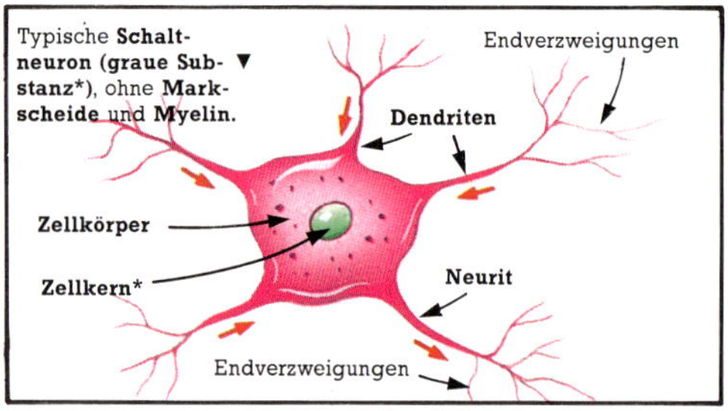

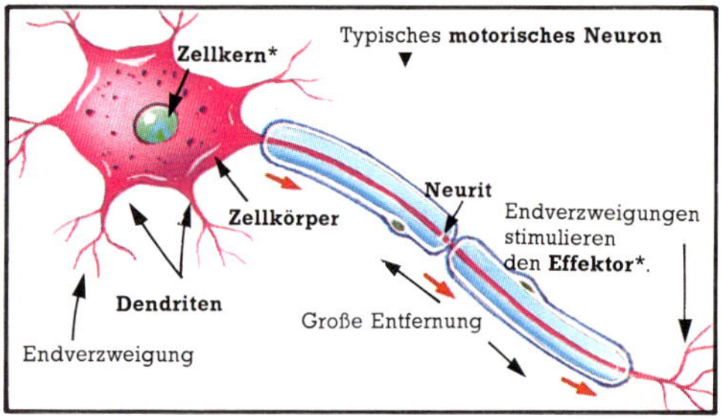

Die Teile eines Neurons

- **Zellkörper** oder **Perikaryon:** Jener Teil eines Neurons, der den **Zellkern*** und den größten Teil des **Zytoplasmas*** enthält. Die Zellkerne aller **Schaltneuronen** sowie einiger **sensibler** und **motorischer Neuronen** liegen im Gehirn und im Rückenmark. Andere sensible Neuronen haben ihre Zellkörper in besonderen **Ganglien***, oder sie stellen Teile hochspezialisierter **Rezeptoren*** in der Nase und den Augen dar. Die Zellkörper der übrigen motorischen Neuronen liegen in **autonomen Ganglien***.

- **Nervenfasern:** Die faserigen Ausläufer, also die **Neuriten** und **Dendriten** eines Neurons. Es handelt sich um **Zytoplasma***-Fortsätze des **Zellkörpers*.** Sie leiten die lebenswichtigen Nervenimpulse weiter. Die meisten langen Nervenfasern, die durch den menschlichen Körper ziehen (sie gehören zu **sensiblen** oder **motorischen Neuronen**) werden vom **Neuroglia*** eingehüllt. Diese besteht aus **Schwannschen Zellen,** die eine **Markscheide** aus **Myelin** um die gesamte Nervenfaser herum aufbauen.

- **Dendriten:** Die **Nervenfasern,** die Impulse in Richtung auf den **Zellkörper** hin transportieren. Die meisten Neuronen haben mehrere kurze Dendriten. Ein Typ unter den **sensiblen Neuronen** hat nur einen langen Dendriten. Die Enden solcher Dendriten bilden im ganzen Körper **Rezeptoren***. Die Zellkörper solcher Nervenzellen liegen in **Ganglien***, nahe dem Rückenmark.

- **Neurit,** auch **Achsenzylinder** oder **Axon** genannt: Eine einzelne Nervenfaser, die Impulse vom Zellkern wegleitet. Die Neuriten aller **Schaltneuronen** und der **sensiblen Neuronen** sowie einiger **motorischer Neuronen** liegen im Gehirn und im Rückenmark. Die Neuriten der übrigen motorischen Neuronen ziehen vom Rückenmark zu **autonomen Ganglien*** oder noch weiter zu **Effektoren** (s. **motorische Neuronen**).

* **Autonome Ganglien,** 81; **Ganglien,** 78; **Graue Substanz, Markscheide, Myelin,** 75 **(Neuroglia); Rezeptoren,** 79; **Zellkern,** 10; **Zentrales Nervensystem,** 74; **Zytoplasma,** 10.

Typen von Neuronen

- **Sensible** oder **afferente Neuronen:** Neuronen, die Informationen über Reizungen in Form von Nervenimpulsen weiterleiten. Die einzelnen **Dendriten** solcher sensibler Neuronen ziehen durch den ganzen Körper, und ihre Endverzweigungen geben ein Feuerwerk von Impulsen ab, wenn sie gereizt werden. Mehr über diese Endverzweigungen (**Rezeptoren**) und die verschiedenen Typen **sensibler Neuronen** s. Seiten 78–79.

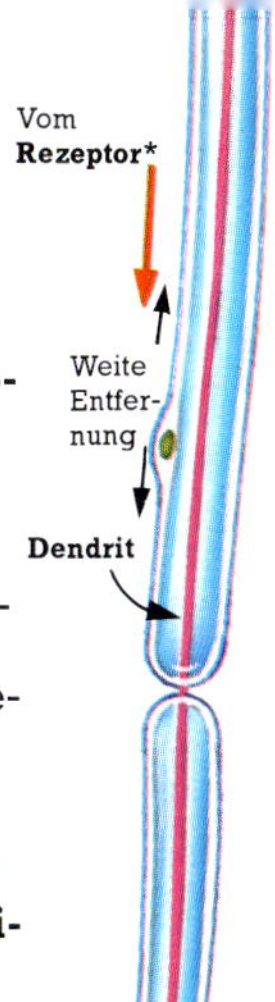

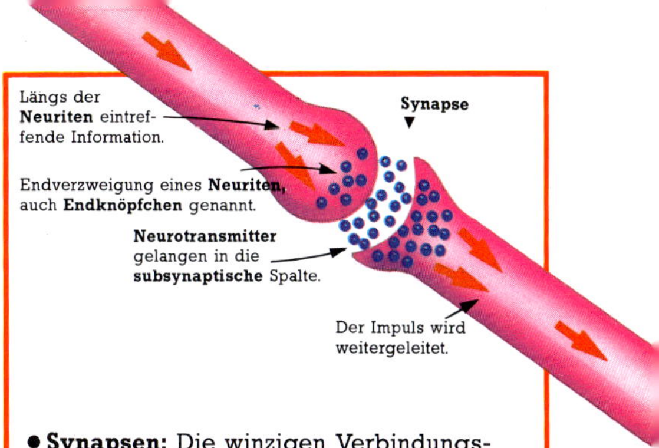

- **Synapsen:** Die winzigen Verbindungsstellen zwischen den Endverzweigungen von **Neuriten** und den **Dendriten** der nächsten Nervenzelle. Wenn ein Impuls an das Ende einer solchen Nervenfaser gelangt, wird ein besonderer chemischer Stoff, der **Neurotransmitter,** freigegeben. Er überbrückt den winzigen **subsynaptischen Spalt** zwischen beiden Zellen. Ist genügend Neurotransmitter zur nächsten Zelle gelangt, pflanzt sich der Impuls weiter fort.

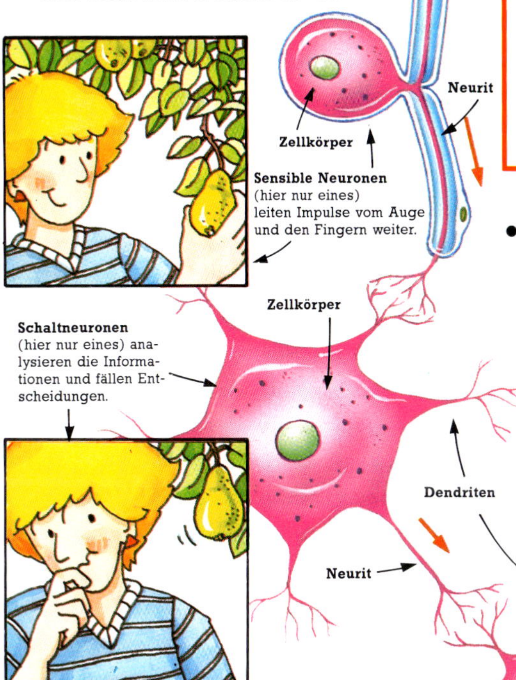

- **Motorische** oder **efferente Neuronen:** Jene Neuronen, die Informationen und Befehle als Nervenimpulse von Gehirn und Rückenmark in den Körper weiterleiten. Die Enden der **Neuriten** einiger motorischer Neuronen sind mit Muskeln oder Drüsen (allgemein: **Effektoren** oder **Erfolgsorganen**) verbunden und erteilen diesen Organen die Befehle, tätig zu werden. Die motorischen Neuronen erhalten ihre Informationen über **Schaltneuronen.** Mehr über die verschiedenen motorischen Neuronen s. Seiten 80–81.

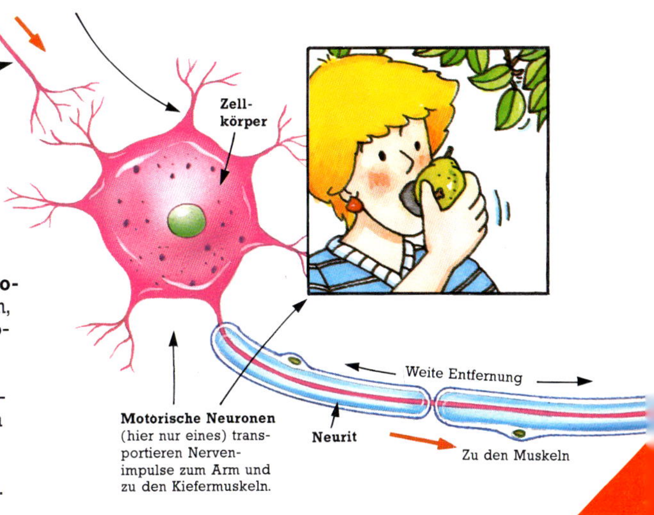

- **Schaltneuronen** oder **Zwischenneuronen:** Spezielle verbindende Neuronen, die im zentralen Nervensystem in größerer Zahl vorkommen. Sie nehmen Informationen auf, die von **sensiblen Neuronen** eintreffen, werten diese Informationen aus und leiten Antworten in Form von Nervenimpulsen an die **motorischen Neuronen** weiter. Dadurch kann eine Reaktion erfolgen.

* **Rezeptoren,** 79.

Nerven und Nervenbahnen

Die Reizbarkeit des Körpers und seine Fähigkeit, auf Reize zu antworten, beruht auf der Weiterleitung von Informationen in Form von Nervenimpulsen durch die Fasern der Nervenzellen (**Neuronen***). Die Fasern, die Impulse zum Gehirn und zum Rückenmark leiten, gehören zum **afferenten Nervensystem.** Das **efferente Nervensystem** (s. Seiten 80–81) wird von Fasern gebildet, die Impulse vom Gehirn und Rückenmark nach außen leiten. Alle Nervenfasern außerhalb des Gehirns und des Rückenmarks gehören zum **peripheren Nervensystem.**

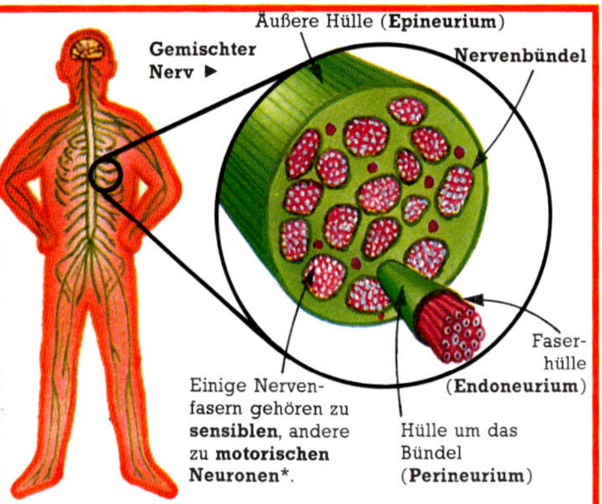

- **Nerven:** Bündel von Nervenfasern, Blutgefäßen und **Bindegewebe***. Jede Nervenfaser in einem solchen Nerv gehört zu einer Nervenzelle (**Neuron***). **Sensible Nerven** bestehen nur aus den Fasern **(Dendriten*) sensibler** oder **afferenter Neuronen, motorische Nerven** haben nur Fasern **(Neuriten*) motorischer** oder **efferenter Neuronen***, während **gemischte Nerven** beide Fasertypen aufweisen.

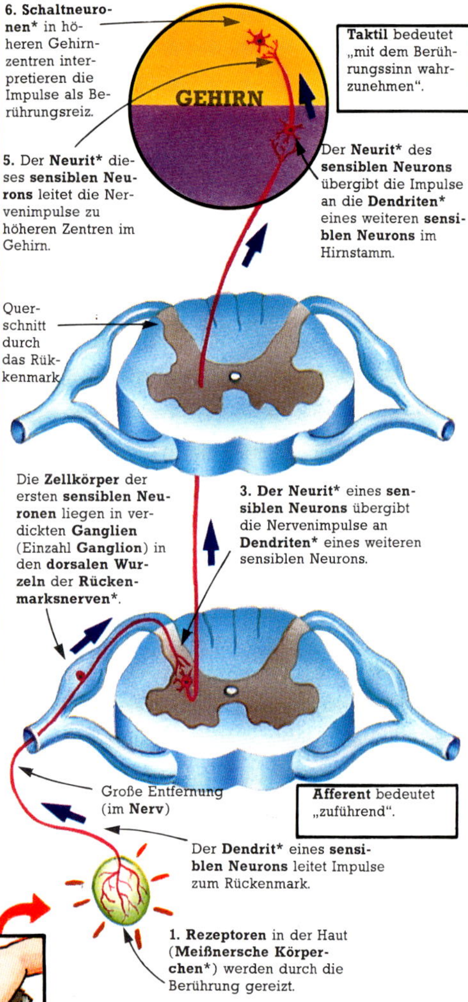

Das afferente Nervensystem

Das afferente Nervensystem ist jenes System von Nervenzellen (**Neuronen***), dessen Fasern Informationen als Nervenimpulse von außen in das Rückenmark und in das Gehirn weiterleiten. Alle daran beteiligten Nervenzellen bezeichnen wir als **sensible** oder **afferente Neuronen***. Die Impulse entstehen in **Rezeptoren** und werden vom Gehirn als Wahrnehmungen interpretiert.

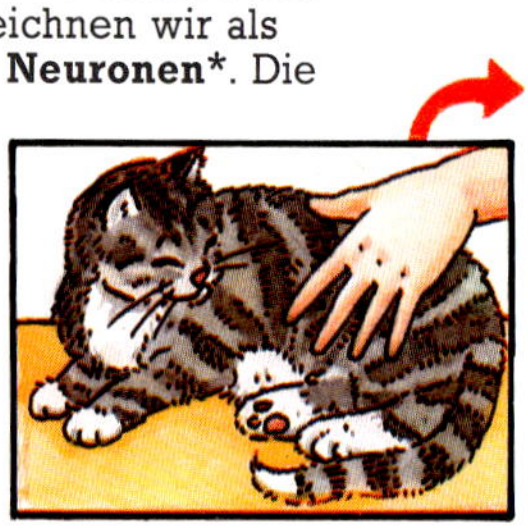

Am Beispiel einer Katze verfolgen wir, welche **Nervenbahnen** die Impulse weiterleiten, wenn das Tier gestreichelt wird: Es sind die Bahnen des **afferenten Nervensystems.** Dabei ist jeweils nur ein Typ von **Neuronen** dargestellt, obwohl in Wirklichkeit stets mehrere beteiligt sind.

* **Bindegewebe,** 52; **Dendriten,** 76; **Meißnersche Körperchen,** 82; **Motorische Neuronen,** 77; **Neuriten, Neuronen,** 76; **Rückenmarksnerven,** 74 **(Rückenmark); Schaltneuronen, sensible Neuronen,** 77; **Zellkörper,** 76.

- **Rezeptoren:** Jene Teile des **afferenten Nervensystems,** die Nervenimpulse abgeben, wenn sie gereizt werden. Die meisten bestehen entweder aus der Endverzweigung eines einzigen langen **Dendriten*** des **sensiblen Neurons** (s. Bild) oder aus einer Gruppe solcher Nervenendigungen. Sie alle sind in Körpergewebe eingebettet, und viele haben typische Strukturen um sich herum (z. B. eine **Geschmacksknospe**, s. **Zunge**). Rezeptoren sind über den ganzen Körper verteilt, sowohl an dessen Oberfläche (in der Haut, den **Sinnesorganen, Skelettmuskeln*** usw.) als auch weiter im Körperinneren (in Verbindung mit inneren Organen, Blutgefäßwänden usw.).

- **Sinnesorgane:** Hochspezialisierte Organe des Körpers, jedes von ihnen mit zahlreichen Rezeptoren. Zu den herkömmlichen Sinnesorganen zählen wir die Nase, die Zunge, die Augen und die Ohren. Mehr über Augen und Ohren s. Seiten 84–87.

- **Nase:** Der Sitz des Geruchssinnes. Jedes Nasenloch mündet in eine **Nasenhöhle,** die mit **Schleimhaut*** ausgekleidet ist. Das obere Dach der Nasenhöhle ist von einer Riechschleimhaut mit **Riechzellen** besetzt. Diese weisen besondere **Riechhärchen** auf; es sind **Dendriten* sensibler Neuronen.** Die **Rezeptoren** nehmen chemische Stoffe wahr und leiten Informationen darüber an das Gehirn weiter. Erst dort entsteht die Geruchsempfindung.

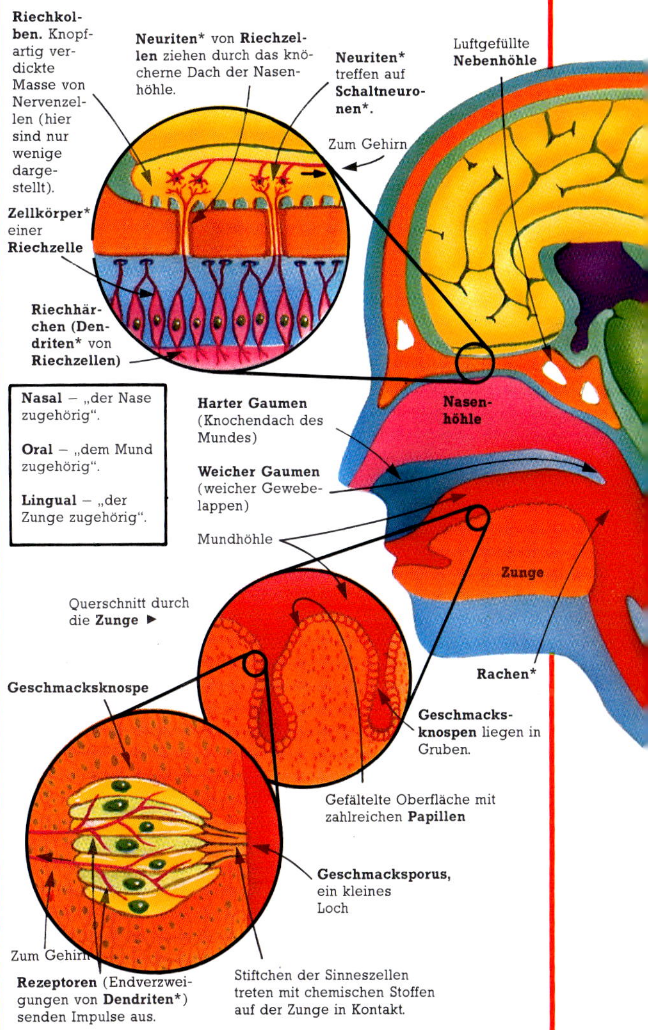

- **Zunge:** Der Hauptsitz des Geschmackssinnes. Die Zunge ist ein muskulöses Organ, das zahlreiche **Geschmacksknospen** trägt. Diese winzigen Körperchen enthalten die **Rezeptoren,** deren Impulse das Gehirn als Geschmacksempfindungen interpretiert.

Unterteilung des afferenten Nervensystems

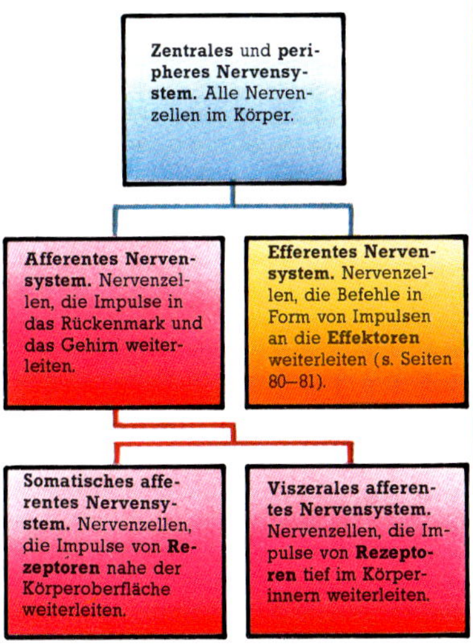

* **Dendriten, Neuriten,** 76; **Rachen,** 66; **Schaltneuronen,** 77; **Schleimhaut,** 67; **Sensible Neuronen,** 77; **Skelettmuskeln,** 55; **Zellkörper,** 76.

Das efferente Nervensystem

Das **efferente Nervensystem** ist das zweite System von Nervenzellen (**Neuronen***) im Körper (s. auch **afferentes Nervensystem,** Seiten 78–79). Die Fasern seiner Nervenzellen leiten Nervenimpulse vom Gehirn weg durch das Rückenmark und verteilen sie über den ganzen Körper. An diesem System sind alle **motorischen (efferenten) Neuronen*** des Körpers beteiligt. Die Impulse, die sie übertragen, regen Oberflächenmuskeln **(Skelettmuskeln*)** oder Drüsen und innere Muskeln (z. B. in den Wänden innerer Organe und der Blutgefäße) zur Tätigkeit an. Alle diese Organe bezeichnen wir insgesamt als **Effektoren** oder **Erfolgsorgane.**

Unterteilung des efferenten Nervensystems

Zentrales und peripheres Nervensystem
Alle Nervenzellen im Körper

Afferentes Nervensystem
Nervenzellen, die Impulse zum Gehirn und zum Rückenmark leiten (s. Seiten 78–79).

Efferentes Nervensystem
Nervenzellen, die Impulse vom Gehirn und Rückenmark weg in den Körper leiten. **Efferent** bedeutet „abführend".

Somatisches efferentes Nervensystem
Nervenzellen, die Impulse zur Körperoberfläche und damit zu den **Skelettmuskeln*** weiterleiten. Sie lösen **willkürliche Handlungen** aus.

Autonomes Nervensystem (viszerales efferentes Nervensystem)
Nervenzellen, die Impulse zu inneren Organen leiten. Sie bewirken **autonome Handlungen.**

Sympathikus
Nervenzellen, deren Impulse den Körper für bestimmte Tätigkeiten vorbereiten, z. B. durch Vergrößerung des Schlagvolumens des Herzens.

Parasympathikus
Nervenzellen, deren Impulse normale Bedingungen im Körper aufrechterhalten oder wiederherstellen, z. B. die Reduktion des Schlagvolumens des Herzens.

Die verschiedenen Handlungstypen

Bei jeder dieser Darstellungen ist nur ein Neuron*-Typ dargestellt. In Wirklichkeit sind mehrere Neuronen beteiligt.

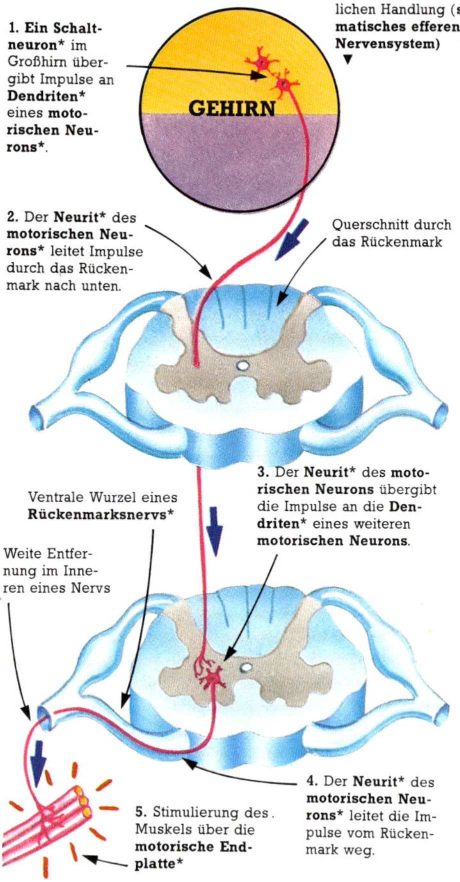

- **Willkürliche Handlungen:** Handlungen, die aus bewußten Entscheidungen des Gehirns hervorgehen, z. B. das Heben einer Tasse. Wir sind uns willkürlicher Handlungen stets bewußt. An ihnen nehmen nur **Skelettmuskeln*** teil. Die Nervenimpulse, die solche Handlungen auslösen, haben ihren Ursprung in höheren Zentren des Gehirns, vor allem im **Großhirn***, und werden von Nervenzellen des **somatischen efferenten Nervensystems** weitergeleitet.

* **Dendriten,** 76; **Großhirn,** 74; **Motorische Endplatte,** 55; **Motorische Neuronen,** 77; **Nervenbahnen,** 78; **Neuriten, Neuronen,** 76; **Rückenmarksnerven,** 74 **(Rückenmark)**; **Schaltneuronen,** 77; **Skelettmuskeln,** 55.

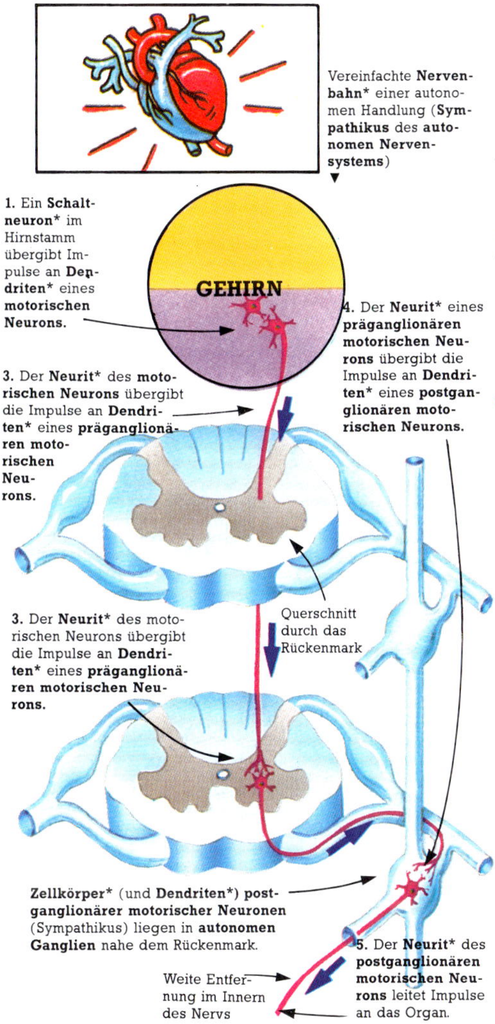

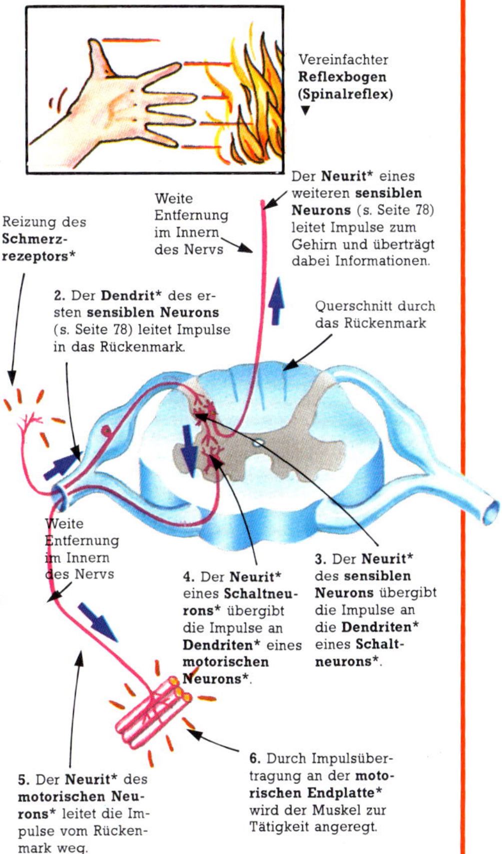

- **Unwillkürliche Handlungen:** Handlungen, über deren Zustandekommen das Großhirn nicht bewußt entscheidet. Man unterscheidet zwei Typen unwillkürlicher Handlungen. Zunächst versteht man darunter die fortdauernden Handlungen innerer Organe, z. B. das Schlagen des Herzens, dessen wir uns im Normalfall nicht bewußt sind. Die Impulse, die solche Handlungen auslösen, nehmen ihren Ursprung im Hirnstamm (**Hypothalamus***) und werden von Nervenzellen des **autonomen Nervensystems** weitergeleitet. Man spricht auch von **autonomen Handlungen.** Die übrigen unwillkürlichen Handlungen sind **Reflexhandlungen.**

- **Reflexhandlungen:** Unwillkürliche Handlungen, derer wir uns jedoch bewußt werden. Der Begriff wird meistens für plötzliche Handlungen von **Skelettmuskeln*** verwendet, z. B. wenn wir einen heißen Gegenstand anfassen und sofort wieder fallen lassen. Die Impulse, die diese Handlung auslösen, werden von Nervenzellen des **somatischen efferenten Nervensystems** weitergeleitet. Die gesamte **Nervenbahn*** ist „kurzgeschlossen" und wird auch als **Reflexbogen** bezeichnet. Im Fall kranialer Reflexe, also von Reflexen des Kopfes, etwa des Niesens, sind daran auch gewisse Teile des Gehirns beteiligt. Bei den übrigen Reflexen des Körpers, die wir auch als **Spinalreflexe** bezeichnen, ist das Gehirn nicht aktiv eingeschaltet, sondern nur das Rückenmark.

* **Dendriten**, 76; **Hypothalamus**, 75; **Motorische Endplatten**, 55; **Motorische Neuronen**, 77; **Nervenbahnen**, 78; **Neuriten**, 76; **Rückenmarksnerven**, 74; **(Rückenmark)**; **Schaltneuronen**, 77; **Schmerzrezeptor**, 83; **Skelettmuskeln**, 55; **Zellkörper**, 76.

Die Haut

Die **Haut** stellt die äußerste Schicht des Körpers dar und ist aus mehreren Gewebeschichten aufgebaut. Die Haut nimmt äußere Reize wahr, schützt uns vor Verletzungen und dem Eindringen von Krankheitserregern, sie verhütet das Austrocknen und hilft bei der Regulierung der Körpertemperatur. Außerdem ist sie durch die Produktion von Schweiß an der Ausscheidung beteiligt, speichert Fett und stellt **Vitamin D*** her. Die Haut enthält auch zahlreiche winzige Sinnesorgane.

Die verschiedenen Schichten

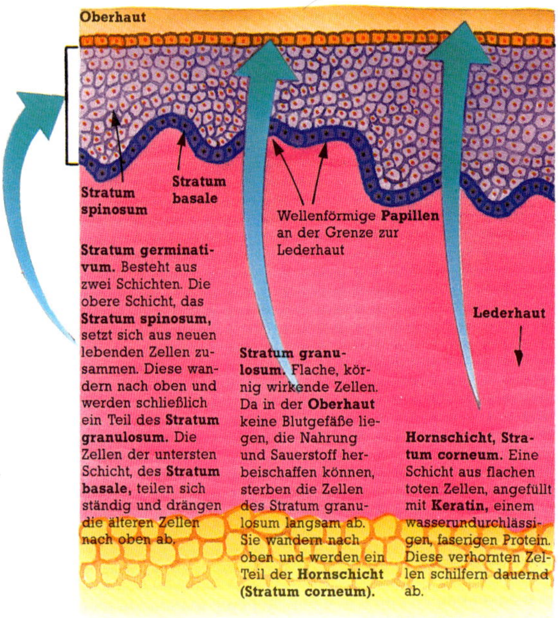

- **Oberhaut** oder **Epidermis:** Die dünne äußere Schicht der Haut. Sie bildet ein **Epithel** – das ist die allgemeine Bezeichnung für ein ein- oder wenigschichtiges Gewebe, das äußere oder innere Oberflächen auskleidet. Die Oberhaut selbst besteht aus mehreren Schichten, s. oben.
- **Lederhaut** oder **Dermis:** Die dicke Schicht von **Bindegewebe*** unter der **Oberhaut.** Sie enthält die meisten Hautstrukturen (s. Einleitung). In der Lederhaut liegen auch viele **Kapillaren*** (winzige Haargefäße), die das Gewebe mit Nährstoffen und Sauerstoff versorgen.
- **Unterhautfettgewebe** oder **Subcutis:** Eine Gewebeschicht unter der **Lederhaut.** Sie dient als Fettspeicher und Isolierschicht. Elastische Fasern ziehen durch das Unterhautfettgewebe und verbinden die Lederhaut mit den darunterliegenden Organen, z. B. Muskeln.

Strukturen in der Haut

- **Meißnersche Körperchen:** Besondere Strukturen um die Endverzweigungen von Nervenfasern. Besonders viele Meißnersche Körperchen finden wir an den Fingerspitzen. Es handelt sich um **Rezeptoren*** für Berührungsreize. Wenn die Haut mit einem Objekt in Kontakt kommt, senden die Meißnerschen Körperchen Impulse an das Gehirn.

- **Talgdrüsen: Exokrine Drüsen***, die in Haarfollikel münden. Sie produzieren eine ölige Flüssigkeit, den **Talg,** der die Haare und die **Oberhaut** wasserundurchlässig macht und sie gleichzeitig geschmeidig erhält.

- **Haarmuskeln:** Winzige Muskeln, von denen jeder an einem **Haarfollikel** ansetzt. Bei Kälte ziehen sie sich zusammen, so daß sich die Haare stärker aufrichten. Diese halten dadurch mehr Luft fest und verbessern die Isolation. Beim Menschen sind die Haarmuskeln für die Gänsehaut verantwortlich.

- **Haarfollikel:** Lange röhrenförmige Bildungen in der Haut, jede mit einem Haar. Die Zellen am Grunde des Follikels teilen sich andauernd, so daß das Haar von unten her nach oben wächst. Ältere Zellen sterben langsam ab und lagern **Keratin** oder Horn ein (s. **Hornschicht, Stratum corneum**).

* **Bindegewebe,** 52; **Exokrine Drüsen,** 69; **Kapillaren,** 61; **Rezeptoren,** 79; **Vitamin D,** 109.

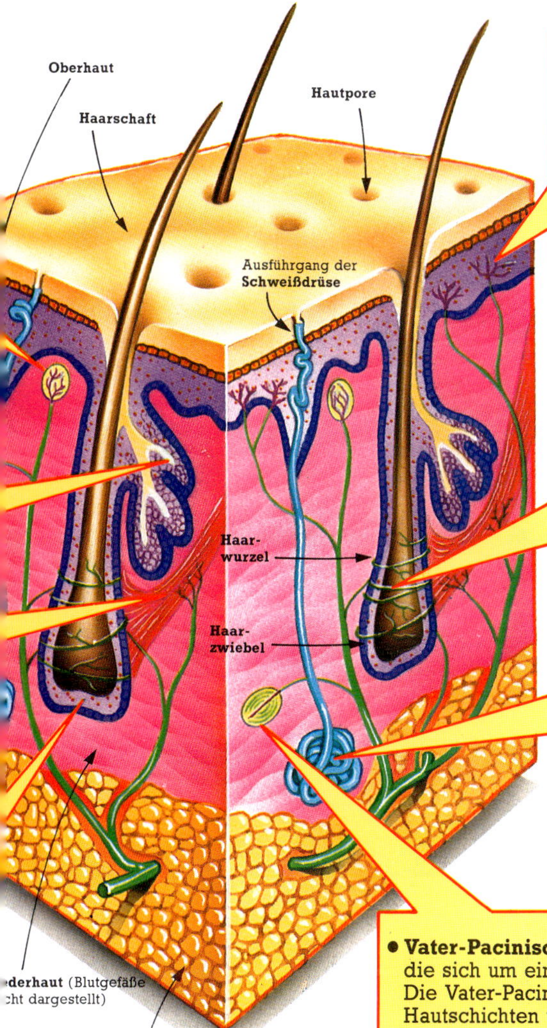

● **Schmerzrezeptoren:** Endverzweigungen von Nervenfasern im Gewebe der meisten inneren Organe und auch der Haut (**Oberhaut** und oberste **Lederhaut**). Es handelt sich um echte **Rezeptoren***, die Impulse aussenden, wenn eine Reizung (z. B. Druck, Hitze, Berührung) über ein bestimmtes Maß hinausreicht. Das Gehirn registriert diese Empfindung dann als Schmerz.

● **Haarplexus:** Besondere Gruppen von Endverzweigungen von Nervenfasern. Jeder Plexus bildet ein Netz um den Haarfollikel und dient als **Rezeptor***, das heißt, er sendet Nervenimpulse an das Gehirn, wenn sich das Haar bewegt.

● **Schweißdrüsen: Exokrine Drüsen***, die Schweiß absondern. Jede Schweißdrüse hat einen langen Gang am Grunde und oben einen geschlängelten Ausführgang, der in der Hautoberfläche mündet. Schweiß besteht aus Wasser, Salzen und **Harnstoff***. Diese Stoffe dringen von umgebenden Zellen und **Kapillaren*** (Blutgefäßen) in die Drüse ein.

● **Vater-Pacinische Körperchen:** Besondere Strukturen, die sich um einzelne Enden von Nervenfasern bilden. Die Vater-Pacinischen Körperchen liegen in tieferen Hautschichten und in den Wänden innerer Organe. Es handelt sich um **Rezeptoren*** für Druck. Erst wenn das Gewebe stark zusammengedrückt wird, senden sie Informationen darüber an das Gehirn.

● **Melanin:** Ein braunes **Pigment***, das Lichtenergie absorbiert und uns gegen ultraviolettes Licht schützt. Melanin tritt in allen **Oberhaut**-Schichten von Menschen auf, die in tropischen Gebieten leben. Es ist für die dunkle Hautfarbe verantwortlich. Hellhäutige Menschen haben nur in den tieferen Schichten der Oberhaut Melanin, produzieren aber welches, wenn sie direktem Sonnenlicht ausgesetzt sind. Dies ist der Vorgang der Bräunung.

* **Exokrine Drüsen,** 69; **Harnstoff,** 78; **Kapillaren,** 61; **Pigment,** 27; **Rezeptoren,** 79.

Die Augen

Die **Augen** sind die Organe des **Gesichtssinns.** Wenn sie von Lichtstrahlen gereizt werden, senden sie Informationen darüber in Form von Nervenimpulsen an das Gehirn. Jedes Auge besteht aus einer hohlen Kapsel (**Augapfel**) und setzt sich aus mehreren Schichten und Strukturen zusammen. Auf der Innenseite ist es von der knöchernen **Augenhöhle,** nach außen von den Augenlidern und Wimpern geschützt.

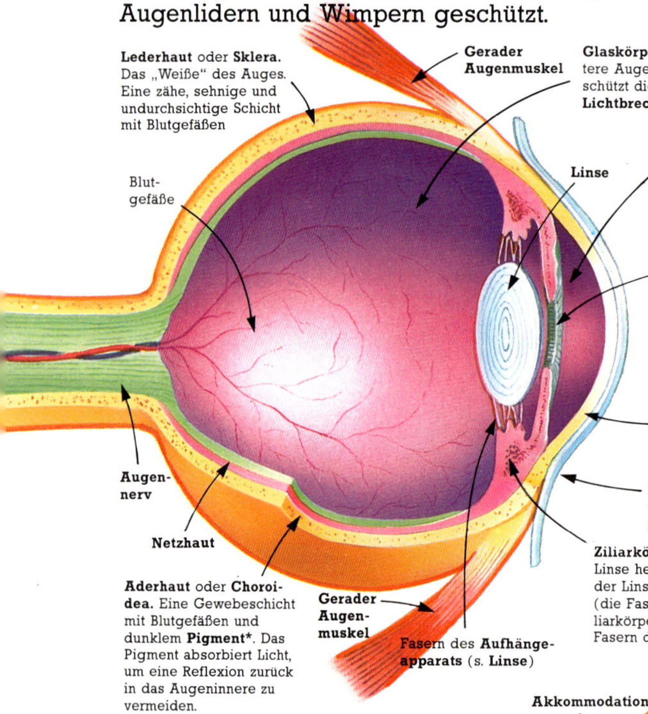

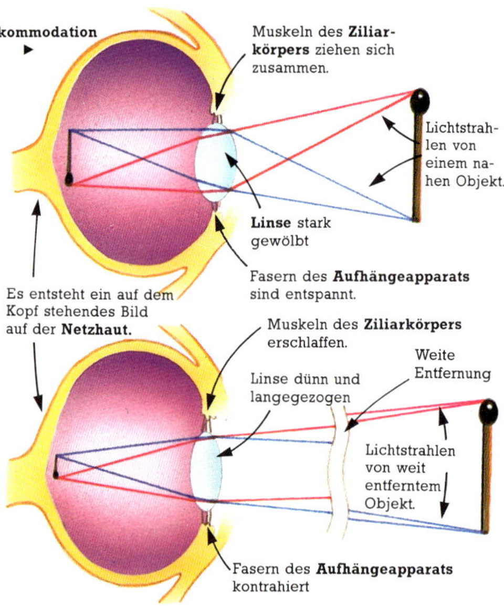

- **Linse** oder **Augenlinse:** Ein durchsichtiger Körper, der wie in optischen Geräten die Aufgabe hat, hindurchtretende Lichtstrahlen so zu **brechen,** daß sie auf der Netzhaut oder **Retina** ein scharfes Bild ergeben. Die Augenlinse besteht aus vielen dünnen Gewebeschichten und wird von den Fasern des **Aufhängeapparats** an Ort und Stelle gehalten. Diese Fasern verbinden die Linse mit dem **Ziliarkörper.** Er kann die Form der Linse so verändern, daß stets ein scharfes Bild auf der Netzhaut entsteht, egal, wie weit der betrachtete Gegenstand vom Auge entfernt ist. Diese Fähigkeit zur Scharfeinstellung bezeichnen wir als **Akkommodation.** Die Lichtstrahlen ergeben auf der Netzhaut ein auf dem Kopf stehendes Bild. Das Gehirn korrigiert diesen Eindruck und dreht das Bild um.

* **Glatte Muskulatur,** 55; **Schleimhaut,** 67.

Die innere Nervenschicht

• **Netzhaut** oder **Retina:** Die innerste der Augenhäute. Die Netzhaut besteht aus einer **Pigment***-Schicht und einer Schicht mit Millionen sensibler Nervenzellen (**sensible Neuronen***) mit ihren Endverzweigungen. Sie liegen parallel nebeneinander und leiten Nervenimpulse an das Gehirn weiter. Die lichtempfindlichen **Rezeptoren* (Photorezeptoren)** setzen sich aus den farbtüchtigen **Zapfen** und den schwarzweißempfindlichen **Stäbchen** zusammen. Beide liegen abgewandt vom Licht nahe der Aderhaut. Wenn die Stäbchen und Zapfen von Licht gereizt werden, entstehen in den Nervenzellen die Impulse.

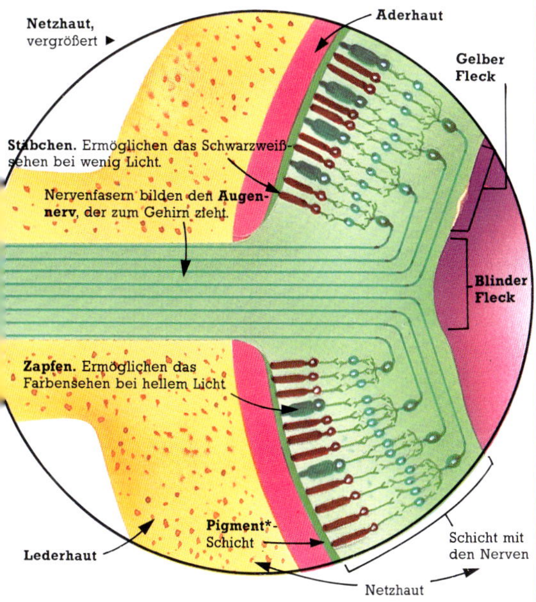

• **Gelber Fleck** oder **Macula lutea.** Ein gelblich gefärbtes Gebiet inmitten der **Netzhaut.** Der gelbe Fleck ist leicht eingedellt und bildet die **Fovea centralis.** Dort stehen nur Zapfen (s. Netzhaut), und es handelt sich um die Stelle des schärfsten Sehens. Wenn wir einen bestimmten Gegenstand ins Auge fassen, werden dessen Lichtstrahlen im gelben Fleck gesammelt.

• **Blinder Fleck:** Jene Stelle in der **Netzhaut,** wo der **Augennerv** das Auge verläßt. Dort liegen keine lichtempfindlichen **Rezeptoren** (s. **Netzhaut**), und eine Sehempfindung ist daher nicht möglich.

Strukturen um den Augapfel herum

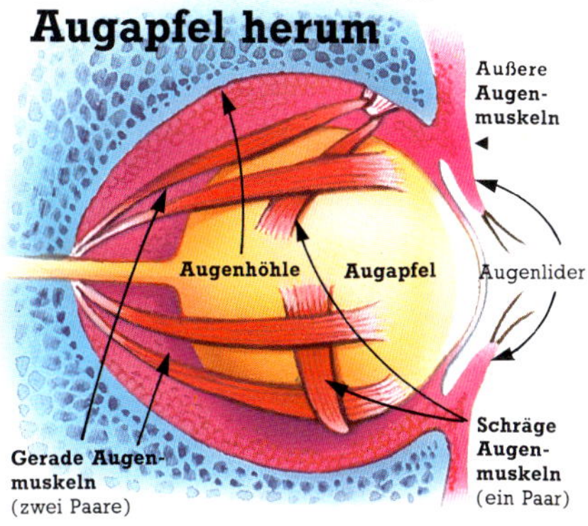

• **Äußere Augenmuskeln:** Die drei Muskelpaare, die den Augapfel mit der **Augenhöhle** verbinden. Wenn sie sich im Zusammenspiel kontrahieren und erschlaffen, drehen sie das Auge in verschiedene Richtungen.

• **Tränendrüsen:** Zwei **exokrine Drüsen***, je eine am oberen Dach der Augenhöhle gelegen. Tränendrüsen geben über zahlreiche Ausführgänge eine wäßrige Flüssigkeit unter die Augenlider ab. Die Tränenflüssigkeit enthält Salze und ein antibakteriell wirkendes **Enzym***. Es wäscht die Oberfläche der Augen, hält sie feucht und sauber. Für die Drainage sorgen bei jedem Auge zwei **Tränenröhrchen** im Innenwinkel des Auges. Beide vereinigen sich zum **Tränen-Nasen-Gang**, der sich schließlich in die **Nasenhöhle*** entleert.

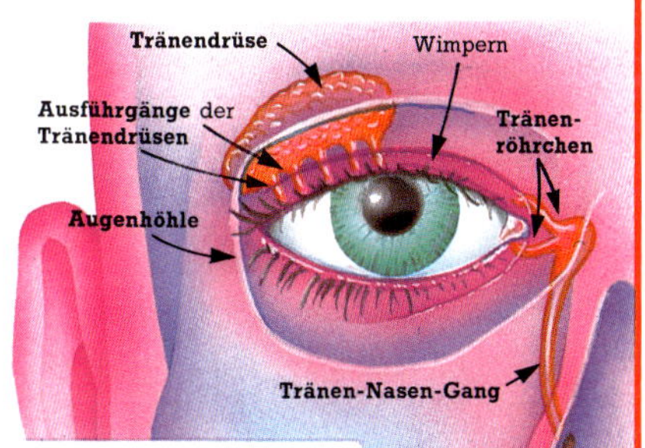

Optisch – bedeutet „dem Sehen zugeordnet".

Okulo – bedeutet „dem Auge zugeordnet".

* **Enzyme,** 103; **Exokrine Drüsen,** 69; **Nasenhöhle,** 79 **(Nase)**; **Pigment,** 27; **Rezeptoren,** 79; **Sensible Neuronen,** 77.

Das Ohr

Das Ohr beherbergt unser Hör- und Gleichgewichtsorgan. Man unterscheidet dabei drei Gebiete: das **äußere Ohr,** das **Mittelohr** und das **Innenohr.**

- **Äußeres Ohr:** Das äußere Ohr besteht aus der **Ohrmuschel** mit **Knorpel***-Skelett und dem kurzen **Gehörgang.** In der Gewebeschicht, die den Gehörgang auskleidet, befinden sich besonders umgestaltete **Talgdrüsen***, die das **Ohrenschmalz** produzieren.

- **Mittelohr:** Eine luftgefüllte Höhlung **(Paukenhöhle)** im Knochen. Das Mittelohr enthält die drei **Gehörknöchelchen,** nämlich **Hammer** (Malleus), **Amboß** (Incus) und **Steigbügel** (Stapes).

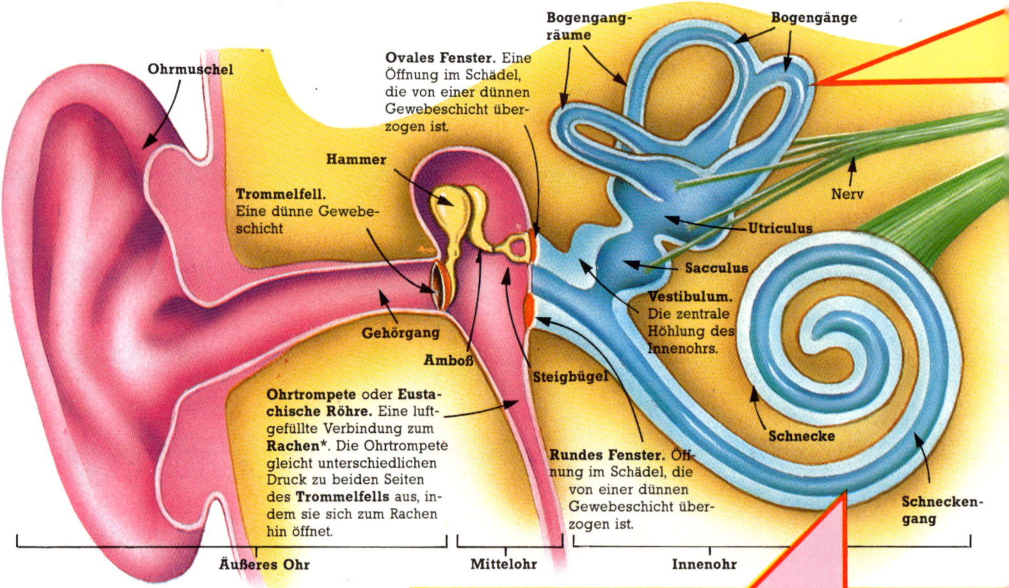

- **Innenohr:** Das Innenohr besteht aus einer Reihe von untereinander verbundenen Hohlräumen, Röhren und Säcken im Schädel. Es liegt im Felsenbein eingebettet. Die Hohlräume (**Schnecke, Vestibulum** und **Bogengangräume**) heißen zusammen **knöchernes Labyrinth** und sind mit **Perilymphe** gefüllt. Die Gänge und Säckchen hingegen, die in den Hohlräumen liegen, enthalten eine andere Flüssigkeit, die **Endolymphe,** und werden zusammen als **häutiges Labyrinth** bezeichnet. Dazu gehören der **Schneckengang,** der **Sacculus,** der **Utriculus** und die **Bogengänge.**

Das Innenohr und das Hören

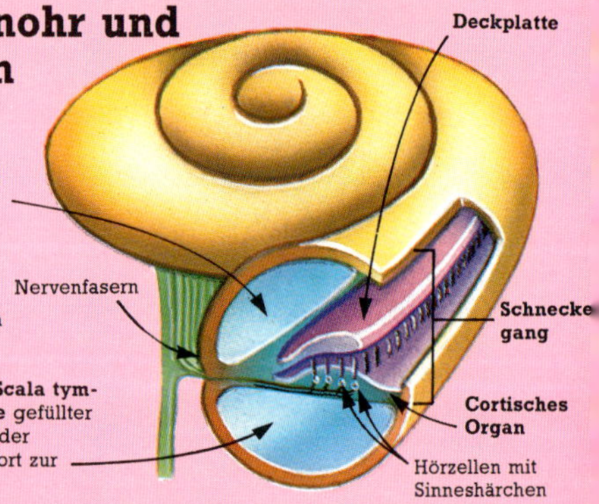

- **Schnecke** oder **Cochlea:** Eine spiralig aufgerollte Röhre, Teil des Innenohrs. Sie enthält **Perilymphe** (s. **Innenohr**) in zwei Kanälen, die untereinander in Verbindung stehen; außerdem einen dritten Kanal, den **Schneckengang.**

* **Knorpel,** 52; **Rachen,** 66; **Talgdrüsen,** 82.

Das Innenohr und das Gleichgewichtsorgan

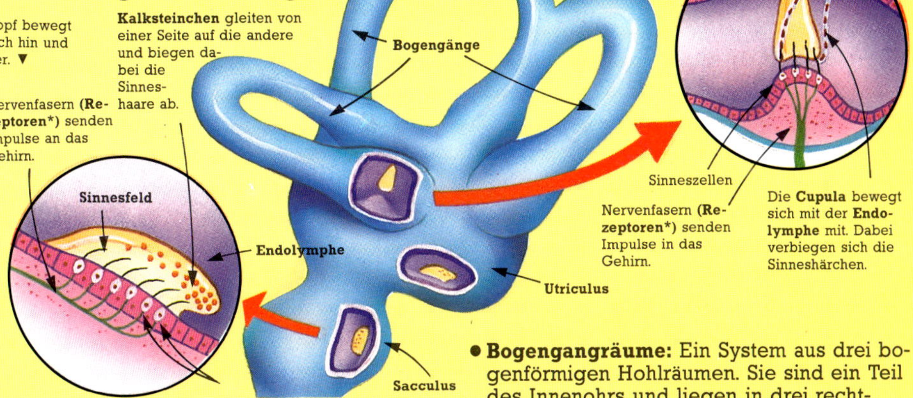

- **Bogengangräume:** Ein System aus drei bogenförmigen Hohlräumen. Sie sind ein Teil des Innenohrs und liegen in drei rechtwinklig aufeinander stehenden Ebenen.

- **Sacculus** und **Utriculus:** Bezeichnung für zwei Säckchen, die zwischen den Bogengängen und dem Schneckengang liegen. Sie enthalten **Endolymphe** (s. **Innenohr**) und sind an bestimmten Feldern mit besonderen Sinneszellen ausgekleidet. Diese Sinneszellen haben Nervenfortsätze (**Dendriten***) und gleichzeitig Sinneshärchen, die in einer gallertigen Masse liegen, dem **Sinnesfeld** oder der **Macula.** Die oberste Schicht enthält **Kalksteinchen (Otolithen, Statokonien)**, die bei jeder Bewegung des Kopfes die Sinneshärchen reizen. Informationen darüber gelangen über die Nervenfasern ins Gehirn. Auf diese Weise können wir **Beschleunigungen** wahrnehmen.

- **Bogengänge:** Ein System aus drei bogenförmigen, dünnen Röhren im Innern der **Bogengangräume.** Jeder Bogengang enthält **Endolymphe** (s. **Innenohr**) und hat eine Erweiterung an der Basis, die **Ampulle.** Darin befinden sich Sinneskörper, die **Cupulae** (Einzahl **Cupula**), die ganz ähnlich wie die **Sinnesfelder** oder **Maculae** (s. **Sacculus** und **Utriculus**) funktionieren. Jede Ampulle enthält eine gallertige Masse (aber ohne **Kalksteinchen**) sowie Sinneszellen mit haarähnlichen Fortsätzen. Wenn die Cupula vom Strom der Endolymphe abgebogen wird, senden die Nervenzellen Informationen darüber an das Gehirn.

- **Schneckengang:** Ein spiraliger Gang in der **Schnecke** oder **Cochlea**. Der Schneckengang ist mit dem **Sacculus** verbunden. Er enthält **Endolymphe** (s. **Innenohr**) und eine längliche Struktur, das **Cortische Organ**. Dieses enthält Hörzellen mit Sinneshärchen, die in die Endolymphe hineinragen und eine plattenartige Gewebeschicht berühren, die **Deckplatte (Membrana tectoria)**. Die Hörzellen sind mit Nervenfasern (**Dendriten***) verbunden.

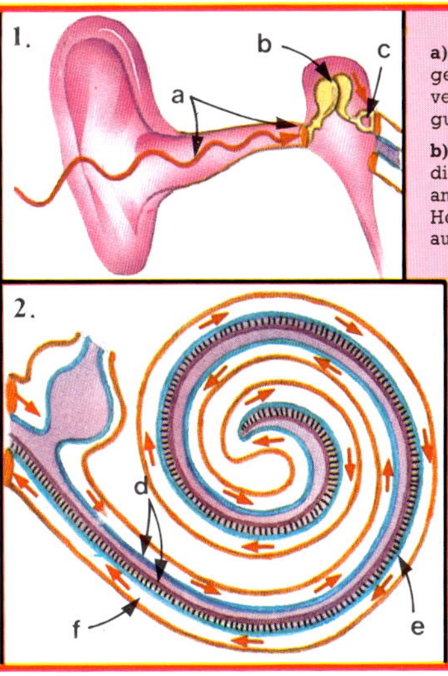

a) Schallwellen (Luftschwingungen) gelangen durch den **Gehörgang** und versetzen das **Trommelfell** in Schwingungen.

b) Die **Gehörknöchelchen** nehmen diese Schwingungen auf und leiten sie an das **ovale Fenster** weiter (durch die Hebelwirkung erfolgt eine Verstärkung auf das Zwanzigfache).

c) Die Schwingungen des **ovalen Fensters** verursachen Schwingungen in der **Perilymphe** des **Vestibulums.**

d) Die Schwingungen der **Perilymphe** in der **Scala vestibuli** übertragen sich auf die **Endolymphe** des **Schneckenganges.**

e) Die Härchen der Hörzellen bewegen sich. **Rezeptoren*** nehmen dies wahr und senden Impulse an das Gehirn. Dieses interpretiert die eintreffenden Nervenimpulse als Hörempfindungen.

f) Die Schallwellen schwächen sich langsam ab.

* **Dendriten,** 76; **Rezeptoren,** 79.

Das Fortpflanzungssystem

Bei der **Fortpflanzung** entsteht neues Leben. Die Menschen vermehren sich durch **geschlechtliche Fortpflanzung***. Die Organe des **Fortpflanzungssystems** heißen auch **Geschlechtsorgane** oder **Genitalorgane**. Das Fortpflanzungssystem setzt sich zusammen aus den primären Organen, den **Keimdrüsen** oder **Gonaden** (zwei **Eierstöcke** bei der Frau, zwei **Hoden** beim Mann) sowie einigen zusätzlichen Organen. Beim Mann wie bei der Frau funktionieren gewisse Zellen in den Gonaden auch als **endokrine Drüsen***, weil sie wichtige **Hormone*** produzieren.

Das männliche Fortpflanzungssystem

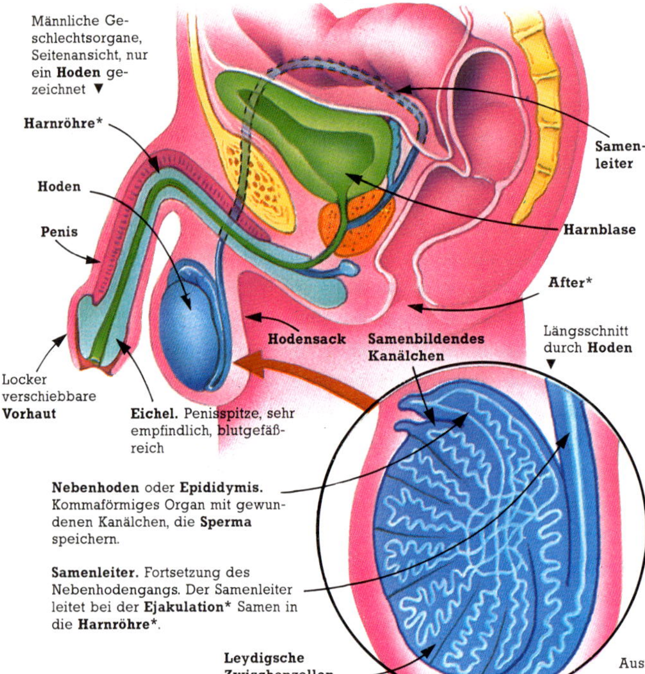

- **Hoden** oder **Testes:** Bezeichnung für die männlichen **Keimdrüsen** oder **Gonaden** (s. Einführung). Sie enthalten gewundene **samenbildende Kanälchen,** in deren Innern nach der Pubertät die männlichen **Gameten*** oder Geschlechtszellen (Samenzellen, Spermien, Samenflüssigkeit = Sperma, s. Seite 91) entstehen. Wie diese Samenzellen genau gebildet werden, steht auf Seiten 94–95. Die Hoden liegen in einem **Hodensack** (**Scrotum**), der nach außen verlagert ist. Der dadurch bedingte Temperaturunterschied im Vergleich zum restlichen Körper ist wichtig für die Bildung der Samenzellen. Die Hoden produzieren nach der Pubertät auch **Hormone*** (**Androgene**, s. Seiten 106–107).

- **Penis:** Jenes Organ, mit dem Sperma (s. **Hoden**) während des **Geschlechtsverkehrs*** (über die **Harnröhre***) nach außen gestoßen wird. Der Penis besteht zur Hauptsache aus schwammartigen Schwellkörpern mit vielen blutgefüllten Räumen, Blutgefäßen, der Harnröhre und Endverzweigungen von Nervenfasern (**Rezeptoren***). Bei geschlechtlicher Erregung füllen sich die Räume in den Schwellkörpern mit Blut, und die Blutgefäße erweitern sich. Dabei wird der Penis steif und richtet sich auf.

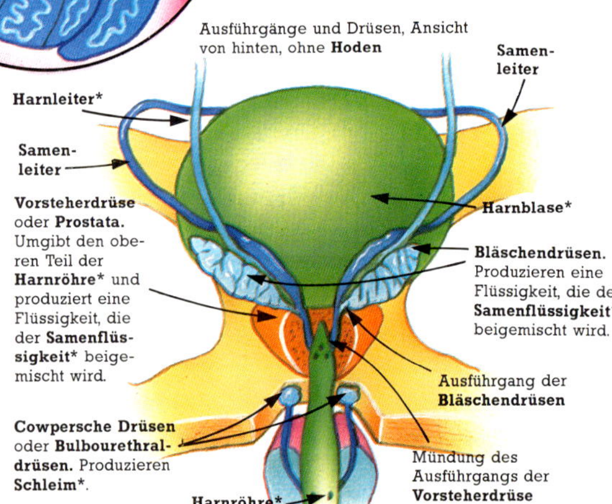

* **After,** 67 (**Dickdarm**); **Ejakulation,** 91 (**Geschlechtsverkehr**); **Endokrine Drüsen,** 69; **Gameten,** 93; **Geschlechtliche Fortpflanzung,** 92; **Harnblase, Harnleiter,** 72; **Harnröhre,** 73; **Hormone,** 106; **Pubertät,** 90; **Rezeptoren,** 79; **Samenflüssigkeit,** 91 (**Geschlechtsverkehr**); **Schleim,** 67 (**Schleimhaut**).

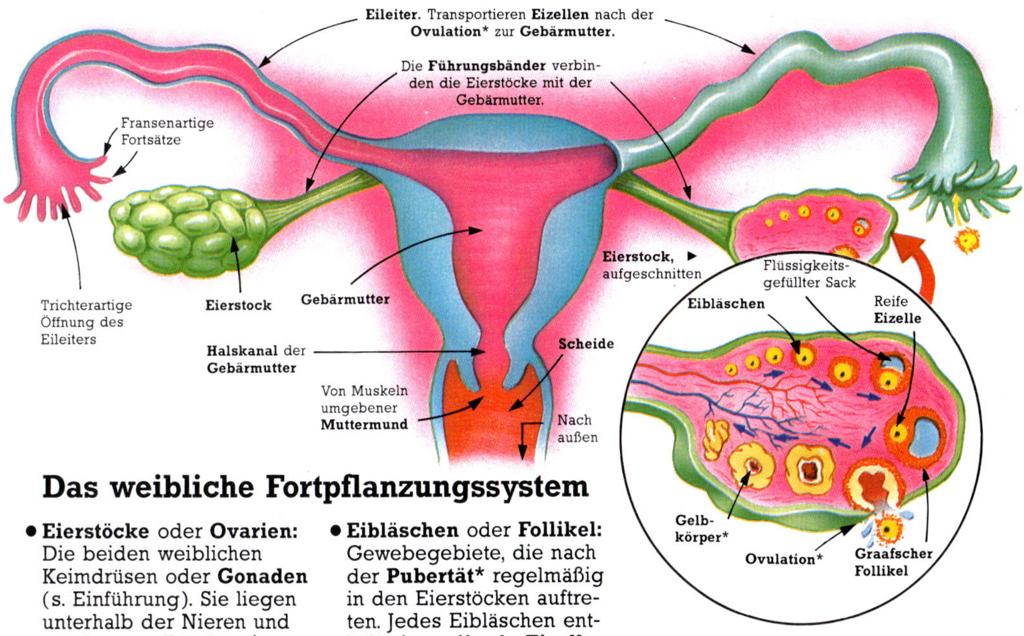

Das weibliche Fortpflanzungssystem

- **Eierstöcke** oder **Ovarien:** Die beiden weiblichen Keimdrüsen oder **Gonaden** (s. Einführung). Sie liegen unterhalb der Nieren und werden von **Bändern*** gehalten. Diese befestigen sie an den Wänden des Beckens. Die weiblichen **Gameten*** (Geschlechtszellen) heißen **Eizellen.** Sie werden nach der **Pubertät*** regelmäßig in den Eierstöcken in sogenannten **Eibläschen** (**Follikeln**) gebildet. Mehr darüber s. Seiten 94–95.

- **Eibläschen** oder **Follikel:** Gewebegebiete, die nach der **Pubertät*** regelmäßig in den Eierstöcken auftreten. Jedes Eibläschen enthält eine reifende **Eizelle** (s. **Eierstöcke**). Die Follikel werden nach und nach größer und beginnen, **Hormone*** (s. **Östrogen,** Seite 106) zu produzieren. Bei jeder Periode der Eireifung entsteht jeweils nur ein völlig reifer **Graafscher Follikel.**

- **Gebärmutter** oder **Uterus:** Ein Hohlorgan, in dem sich das Baby (**Fetus***) entwickelt oder aus dem das unbefruchtete **Ei** (s. **Eierstock**) abgegeben wird (s. **Menstruationszyklus,** Seite 90). Die Gebärmutter ist mit **Schleimhaut* (Endometrium)** ausgekleidet und besteht aus einer Muskelschicht mit vielen Blutgefäßen.

- **Scheide** oder **Vagina:** Ein muskulöser Kanal, der die **Gebärmutter** mit der Außenwelt verbindet. Die Scheide führt während des **Menstruationszyklus*** das **Ei** (s. **Eierstöcke**) nach außen ab, nimmt während des **Geschlechtsverkehrs*** den **Penis** auf und bildet auch den Geburtskanal. Die Scheide ist mit Schleimhaut ausgekleidet, die eine Flüssigkeit mit Gleitwirkung produziert.

- **Vulva:** Zusammenfassende medizinische Bezeichnung für die äußeren weiblichen Geschlechtsorgane – die **Schamlippen** und die **Klitoris (Kitzler)**. Die Schamlippen sind Hautfalten, welche die Öffnung der **Scheide** und der **Harnröhre*** umgeben. Die **Klitoris** stellt den empfindlichsten Teil der Geschlechtsorgane dar. Sie enthält wie der **Penis Schwellkörper** und zahlreiche **Rezeptoren***.

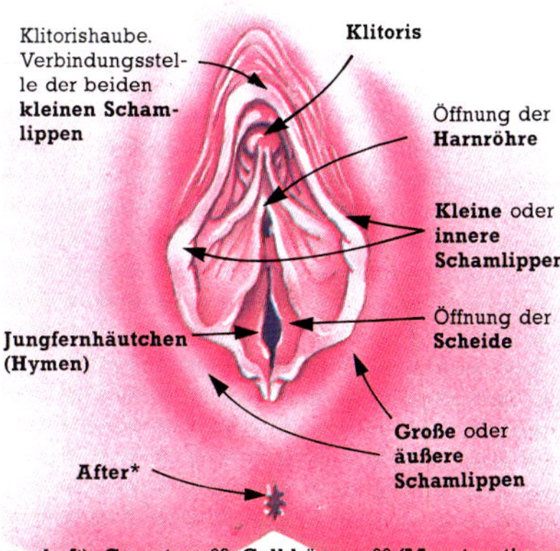

* **After,** 67 **(Dickdarm); Bänder,** 52; **Fetus,** 91 **(Schwangerschaft); Gameten,** 93; **Gelbkörper,** 90 **(Menstruationszyklus); Geschlechtsverkehr,** 91; **Harnröhre,** 73; **Hormone,** 106; **Ovulation,** 90 **(Menstruationszyklus); Pubertät,** 90; **Rezeptoren,** 79; **Schleimhaut,** 67.

Entwicklung und Fortpflanzung

Die Menschen vermehren sich durch **geschlechtliche Fortpflanzung***. Die wichtigsten Vorgänge dabei sind auf diesen beiden Seiten beschrieben, angefangen von der körperlichen Reifung, wodurch eine Fortpflanzung erst ermöglicht wird.

- **Pubertät:** Der Zeitpunkt der Reifung der Geschlechtsorgane. Nach der Pubertät ist der Mensch fortpflanzungsfähig. Die Pubertät liegt bei den Mädchen ungefähr zwischen dem elften und dem fünfzehnten, bei Jungen zwischen dem dreizehnten und dem fünfzehnten Lebensjahr. Sie bringt eine Reihe typischer Veränderungen mit sich, die alle durch **Hormone*** (s. **Östrogen** und **Androgene,** Seiten 106 und 107) hervorgerufen werden. Bei der Pubertät bilden sich die **sekundären Geschlechtsmerkmale** aus. Die **primären Geschlechtsmerkmale** hingegen sind von Geburt an vorhanden (s. Seiten 88–89).

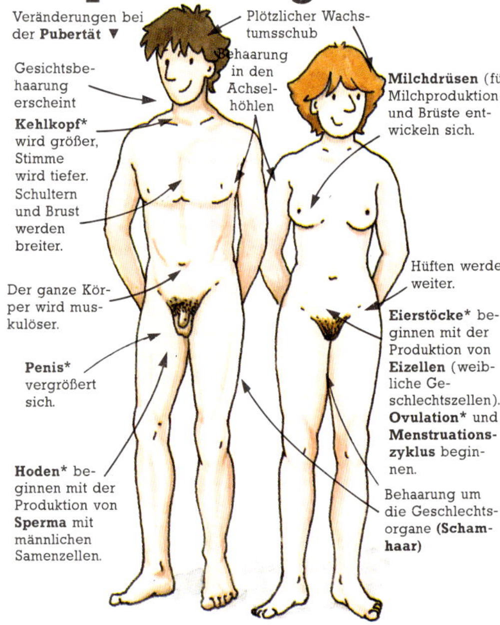

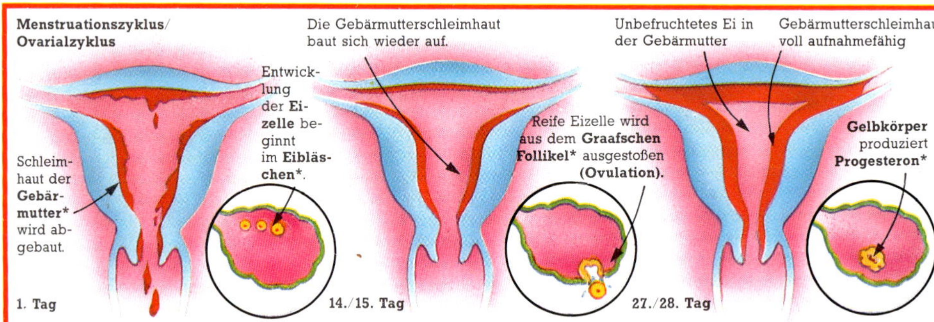

- **Menstruationszyklus:** Die Gesamtheit der Vorgänge, welche die Schleimhaut der **Gebärmutter*** (das **Endometrium**) befähigen, ein befruchtetes Ei aufzunehmen. Die Gebärmutterschleimhaut entwickelt nach und nach eine blutgefäßreiche innere Schicht. Bleibt die **Befruchtung** aus, so wird diese Schicht abgebaut und verläßt den Körper über die **Scheide***. Diese Blutung bezeichnen wir als **Menstruation.** Jeder Menstruationszyklus dauert ungefähr 28 Tage. Von der Pubertät an folgen sich die Zyklen ununterbrochen bis zur **Menopause** (üblicherweise zwischen dem 45. und 50. Lebensjahr). Dann wird die Eiproduktion eingestellt. Der Menstruationszyklus ist mit dem **Ovarialzyklus** gekoppelt. Darunter versteht man die periodische Reifung einer Eizelle in einem **Eibläschen*** oder Follikel. Am Ende erfolgt die Ovulation oder der Eisprung, wobei eine Eizelle frei wird und in den **Eileiter** aufgenommen wird. Gleichzeitig erfolgt der Abbau des **Gelbkörpers.** Dieser besteht aus dem **Graafschen Follikel,** der die Eizelle freigegeben hat. Der Gelbkörper bildet sich bei einer Schwangerschaft nicht zurück. Der Menstruations- wie der Ovarialzyklus werden von **Hormonen*** kontrolliert (s. Seiten 106–107).

* **Eierstöcke, Eileiter**, 89; **Gebärmutter**, 89; **Geschlechtliche Fortpflanzung**, 92; **Graafscher Follikel**, 89 (**Eibläschen**); **Hoden**, 88; **Hormone**, 106; **Kehlkopf**, 70; **Penis**, 88; **Progesteron**, 106; **Scheide**, 89.

- **Geschlechtsverkehr** oder **Koitus:** Die Einführung des **Penis*** in die weibliche **Scheide***. Daran schließen sich rhythmische Bewegungen des Beckens an. Der Höhepunkt des Geschlechtsverkehrs ist beim Mann die **Ejakulation;** dabei gibt er **Samenflüssigkeit** (Sperma) aus der Mündung der **Harnröhre*** an der Penisspitze in die Scheide ab. Die Samenflüssigkeit besteht aus einem Flüssigkeitsgemisch und männlichen **Samenzellen** (**Geschlechtszellen**).

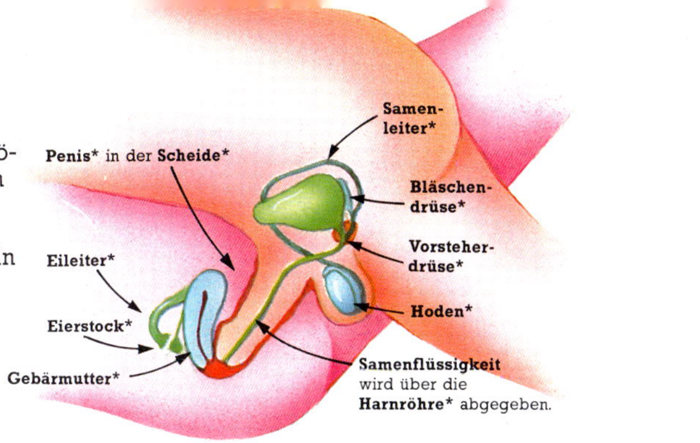

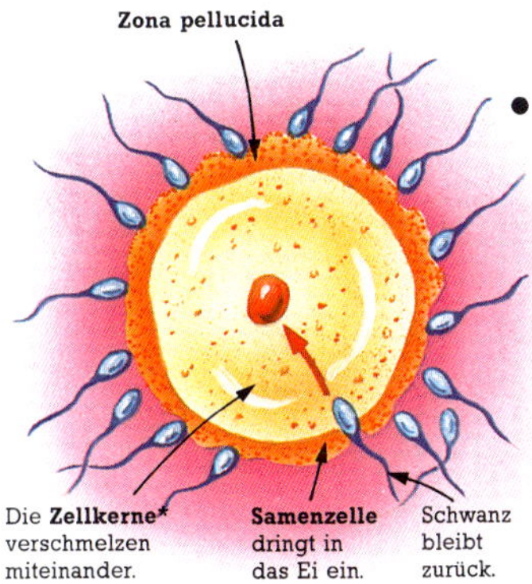

- **Befruchtung:** Zu einer Befruchtung kann es nach dem **Geschlechtsverkehr** kommen. Dabei treffen männliche Geschlechtszellen oder **Samenzellen** im **Eileiter*** auf eine weibliche **Eizelle.** Eine einzige **Samenzelle** dringt in die Umhüllung der Eizelle (**Zona pellucida**) ein. Ihr **Zellkern*** verschmilzt mit dem Zellkern der Eizelle. Dabei entsteht eine **Zygote*** und damit die erste Zelle des neuen Menschen. Die befruchtete Eizelle wandert zur **Gebärmutter*** und macht unterwegs schon viele Zellteilungen (**Furchung***) durch. Das Zellklümpchen, das daraus hervorgeht, nistet sich dann in die Wand der Gebärmutter ein (**Implantation**) und heißt dann **Embryo***.

Schwangerschaft

- **Schwangerschaft:** Dabei trägt die Frau ein heranwachsendes Kind in sich. Die Schwangerschaftsdauer, also die Zeit zwischen der **Befruchtung** und der **Geburt**, liegt beim Menschen um neun Monate. Den Keim, der in der Gebärmutter heranwächst, bezeichnen wir bis zum dritten Lebensmonat als **Embryo***, danach bis zur Geburt als **Fetus.** Am Ende der Schwangerschaft treiben die Wände der Gebärmutter das junge Kind durch rhythmische Kontraktionen (**Wehen**) aus. Diesen Vorgang nennen wir Geburt.

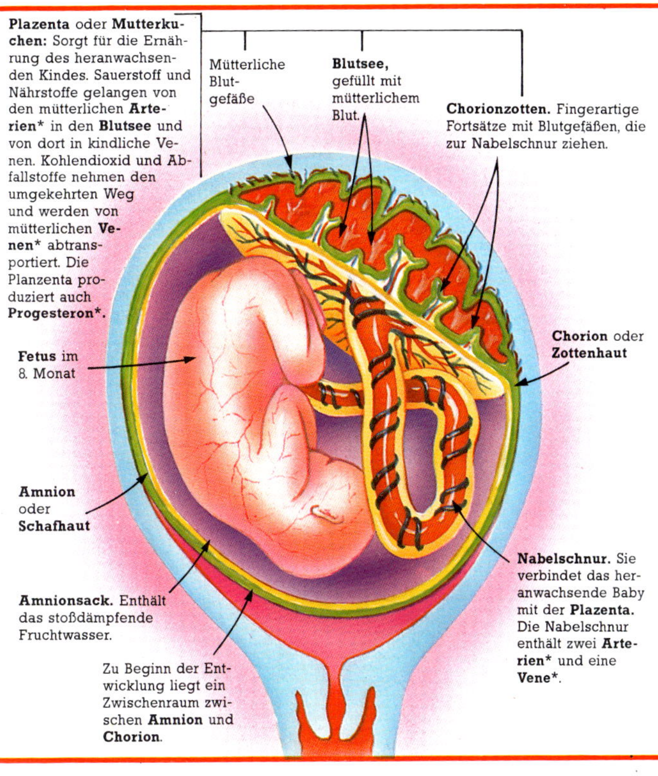

* **Arterien**, 60; **Bläschendrüse**, 88; **Eierstöcke, Eileiter**, 89; **Furchung**, 93 (**Embryo**); **Gebärmutter**, 89; **Harnröhre**, 73; **Hoden, Penis**, 88; **Progesteron**, 106; **Scheide**, 89; **Vene**, 60; **Vorsteherdrüse**, 88; **Zellkern**, 10; **Zygote**, 93.

Arten der Fortpflanzung

Bei der Fortpflanzung entsteht neues Leben. Sie ist ein Kennzeichen aller Lebewesen. Man unterscheidet vor allem **ungeschlechtliche** und **geschlechtliche Fortpflanzung**. Beim **Generationswechsel** wechseln sich diese beiden Arten der Fortpflanzung ab.

Ungeschlechtliche Fortpflanzung

- Die **ungeschlechtliche Fortpflanzung** ist die einfachste Art der Vermehrung. Sie tritt bei vielen niederen Pflanzen und Tieren auf. Man unterscheidet auch hier wieder eine Reihe verschiedener Formen, zum Beispiel **Zellteilung*, vegetative Vermehrung*, Knospung** und **Sporenbildung**. Sie alle haben aber zwei Merkmale gemeinsam: Es ist dazu nur ein Mutterindividuum notwendig, und die Nachkommen sind stets genetisch identisch mit der Ausgangsform.

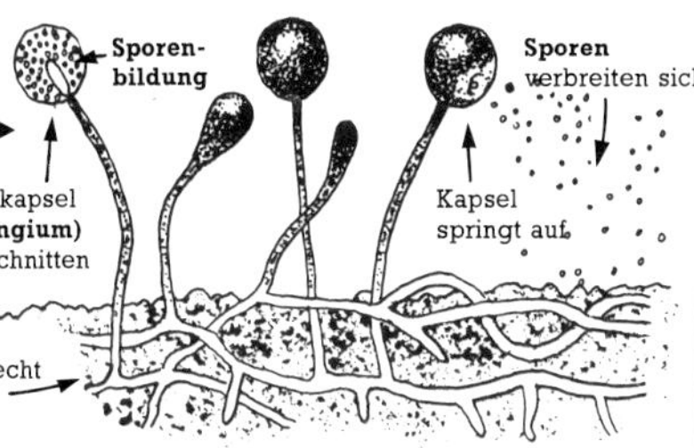

- **Sporenbildung:** Einfache niedere Pflanzen wie Pilze und Moose bringen sogenannte **Sporen** hervor. Diese werden von Wind oder Wasser verbreitet und entwickeln sich zu neuen Pflänzchen. Es gibt zwei Arten von Sporen, und obwohl zur Reproduktion nur immer eine Mutterpflanze notwendig ist, handelt es sich nur in einem einzigen Fall um eine wirklich **ungeschlechtliche Fortpflanzung**. Diese Sporen werden, etwa von einfachen Pilzen, durch gewöhnliche Zellteilung (s. Seiten 12–13) produziert und entwickeln sich zu neuen Pflanzen, die mit der Mutterpflanze genetisch identisch sind (ein wichtiges Kennzeichen der ungeschlechtlichen Fortpflanzung). Der zweite Sporentyp hingegen entsteht durch eine besondere Art der Zellteilung (s. Seiten 94–95), die ein Kennzeichen für die **geschlechtliche Fortpflanzung** darstellt. Solche Sporen bilden z. B. die Moose und die Farne. Die neuen Pflänzchen sind hier genetisch auch nicht mit den Mutterpflanzen identisch (s. **Generationswechsel**).

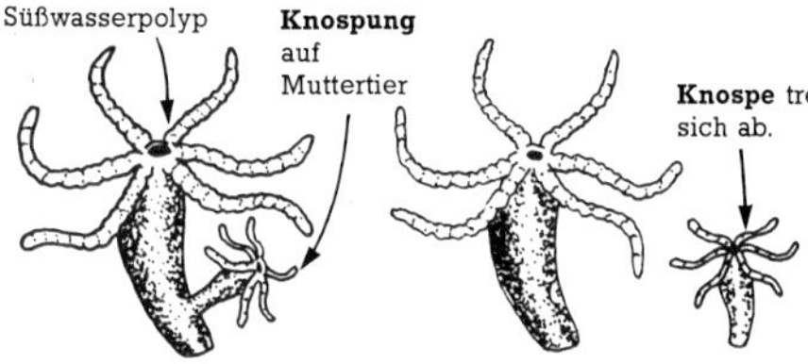

- **Knospung:** Eine Art der **ungeschlechtlichen Fortpflanzung** bei vielen Pflanzen und Tieren, z. B. beim Süßwasserpolypen **Hydra** und bei vielen Korallentieren. Bei der Knospung wächst eine Zellgruppe des Muttertiers zu einem neuen Individuum heran. Dieses löst sich dann vom Muttertier oder bleibt zeitlebens mit ihm zusammen, wie es bei **koloniebildenden Tieren***, etwa den Korallen, der Fall ist.

Geschlechtliche Fortpflanzung

- **Geschlechtliche Fortpflanzung:** Ein Typ der Fortpflanzung, der bei nahezu allen Blütenpflanzen und bei den meisten Tieren auftritt. Ein wesentliches Merkmal dabei ist die **Verschmelzung** zweier **Gameten** (**Geschlechtszellen**), einer männlichen und einer weiblichen. Diesen Vorgang nennen wir **Befruchtung**. Mehr darüber steht auf den Seiten 30 (Blütenpflanzen), 91 (Menschen und ihm ähnliche Lebewesen) und Seite 48 (übrige Tiere). Beide Gameten verfügen nur über die halbe Ausstattung an **Chromosomen** im Vergleich zur Ausgangsform. In diesem Zusammenhang spricht man von **haploider*** Chromosomenzahl. Die haploide Ausstattung wird durch eine besondere Form der Zellteilung (s. Seiten 94–95) erreicht. Sie sorgt dafür, daß das neue Individuum, das aus der Verschmelzung zweier Gameten hervorgeht, die richtige, ursprüngliche Chromosomenzahl aufweist, die wir als **diploid*** bezeichnen.

* **Chromosomen,** 96; **Diploid,** 12 **(Mitose); Haploid,** 94 **(Meiose); Koloniebildende Tiere,** 114; **Vegetative Vermehrung,** 34; **Zellteilung,** 12.

• **Generationswechsel:** Ein Generationswechsel tritt bei vielen einfachen Pflanzen und Tieren auf, z. B. bei Quallen und Moosen. Bei den Tieren wechseln sich geschlechtlich fortpflanzende Formen mit sich ungeschlechtlich fortpflanzenden Formen ab. Bei vielen Pflanzen hingegen versteht man darunter den Wechsel zwischen Generationen mit ungleichartiger Fortpflanzung. Hier wechseln zwei Formen miteinander ab, die beide eigentlich zur geschlechtlichen Fortpflanzung gehören. Ein Pflanzenkörper oder **Gametophyt** bringt durch geschlechtliche Fortpflanzung einen **Sporophyten** hervor. Dieser produziert dann **Sporen** (s. **Sporenbildung**), die zu neuen Gametophyten auswachsen. Die Sporen entstehen aber auf gleiche Weise wie die **Gameten** (s. Seiten 94–95), erfahren einen **Kernphasenwechsel** und weisen nur die halbe, haploide Zahl von **Chromosomen*** auf. Die Gametophyten bringen ihre Gameten durch gewöhnliche Zellteilung (s. Seiten 12–13) hervor, denn eine weitere Halbierung der Chromosomenzahl ist nicht nötig.

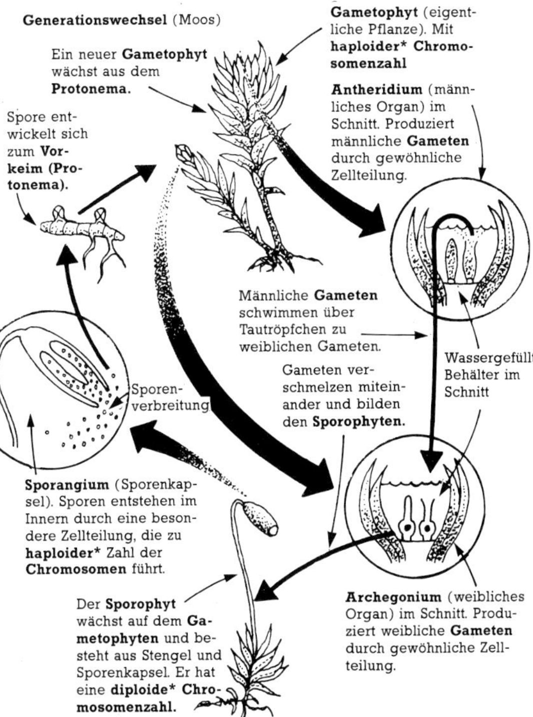

• **Gameten** oder **Keimzellen** oder **Geschlechtszellen:** Als Gameten bezeichnen wir jene Zellen, die bei der **geschlechtlichen Fortpflanzung** miteinander verschmelzen und die die Anfangszelle eines neuen Lebewesens bilden. Sie entstehen durch eine besondere Art der Zellteilung (s. Seiten 94–95). Bei Tieren und niederen Pflanzen sind die männlichen Gameten unter der Bezeichnung **Samenzellen** oder **Spermatozoen** (bzw. **Spermatozoiden** bei niederen Pflanzen) bekannt. Sie liegen meistens in einer **Samenflüssigkeit** oder in **Sperma.** Bei den Blütenpflanzen stellen die männlichen Gameten nur noch **Zellkerne*** (und keine ganzen Zellen) mehr dar und heißen **Spermakerne** (s. Seiten 30 und 95). Weibliche Gameten heißen **Eizellen** oder einfach **Eier.** Samenzellen sind deutlich kleiner als Eizellen und haben einen peitschenförmigen Schwanz (**Samenfaden**).

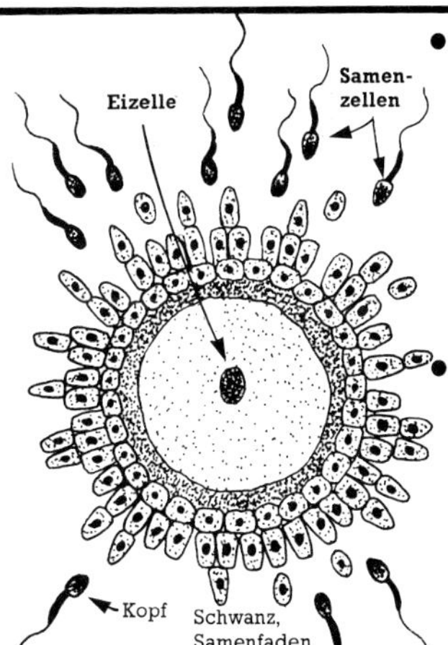

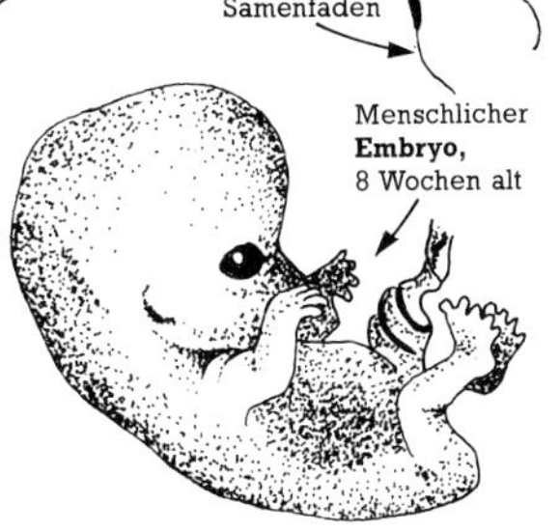

• **Zygote:** Die erste Zelle eines neuen Lebewesens. Sie geht aus der Verschmelzung eines männlichen mit einem weiblichen Gameten **hervor** (s. **geschlechtliche Fortpflanzung**).

• **Embryo:** Ein junges, in der Entwicklung begriffenes Lebewesen, oft auch **Keim** genannt. Das Embryo geht durch eine Reihe von Zellteilungen (s. Seiten 12–13), die wir insgesamt als **Furchung** bezeichnen, aus einer einzigen Zelle, der **Zygote**, hervor. Beim Menschen entwickelt sich die Zygote zuerst zum **Maulbeerkeim (Morula)**, später zum hohlen **Blasenkeim**, der **Blastula**. Nach der Einnistung oder **Implantation*** bezeichnen wir diesen Keim als Embryo. Beim weiteren Wachstum **differenzieren** sich die Zellen, das heißt sie übernehmen ganz bestimmte Aufgaben.

* **Chromosomen,** 96; **Diploid,** 12 **(Mitose); Haploid,** 94 **(Meiose); Implantation,** 91 **(Befruchtung); Zellkern,** 10.

Zellteilung für die Fortpflanzung

Sehr viele Zellen eines Lebewesens können sich teilen und damit neue Zellen für das Wachstum und den Ersatz alter, abgestorbener Zellen hervorbringen (s. Seiten 12–13). Daneben gibt es eine weitere Art der Zellteilung. Sie findet nur dann statt, wenn **Gameten*** (Geschlechtszellen) für die **geschlechtliche Fortpflanzung*** (sowie für einen Typ **Sporen***) produziert werden sollen. Die Teilung des **Zellkerns*** bei dieser Art der Zellteilung bezeichnen wir als **Meiose.** Die Produktion von Gameten, darin eingeschlossen die Zellteilung und die darauffolgende Reifung der Geschlechtszellen, heißt **Gametogenese**.

- **Meiose** oder **Reifungsteilung:** Die Teilung des **Zellkerns*** bei der Produktion von Geschlechtszellen oder Gameten (s. Einführung). Man unterscheidet dabei zwei Vorgänge, die **erste Reifungsteilung** oder **Reduktionsteilung** und die **zweite Reifungsteilung.** Auf jeden dieser Vorgänge folgt die Teilung des **Zytoplasmas***. Wie bei der **Mitose*** kennt man auch hier mehrere verschiedene Stadien. Die Meiose im allgemeinen und die erste Reifungsteilung im besonderen sorgen dafür, daß jeder neue Tochterkern genau halb so viele **Chromosomen*** wie der ursprüngliche Zellkern bekommt. Die ursprüngliche Zahl nennen wir **diploid** (s. Mitose, Seite 12), die halbierte Chromosomenzahl hingegen **haploid**.

Crossing over (Findet in der frühen **Prophase** statt.)

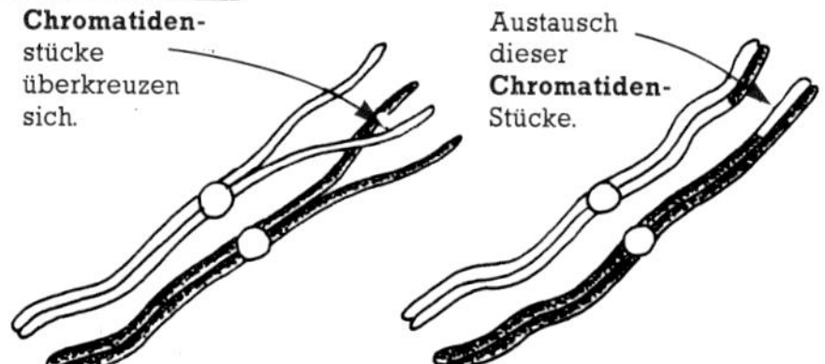

Chromatiden einer **Tetrade** überkreuzen sich an bestimmten Stellen. Dabei brechen entsprechende Stücke ab und vertauschen sich. Das Ergebnis eines solchen **Crossing over** ist ein **Chiasma** (Mehrzahl **Chiasmata**). Dabei findet eine Durchmischung der **Gene*** statt, die gewährleistet, daß die Nachkommen niemals identisch sind mit ihren Eltern.

Erste Reifungsteilung

Diese Bilder zeigen eine tierische Zelle; es sind aber nur vier **Chromosomen*** dargestellt.

Prophase (frühes Stadium)

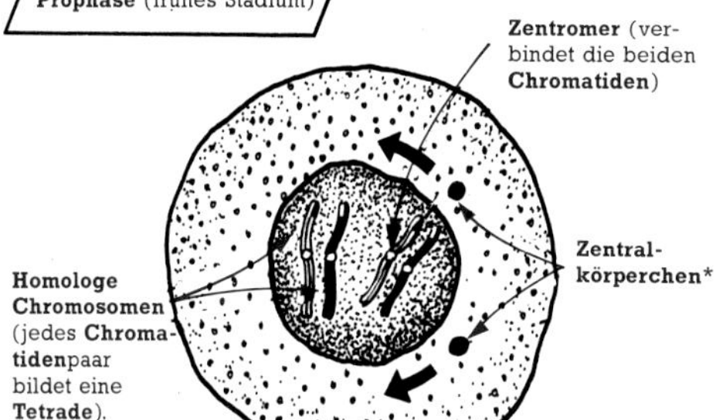

Die **Chromatin***-Fäden im **Zellkern*** verkürzen sich schraubenförmig zu **Chromosomen*. Homologe Chromosomen** legen sich nebeneinander und bilden Paare, die **Bivalente.** Jedes Chromosom verdoppelt sich und wird zu einem **Chromatidenpaar.** (Die Vierergruppe heißt dann **Tetrade.**) Die **Zentralkörperchen*** begeben sich zu entgegengesetzen Zellpolen.

Prophase (späteres Stadium)

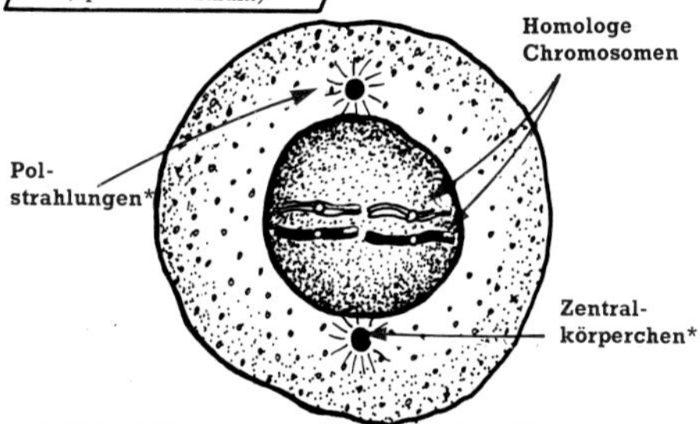

Homologe Chromosomen (jedes mit einem **Chromatidenpaar**) begeben sich zur Äquatorebene des Zellkerns.

Metaphase

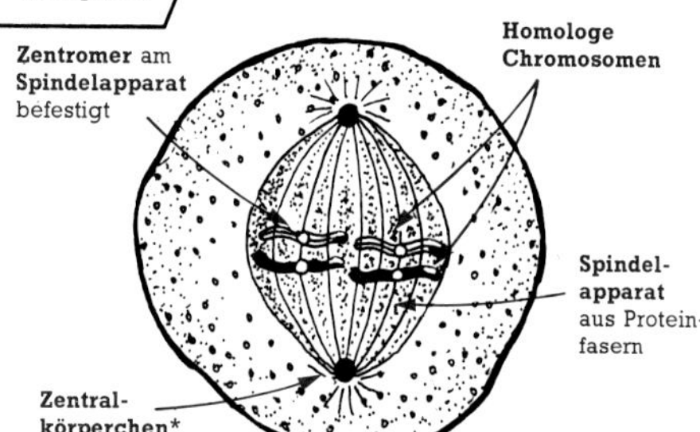

Die **Kernmembran*** verschwindet, und die beiden **Zentralkörperchen*** bilden einen **Spindelapparat** (s. **Metaphase** der **Mitose,** Seite 13). Die **Chromosomen* (Chromatidenpaare)** sind an ihren **Zentromeren** am Spindelapparat befestigt.

* **Chromatin,** 10 **(Zellkern); Chromosomen,** 96; **Gameten,** 93; **Gene,** 97; **Geschlechtliche Fortpflanzung,** 92; **Kernmembran,** 10 **(Zellkern); Mitose,** 12; **Polstrahlungen,** 13; **Sporen,** 92 **(Sporenbildung); Zentralkörperchen,** 12; **Zytoplasma,** 10.

Anaphase

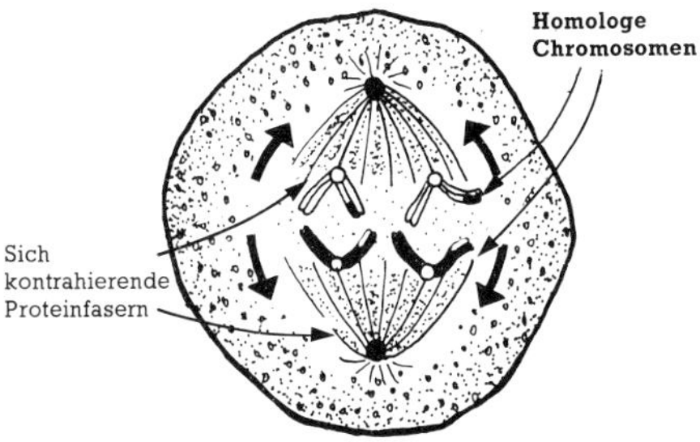

Homologe Chromosomen (jedes immer noch mit einem **Chromatiden**paar) trennen sich (s. **Spaltungsgesetz,** Seite 98) und werden von den Fasern des **Spindelapparats** auseinandergezogen.

Telophase

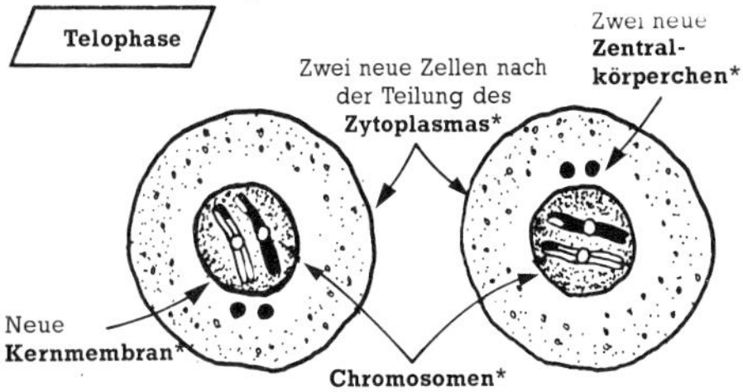

Der **Spindelapparat** verschwindet, und die **Zentralkörperchen** verdoppeln sich. Die Telophase geschieht zusammen mit der **Zytokinese,** also der Teilung des **Zytoplasmas***. Es entstehen zwei neue Zellen, jede mit einem einfachen Satz an **Chromosomen*** (davon jedes mit zwei **Chromatiden**). Später folgt die **Interphase*,** bei der die **Kernmembran*** entsteht und die Chromosomen sich entrollen und schließlich fädige Massen bilden **(Chromatin*)**.

Zweite Reifungsteilung

Die **zweite Reifungsteilung** findet in den Zellen statt, die die **erste Reifungsteilung** hinter sich gebracht haben. Sie findet genau auf dieselbe Weise und mit denselben Phasen statt wie die **Mitose*** (wenn sich der **Zellkern*** bei der normalen Zellteilung verdoppelt). Auch die Teilung des **Zytoplasmas*** nimmt denselben Verlauf. Der einzige Unterschied besteht darin, daß jeder Zellkern nur eine **haploide* Chromosomenzahl** (siehe **Meiose**) aufweist. Die entstehenden neuen Geschlechtszellen (**Gameten***) sind also haploid. Die zweite Reifungsteilung zeigt Unterschiede bei den beiden Geschlechtern. Auch die Reifung der Gameten nach der zweiten Reifungsteilung weist bei Pflanzen und Tieren gewisse Unterschiede auf (s. Texte rechts).

Keimzellenbildung (männlich)

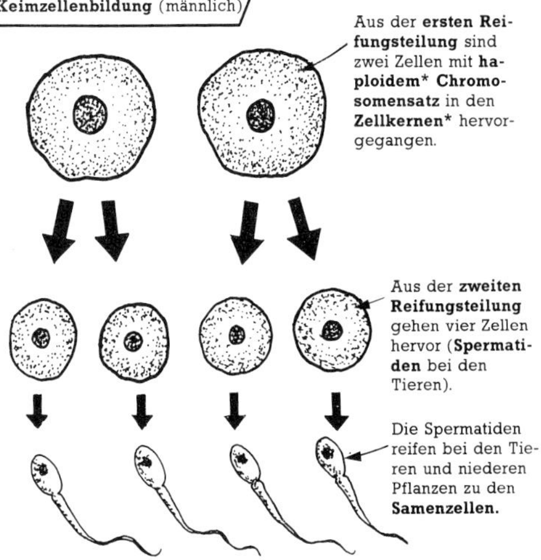

Die beiden Zellen, die bei der **ersten Reifungsteilung** aus einer Mutterzelle hervorgegangen sind, teilen sich erneut (s. **zweite Reifungsteilung**). Daraus gehen vier Zellen hervor, die bei den Tieren **Spermatiden** heißen und dann zu männlichen **Gameten*** (Geschlechtszellen), den Samenzellen, heranreifen. Bei niederen Pflanzen entwickeln sich diese vier Zellen entweder zu Samenzellen oder zu **Sporen***, die beim **Generationswechsel*** eine Rolle spielen. Bei den Blütenpflanzen teilen sich die Zellkerne dieser vier Zellen erneut **(Mitose*)**. Dabei entstehen Zellen (**Pollen***-Körner) mit zwei Zellkernen; einer davon teilt sich später noch einmal und ergibt die **Spermakerne***.

Keimzellenbildung (weiblich)

Bei der ersten Reifungsteilung entstehen zwei Zellen mit einem **haploiden Chromosomen***-Satz in den **Zellkernen***.

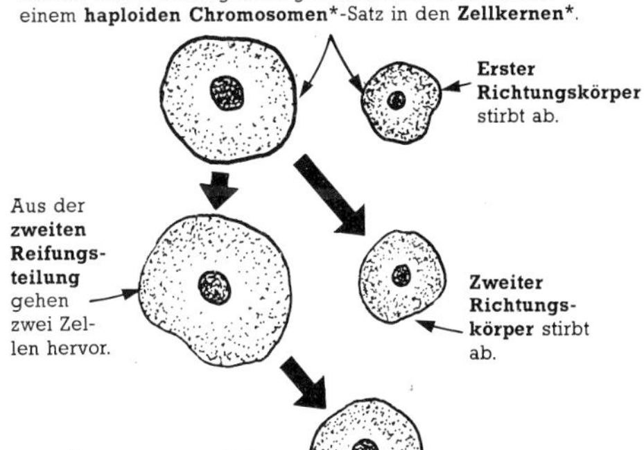

Eine der beiden Zellen, die bei der **ersten Reifungsteilung** entsteht, stirbt ab **(erster Richtungskörper).** Die andere Zelle teilt sich erneut **(zweite Reifungsteilung).** Auch hier stirbt eine der Tochterzellen ab **(zweiter Richtungskörper).** Die übriggebliebene Zelle heißt **Oogonium** und entwickelt sich zum weiblichen **Gameten*** (Geschlechtszelle) oder Eizelle. Bei den Blütenpflanzen hingegen spricht man vom **Embryosack**, und dessen **Zellkern*** teilt sich durch **Mitose*** weitere drei Male. Von den neuen acht Zellkernen umgeben sich sechs mit eigenen Zellen, während zwei nackt bleiben. Eine der sechs Zellen stellt den weiblichen Gameten oder die **Eizelle** dar (s. **Samenanlage,** Seite 30). Die Bildung der Eizelle ist bei niederen Pflanzen sehr ähnlich.

* **Chromatin,** 10 **(Zellkern); Chromosomen,** 96; **Gameten,** 93; **Gene,** 97; **Geschlechtliche Fortpflanzung,** 92; **Kernmembran,** 10 **(Zellkern); Mitose,** 12; **Polstrahlungen,** 13; **Sporen,** 92 **(Sporenbildung); Zentralkörperchen,** 12; **Zytoplasma,** 10.

Genetik und Vererbung

Die Genetik ist die Wissenschaft von der Vererbung. Sie untersucht, auf welche Weise eine Generation ihre Merkmale an die nächste weitergibt. Die größte Rolle bei der Vererbung spielen die **Chromosomen**. Jedes Chromosom besteht aus einer Vielzahl von **Genen**. Diese stellen die codierten Instruktionen für die Ausprägung bestimmter Merkmale dar. Mehr darüber s. Seite 98.

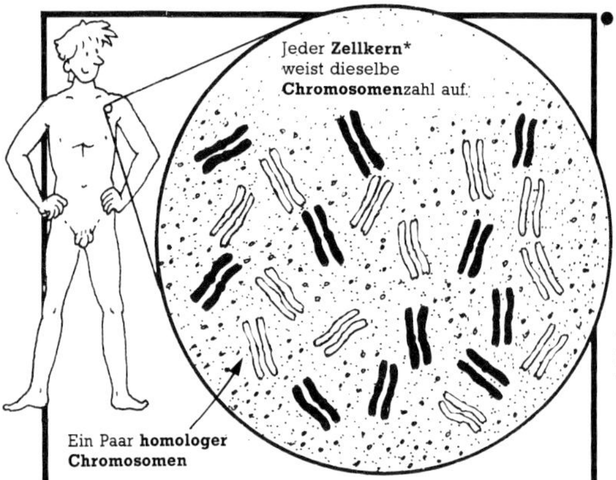

- **Chromosomen:** Strukturen, die stets in den **Zellkernen*** aller Zellen vorhanden sind, obwohl sie als strich- oder kommaförmige Körper unterschiedlicher Größe nur während der Zellteilung und nach entsprechender Färbung sichtbar werden. Jedes Chromosom besteht aus einem einzigen **DNS**-Molekül (s. **Nukleinsäuren)** sowie aus Proteinen, den **Histonen.** Das DNS-Molekül bildet eine Kette aus vielen untereinander verbundenen Genen.
Jede **Art*** hat ihre eigene Chromosomenzahl pro Zelle (in **diploider** Ausprägung). Beim Menschen sind es 46 Chromosomen. Diese sind paarweise zu **homologen Chromosomen** angeordnet.

N = **Stickstoffbase,** bestehend aus Stickstoff-, Kohlenstoff-, Wasserstoff- und Sauerstoffatomen. Es gibt davon fünf Typen:
A = **Adenin, T** = **Thymin**
(treten bei der **DNS** stets in dieser Paarung auf).
G = **Guanin, C** = **Cytosin**
(treten bei der **DNS** stets in dieser Paarung auf).
U = **Uracil** (tritt nur in der **RNS** auf und ersetzt das Thymin der **DNS**).

S = **Zucker** (bestehend aus Kohlenstoff-, Wasserstoff- und Sauerstoffatomen). **Desoxyribose** in der **DNS, Ribose** in der **RNS.**
P = **Phosphatgruppe***.

- **Nukleinsäuren:** Allgemeine Bezeichnung für zwei verschiedene Säuren, nämlich die **DNS (Desoxyribonukleinsäure)** und die **RNS (Ribonukleinsäure),** in angelsächsischer Abkürzung oft auch als **DNA** und **RNA** bekannt (A = Acid [engl.], Säure). Beide treten in Zellkernen auf, die RNS allerdings auch im **Zytoplasma*** (s. **Ribosomen,** Seite 113). Jedes Nukleinsäuremolekül ist sehr groß und besteht aus zahlreichen Untereinheiten, den **Nukleotiden.** Ein DNS-Molekül enthält zwei umeinandergewikkelte Nukleotidketten, die zusammen eine **Doppelhelix** ähnlich einer verdrehten Strickleiter bilden. Das RNS-Molekül besteht nur aus einer Nukleoid-Kette.

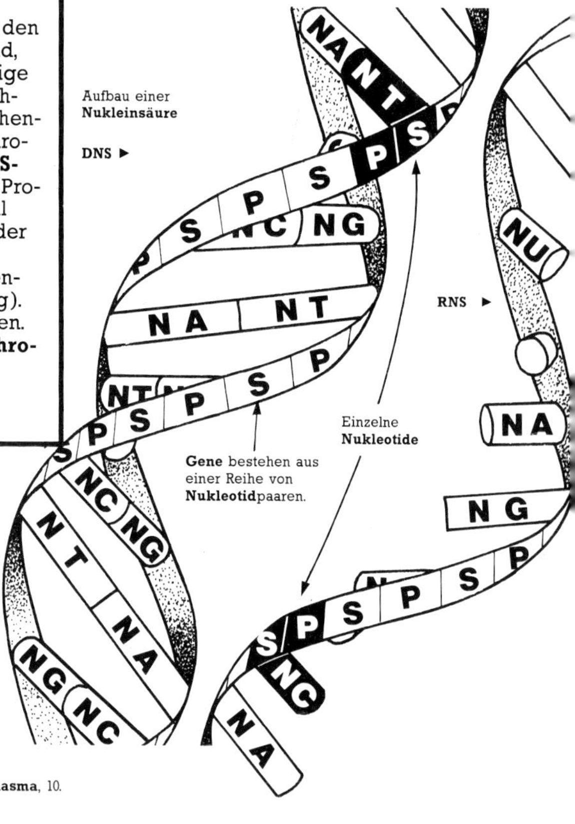

* **Art**, 110; **Phosphatgruppe**, 106 (**ADP**); **Zellkern, Zytoplasma**, 10.

- **Gene:** Codierte Informationen zur Ausprägung bestimmter Merkmale. Die Gene entsprechen einem ganz bestimmten Abschnitt auf dem **DNS**-Molekül eines **Chromosoms.** Man nimmt an, daß beim Menschen jedes DNS-Molekül ungefähr 1000 Gene enthält. Im Durchschnitt entspricht ein Gen einer Reihe von ungefähr 250 „Sprossen" auf der DNS-„Leiter". Gene beziehen sich auf ganz bestimmte Merkmale des Organismus, beispielsweise auf die **Blutgruppe*** oder die Zusammensetzung eines **Hormons***. Mit Ausnahme der **Geschlechtschromosomen** sind die Gene auf paarigen, **homologen Chromosomen** (s. **Chromosomen)** ebenfalls paarig angeordnet und treten auf den beiden Chromosomen auch genau an derselben Stelle auf.

Diese Person ist **heterozygot** im Hinblick auf die Haarfarbe, das heißt, die Instruktionen der beiden **Gene** sind verschieden.

Diese Person ist **homozygot** in bezug auf die Haarfarbe, d. h. die Instruktionen von den beiden Genen sind identisch.

In den beiden Fällen ist der **Genotyp** für die Haarfarbe unterschiedlich, das heißt, es sind verschiedene Instruktionen (**DD** und **Dd**) vorhanden. Der **Phänotyp** ist aber derselbe, denn beide weisen wegen der Dominanz von **D** dunkles Haar auf.

Diese paarigen Gene kontrollieren dieselbe Merkmalsausprägung und können identische Instruktionen ausgeben. Es kommt aber ebenso häufig vor, daß ihre Instruktionen unterscheidlich ausfallen. Dann tritt die Instruktion des einen, **dominanten** Gens stärker hervor als die des **rezessiven**. Es ist aber auch die Möglichkeit der **Kodominanz** oder der **Semidominanz** gegeben. Zwei nicht identische Genpaare nennen wir auch **Allele.**

- **Kodominanz:** Ein Sonderfall, bei dem ein **Gen**paar, welches dasselbe Merkmal kontrolliert, unterschiedliche Instruktionen erteilt, wobei keine davon **dominant** (s. **Gene**) ist. Vielmehr sind beide Instruktionen am Ergebnis beteiligt. Die menschliche **Blutgruppe*** AB beispielsweise geht aus der gleichwertigen Dominanz eines Gens für die Gruppe A und eines Gens für die Gruppe B hervor.

- **Semidominanz:** Man spricht von Semidominanz, wenn ein **Gen**paar, welches dasselbe Merkmal kontrolliert, unterschiedliche Instruktionen erteilt, ohne daß eines davon **dominant** (s. **Gene**) wäre. Vielmehr liegt die Merkmalsausprägung in der Mitte. Wenn das Gen für rote Blütenfarbe beispielsweise ebensowenig dominant ist wie das Gen für weiße Blütenfarbe, so werden die entsprechenden Blüten rosa ausfallen.

- **Geschlechtschromosomen:** Ein Paar **homologer Chromosomen** (s. **Chromosomen**) bei allen Zellen (die übrigen Chromosomen heißen **Autosomen**). Es gibt zwei verschiedene Arten von Geschlechtschromosomen, die wir als **X-** und **Y-Chromosomen** bezeichnen. Der Mann hat ein X- und ein Y-Chromosom. Das Y-Chromosom trägt den genetischen Faktor (nicht ein **Gen** im eigentlichen Sinne), welches das Geschlecht bestimmt. Alle Individuen mit zwei X-Chromosomen gehören dem weiblichen Geschlecht an.

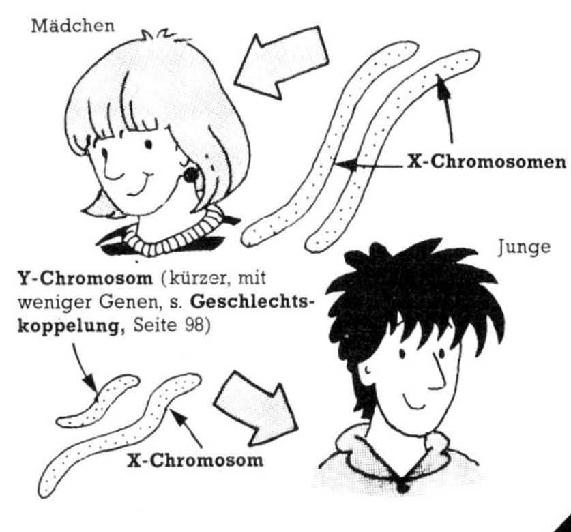

* **Blutgruppe,** 59; **Hormone,** 106.

Die Vererbung von Genen

Jedes neue Lebewesen bekommt seine **Chromosomen*** und damit **Gene*** von seinen Eltern. Bei der **geschlechtlichen Fortpflanzung*** verschmilzt eine **Samenzelle*** mit einer **Eizelle***. Beide weisen dabei nur den einfachen **haploiden Chromosomensatz** (s. Seiten 94–95) auf. Dadurch erhält die **Zygote*** (also die erste Zelle eines neuen Lebewesens, die aus der Verschmelzung der **Gameten** entstanden ist) die normale diploide Chromosomenzahl (s. **Chromosomen,** Seite 96). Die **Mendelschen Gesetze** beschreiben Gesetzmäßigkeiten in der Verteilung der auf Chromosomen lokalisierten Gene.

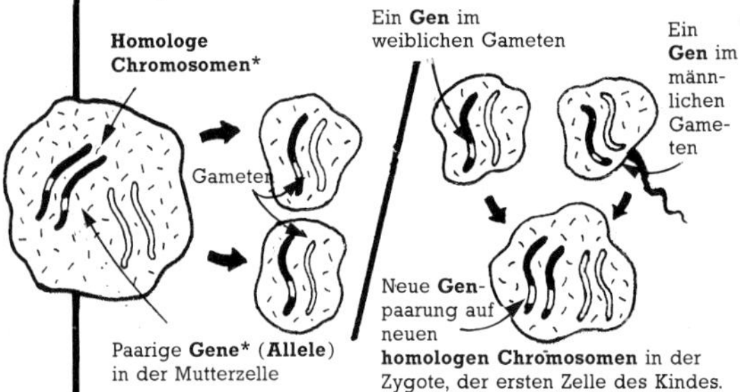

- **Spaltungsgesetz (erstes Mendelsches Gesetz): Homologe Chromosomen*** trennen sich stets voneinander, wenn sich der **Zellkern*** einer Zelle teilt, um **Gameten*** (Geschlechtszellen, s. Seiten 94–95) hervorzubringen. Das gilt natürlich auch für paarige **Gene***, die dasselbe Merkmal kontrollieren. Die Nachkommen bekommen je ein homologes Chromosom vom Vater beziehungsweise der Mutter.

- **Gesetz der unabhängigen Kombination (drittes Mendelsches Gesetz):** Jedes **Gen*** von einem Genpaar kann bei der Befruchtung mit jedem beliebigen Gen des Partners kombiniert werden. Dadurch sind alle unterschiedlichen Merkmalskombinationen möglich, auch solche, die bei den Eltern noch nicht zu beobachten waren.

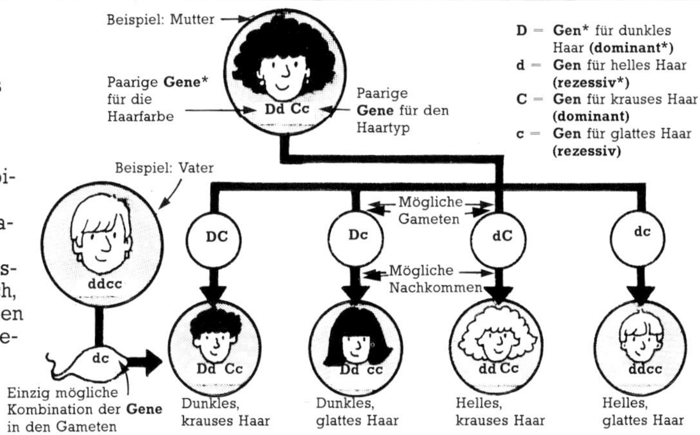

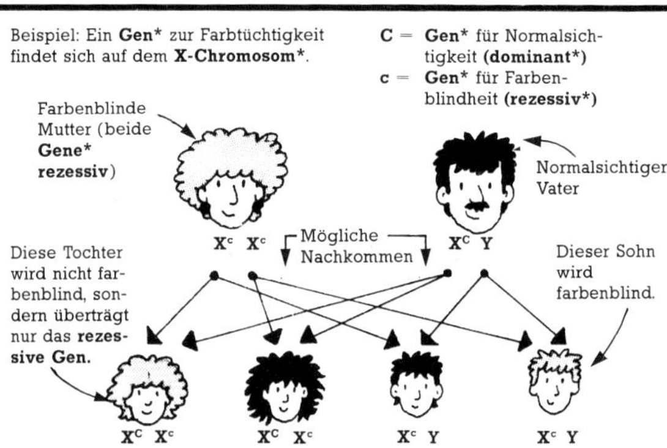

- **Geschlechtskoppelung:** Die beiden **Geschlechts-(X-)Chromosomen*** bei der Frau enthalten wie alle **Chromosomen*** zahlreiche paarige **Gene***. Dem **Y-Chromosom*** des Mannes hingegen fehlen für die meisten Gene die Partner auf dem X-Chromosom. Jedes **rezessive*** Gen auf dem X-Chromosom wird also bei Männern häufiger zur Ausprägung kommen (s. links). Die nicht paarig vorhandenen Gene auf dem X-Chromosom sind **geschlechtsgekoppelt**.

* **Eizelle,** 93 **(Gameten); Geschlechtliche Fortpflanzung,** 92; **Homologe Chromosomen,** 96 **(Chromosomen); Rezessiv,** 97 **(Gene); Samenzelle,** 93 **(Gameten); X-** und **Y-Chromosom,** 97 **(Geschlechtschromosomen); Zellkern,** 10; **Zygote,** 93.

Flüssigkeitstransport

Die Bewegung von Stoffen im Körper, besonders ihr Transport ins Innere der Zelle und von der Zelle nach außen, ist von grundlegender Bedeutung. Nährstoffe müssen in die Zellen eindringen können, und Abfallstoffe sowie Gifte müssen die Zellen verlassen. Die meisten Stoffe werden in Form von **Lösungen** transportiert. Sie befinden sich molekular verteilt in einem **Lösungsmittel**, meistens in Wasser.

- **Diffusion:** Die Bewegung von Molekülen einer Substanz von einem Gebiet höherer Konzentration zu einem Gebiet mit niedrigerer Konzentration. Es handelt sich hier um einen Zweiweg-Prozeß: Wenn die Konzentration des **Lösungsmittels** gering ist, dann liegt die des **gelösten Stoffes** hoch, so daß beide Arten von Molekülen den umgekehrten Weg nehmen. Die Diffusion kommt zum Stillstand, wenn alle Moleküle gleichmäßig verteilt sind. Viele Stoffe, darunter Sauerstoff und Kohlendioxid, **diffundieren** in die Zellen und aus ihnen heraus.

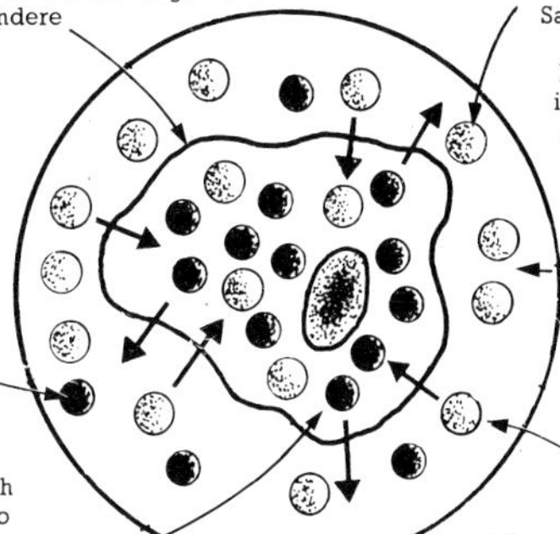

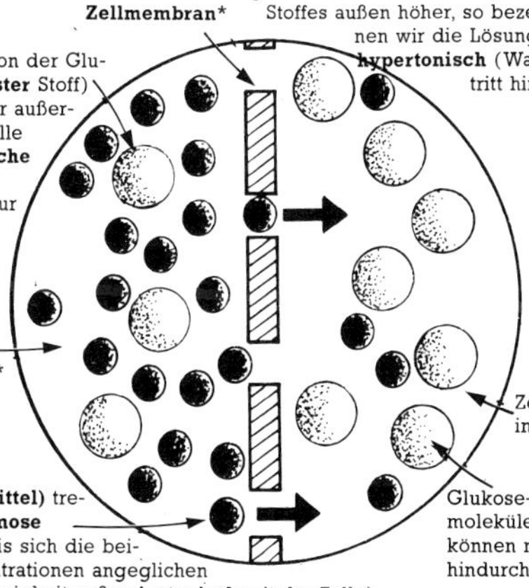

- **Osmose:** Die Bewegung von Molekülen eines Lösungsmittels durch eine **semipermeable** Membran (s. oben), um die Konzentration eines gelösten Stoffes auf der anderen Seite der Membran zu verringern, so daß die Konzentrationen auf beiden Seiten am Ende gleich sind. Es handelt sich hier um eine Einweg-**Diffusion.** Sie kommt vor, wenn die Moleküle des gelösten Stoffes nicht durch die Membran hindurchtreten können. In umschlossenen Räumen wie in einer Zelle kann sich ein **osmotischer Druck** aufbauen, wenn das Lösungsmittel durch Osmose eintritt.

- **Aktiver Transport:** Er wird dann nötig, wenn Stoffe in der umgekehrten Richtung transportiert werden, die sie eigentlich durch **Diffusion** (das heißt, von niedriger zu höherer Konzentration) nehmen müßten. Wie der aktive Transport funktioniert, wissen wir noch nicht in allen Einzelheiten. Man nimmt jedoch an, daß bestimmte Trägermoleküle außerhalb der Zelle solche Stoffe aufnehmen, sie durch die **Zellmembran*** hindurchtransportieren, schließlich freilassen und dann für weitere Transporte die Zelle verlassen. Dafür ist allerdings Energie notwendig, da der Transport entgegen dem natürlichen Gefälle verläuft. Die Energie wird in Form von **ATP*** geliefert.

- **Pinozytose:** Die Aufnahme von Flüssigkeitströpfchen durch Einstülpung der **Zellmembran*** und nachfolgende Bildung eines Bläschens oder einer **Vakuole***. Die meisten Zellen sind zur Pinozytose befähigt.

* **ATP**, 105; **Gewebeflüssigkeit**, 64; **Vakuole, Zellmembran**, 10.

Wie Nahrung verwendet wird

Alle Lebewesen benötigen Nahrung. Sie versorgt sie mit allen lebenswichtigen Stoffen: für die Energiegewinnung, für die Regulierung von Zellaktivitäten, zum Aufbau neuer und zum Ersatz alter Gewebe (s. Seiten 102–105). Unter den verschiedenen Bestandteilen der Nahrung zählen die **Kohlenhydrate,** die **Proteine** und die **Fette** zu den Nährstoffen. Dazu kommen noch die **Mineralsalze** oder Mineralstoffe sowie die **Vitamine** (Pflanzen brauchen sie nicht). Grüne Pflanzen stellen sich ihre Nährstoffe selber her. Sie nehmen dazu Wasser und Mineralsalze auf. Tiere hingegen müssen alle Nährstoffe fertig aufnehmen und bei der Verdauung (s. Seiten 108–109) abbauen und aufschließen.

- **Kohlenhydrate:** Eine Gruppe von Stoffen, die aus Kohlenstoff, Wasserstoff und Sauerstoff aufgebaut sind. Kohlenhydrate gibt es einfache bis höchst komplizierte (s. **Verwendete Fachbegriffe**, Seite 109). Tiere nehmen komplexe Kohlenhydrate auf und bauen sie bei der Verdauung (s. Seiten 108 und 109) zum einfachen Kohlenhydrat **Glukose** ab. Der weitere Abbau der Glukose **(Zellatmung*)** liefert dem Tier fast die ganze Energie für das Leben. Pflanzen bauen Glukose aus anderen anorganischen Stoffen auf (s. **Photosynthese,** Seite 26).

- **Proteine** oder **Eiweiße:** Eine Gruppe von Stoffen, die aus einfacheren Untereinheiten aufgebaut sind, nämlich den **Aminosäuren.** Diese wiederum enthalten Kohlenstoff, Wasserstoff, Sauerstoff, Stickstoff und in einigen Fällen auch Schwefel. Die meisten Proteinmoleküle bestehen aus Hunderten, ja oft Tausenden von Aminosäuren, die durch sogenannte **Peptidbindungen** zu einer oder mehreren **Polypeptid***-Ketten vereinigt sind. Die zahlreichen verschiedenen Proteintypen unterscheiden sich durch die Anordnung der Aminosäuren. Es gibt **Strukturproteine,** welche die Grundbausteine neuer Zellen darstellen, und **katalytische Proteine (Enzyme*)**, die eine lebenswichtige Rolle bei der Kontrolle von Zellvorgängen spielen.

  Die Pflanzen bauen Aminosäuren mit aufgenommenen Stoffen auf (s. **Photosynthese,** Seite 26) und stellen dann ihre Proteine aus diesen Aminosäuren zusammen. Tiere hingegen nehmen Proteine auf und spalten sie bei der Verdauung (s. Seiten 108–109) bis auf die einzelnen Aminosäuren auf. Dann werden diese mit dem Blut zu allen Körperzellen transportiert und dort als Bausteine für den Aufbau neuer Proteine verwendet (s. **Ribosomen,** Seite 11).

- **Fette:** Eine Gruppe von Stoffen, die aus Kohlenstoff, Wasserstoff und geringen Mengen Sauerstoff aufgebaut sind. Pflanzen bauen Fette aus den Stoffen auf, die sie selber aufnehmen. Ihre Samen sind Nährstoffspeicher und enthalten die meisten Fette. Das gespeicherte Fett kann in **Glukose** (s. **Kohlenhydrate**) umgewandelt werden und als Energielieferant für die heranwachsende Pflanze dienen. Bei der Verdauung bauen Tiere Fette zu **Fettsäuren** und **Glyzerin** (s. Seiten 108–109) ab. Müssen diese Stoffe zur Energiegewinnung weiterhin abgebaut werden (ähnlich wie die Glukose), so geschieht dies in der Leber. Einige der dabei entstehenden Substanzen kann die Leber in Glukose umwandeln, andere hingegen nicht. Diese werden dann anderswo zu einem Stoff umgebaut, der auch in einem späten Stadium des Glukoseabbaus auftritt. Fettsäuren und Glyzerin, die nicht für die Energiegewinnung Verwendung finden, werden sofort wieder zu Fettpartikeln aufgebaut und in verschiedenen Gebieten des Körpers gespeichert, etwa unter der Haut (s. **Unterhautfettgewebe,** Seite 82).

* **Enzyme,** 103; **Polypeptide,** 109; **Zellatmung,** 104.

- **Vitamine:** Eine Gruppe von Stoffen, die für Menschen und Tiere lebenswichtig sind. Sie müssen aber nur in geringen Mengen vorhanden sein. Viele Vitamine übernehmen eine Aufgabe als **Koenzyme***, d. h., sie helfen den **Enzymen*** bei der Katalyse chemischer Reaktionen. Auf Seite 109 findet man eine Liste der Vitamine sowie ihrer Aufgaben.

- **Mineralsalze:** Unter diese Bezeichnung fallen einfache chemische Stoffe, z. B. Phosphor und Kalk. Sie stellen lebenswichtige Bausteine pflanzlicher und tierischer Gewebe dar, etwa von Knochen und Zähnen. Einige Mineralsalze dienen auch als **Koenzyme*** (s. **Vitamine**). Eine besondere Gruppe bilden die **Spurenelemente,** z. B. Kupfer und Jod, die in winzigen Mengen vorhanden sein müssen.

- **Ballaststoffe:** Allgemeine Bezeichnung für Nahrungsbestandteile, die ein Tier oder der Mensch nicht verdauen kann. Die meisten Ballaststoffe bestehen aus **Zellulose,** einem komplizierten **Kohlenhydrat,** das vor allem in **Zellwänden*** auftritt. Im Gegensatz zu den meisten übrigen Kohlenhydraten können die wenigsten Tiere, auch der Mensch nicht, die Zellulose abbauen, weil sie nicht über das nötige **Verdauungsenzym***, die **Zellulase**, verfügen. Einige Tiere allerdings, z. B. Landschnecken, haben dieses Enzym. Sonstige Tiere, die auf die Verdauung von Zellulose angewiesen sind, beschreiten einen ganz anderen Weg (s. **Pansen,** Seite 43). Ballaststoffe erfüllen aber eine wichtige Aufgabe, denn sie regen den Darm zu erhöhter Bewegung an.

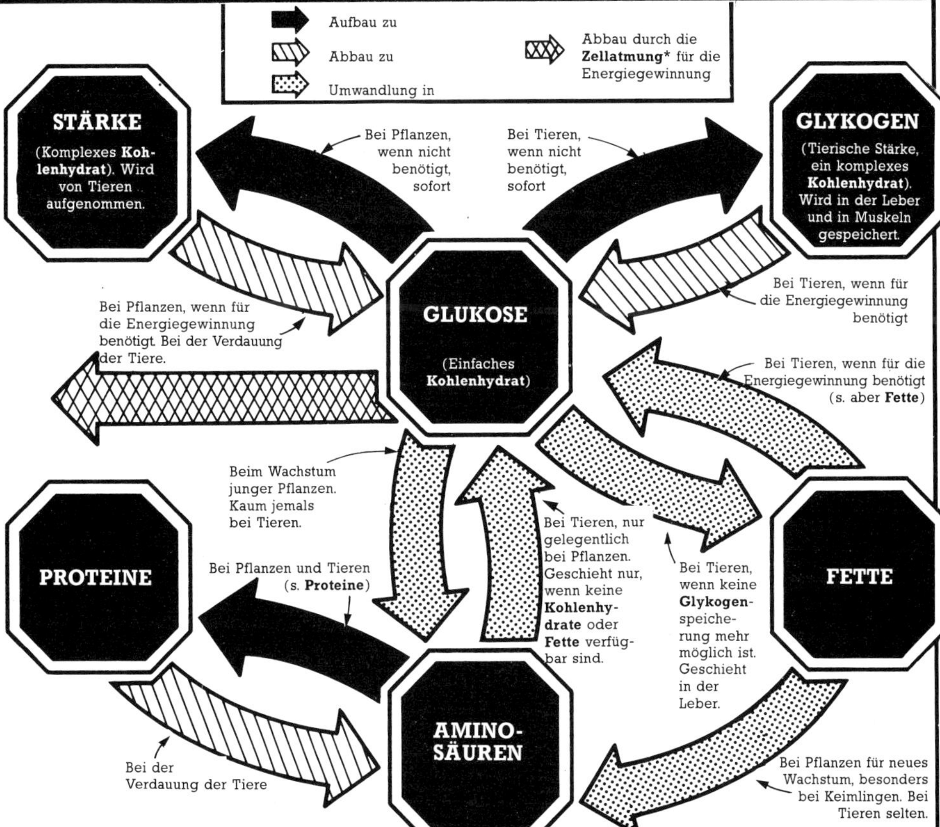

* **Koenzyme,** 103 **(Enzyme)**; **Verdauungsenzyme,** 108; **Zellatmung,** 104; **Zellwand,** 10.

Stoffwechsel

Stoffwechsel oder **Metabolismus** ist die Bezeichnung für alle mehr oder minder komplexen, miteinander eng verzahnten chemischen Reaktionen im Inneren eines Lebewesens. Man kann zwei einander entgegengesetzte Gruppen von Reaktionen beobachten, den **Abbaustoffwechsel** oder **Katabolismus** und den **Aufbaustoffwechsel** oder **Anabolismus**. Die Geschwindigkeit der entsprechenden Reaktionen hängt von äußeren und inneren Gegebenheiten ab, wobei die inneren Bedingungen möglichst konstant gehalten werden (s. **Homeostasis,** Seite 105).

- **Katabolismus:** Allgemeiner Begriff für alle chemischen Reaktionen, die zum Abbau von Stoffen im Körper führen. Deswegen sagt man auch **Abbaustoffwechsel** oder **Dissimilation.** Ein Beispiel dafür ist die Verdauung bei Tieren, bei der komplexe Stoffe zu einfacheren abgebaut werden (s. Seiten 108–109). Die einfacheren Stoffe werden zur Energiegewinnung im Innern der Zelle weiter abgebaut (**Zellatmung***). Beim Katabolismus wird stets Energie frei. Bei der Verdauung geht die meiste als Wärme verloren, bei der Zellatmung hingegen wird sie für die Aktivitäten des Körpers verwendet. Wie alle chemischen Reaktionen erfordert der Katabolismus auch selbst Energie. Diese Energie ist aber stets geringer als die Energie, die der Abbaustoffwechsel erzeugt. Es besteht also ein steter Energieüberschuß.

- **Anabolismus:** Allgemeine Bezeichnung für alle Reaktionen, bei denen Stoffe im Körper aufgebaut werden. Deswegen spricht man auch von **Assimilation** oder **Aufbaustoffwechsel**. Ein Beispiel ist der Zusammenbau von Aminosäuren zu Proteinen (s. Seite 100). Der Anabolismus benötigt stets Energie, denn die geringen Energiemengen, die während der Reaktionen frei werden, reichen niemals aus. Insgesamt muß für den Aufbaustoffwechsel Energie aufgewendet werden. Sie stammt vom Energieüberschuß des **Katabolismus**.

- **Stoffwechselrate:** Die Geschwindigkeit, mit der metabolische Vorgänge vor sich gehen. Die Stoffwechselrate schwankt stark von Mensch zu Mensch, und selbst bei ein und derselben Person zeigt sie unter verschiedenen Bedingungen große Schwankungen. Die Stoffwechselrate nimmt unter Streß, körperlicher Beanspruchung und bei erhöhter Körpertemperatur zu. Die Messung der Stoffwechselrate wird deswegen generell bei ruhenden Patienten, bei normaler Körpertemperatur und nicht sofort nach körperlich anstrengender Tätigkeit vorgenommen. Die Stoffwechselrate bezeichnen wir als **Grundumsatz.** Er wird in **Kilokalorien** oder **Kilojoule** (s. **Kalorien**) pro Quadratmeter Körperoberfläche und pro Stunde gemessen (s. Berechnungen auf der gegenüberliegenden Seite).

  Menschen mit einem hohen Grundumsatz können große Mengen essen, ohne an Gewicht zuzunehmen, denn ihr Abbau **(Katabolismus)** von Nährstoffen (in den Zellen) geht so rasch vor sich, daß kaum Fett gespeichert wird. Eine solche Stoffwechselrate führt zu einem Energieüberschuß, d. h., nicht alle Energie wird für den Aufbaustoffwechsel **(Anabolismus)** verwendet. Solche Menschen scheinen eine Menge „Energie" zu haben. Menschen mit niedrigem Grundumsatz hingegen nehmen leicht zu und wirken oft energielos.

  Die Stoffwechselrate wird von einer Reihe von **Hormonen*** beeinflußt, besonders von **STH, Thyroxin, Adrenalin** und **Noradrenalin.** Mehr über diese Hormone erfährt man auf Seiten 106–107.

* **Hormone,** 106; **Zellatmung,** 104.

- **Kalorie:** Eine Einheit für die Wärmeenergie. Eine **Kalorie** (abgekürzt c oder cal) ist jene Wärmemenge, die nötig ist, um ein Gramm Wasser von 14,5 °C auf 15,5 °C zu erwärmen. 1000 Kalorien bezeichnen wir als **Kilokalorie** (abgekürzt Kcal, gelegentlich auch Cal). Mit ihr kann man die Temperatur von 1000 Gramm Wasser um 1 °C erhöhen. Die Kilokalorie ist eine weitverbreitete Maßeinheit in der Biologie, da hier stets Wärmemengen eine Rolle spielen. Heute wird jedoch oft die moderne Einheit **Joule** oder **Kilojoule** verwendet. Eine Kilokalorie entspricht dabei ungefähr 4,2 Kilojoule.

Feststellung des **Grundumsatzes** (in Kilokalorien/m^2/h)

Bekannte Tatsachen (durch Messungen mit dem sogenannten Kalorimeter ermittelt):

1. Wenn 1 Liter Sauerstoff für den Abbau von Kohlenhydraten verwendet wird, werden ungefähr 5,05 Kilokalorien produziert (d. h., so viel Energie, um 5050 Gramm Wasser um 1 °C zu erwärmen).
2. Mit Fetten ergibt 1 Liter Sauerstoff ungefähr 4,7 Kilokalorien.
3. Mit Proteinen sind es ungefähr 4,6 Kilokalorien.

Erste Berechnung:
Wenn 1 Liter Sauerstoff zum Abbau von Nahrung ganz allgemein verwendet wird, so entsteht eine Wärmeenergie von 4,78 Kilokalorien. Das entspricht dem Mittelwert der drei oben genannten Zahlen (vorausgesetzt, die betreffende Prüfperson hat gleiche Mengen der drei Gruppen von Nährstoffen zu sich genommen).

Messung des Sauerstoffverbrauchs eines Menschen während einer vorgegebenen Zeit. Dazu verwendet man ein sogenanntes Spirometer: ▶

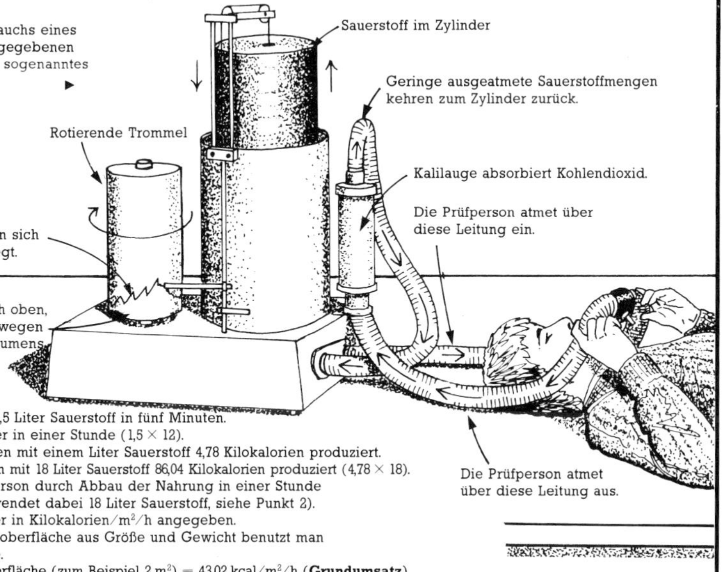

Berechnungen (Beispiel):

1. Die Prüfperson verwendet 1,5 Liter Sauerstoff in fünf Minuten.
2. Dadurch benötigt sie 18 Liter in einer Stunde (1,5 × 12).
3. Beim Nahrungsabbau werden mit einem Liter Sauerstoff 4,78 Kilokalorien produziert.
4. Beim Nahrungsabbau werden mit 18 Liter Sauerstoff 86,04 Kilokalorien produziert (4,78 × 18).
5. Damit produziert die Prüfperson durch Abbau der Nahrung in einer Stunde 86,04 Kilokalorien (und verwendet dabei 18 Liter Sauerstoff, siehe Punkt 2).
6. Der **Grundumsatz** wird aber in Kilokalorien/m^2/h angegeben.
7. Zur Bestimmung der Körperoberfläche aus Größe und Gewicht benutzt man vorgegebene Nomogramme.
8. 86,04 geteilt durch Körperoberfläche (zum Beispiel 2 m^2) = 43,02 kcal/m^2/h (**Grundumsatz**).

- **Enzyme:** Besondere Proteine **(katalytische Proteine)**, die bei allen Lebewesen vorhanden sind und eine grundlegende Rolle bei allen chemischen Reaktionen spielen. Sie wirken nämlich als **Katalysatoren**, d. h., sie beschleunigen Reaktionen, ohne selber daran teilzunehmen und verändert zu werden. Viele Enzyme haben andere Stoffe als „Helfer", die sogenannten **Koenzyme**. Diese Moleküle bringen die Produkte einer von einem Enzym katalysierten Reaktion zur nächsten Reaktion.

  Es gibt viele verschiedene Enzymtypen, z. B. **Verdauungsenzyme,** die den Abbau komplizierter Nährstoffe zu einfacheren löslichen Stoffen kontrollieren (s. Text auf Seiten 108–109). **Atmungsenzyme** kontrollieren den weiteren Abbau dieser einfachen Stoffe in den Zellen zur Energiegewinnung (d. h. zur **Zellatmung***).

* **Zellatmung,** 104.

Energie für Leben und Homeostasis

Jedes Lebewesen braucht Energie für seine Aktivitäten. Diese Energie stammt aus einer Reihe chemischer Reaktionen im Innern der Zellen. Wir bezeichnen sie insgesamt als **Zellatmung** oder **biologische Oxidation.** Jede Zelle enthält verschiedene einfache Nährstoffe – bei Pflanzen als Ergebnis der **Photosynthese*** und bei Tieren als Ergebnis der Verdauung und des abbauenden Stoffwechsels (s. Seiten 108–109). Alle diese Stoffe besitzen in chemischer Form gespeicherte Energie. Sie wird beim Abbau durch die Zellatmung frei. In nahezu allen Fällen steht die Glukose im Zentrum des Geschehens (s. **Kohlenhydrate** und Diagramm, Seiten 100–101). Man unterscheidet zwei Arten der Zellatmung, die **anaerobe Atmung** und die **aerobe Atmung.**

- **Anaerobe Atmung:** Eine Art der **Zellatmung,** die ohne freien Sauerstoff (vom Körper aufgenommenen Sauerstoff) auskommt. Die anaerobe Atmung findet in den Zellen aller Lebewesen statt und setzt nur geringe Energiemengen frei. Bei den meisten Organismen besteht sie in einer Kette chemischer Reaktionen, die wir **Glykolyse** nennen. Dabei wird Glukose zu Pyruvat oder **Brenztraubensäure** abgebaut. Unter normalen Bedingungen schließt sich hier unmittelbar die **aerobe Atmung** an, welche diese giftige Säure unter Vorhandensein von Sauerstoff weiter abbaut. Bei diesen späteren Vorgängen wird die meiste Energie gewonnen. Unter ungewöhnlichen Bedingungen hingegen kann der aerobe Abbau nicht unmittelbar daran anschließen. Dann findet ein weiteres Stadium der anaeroben Atmung statt (s. **Sauerstoffschuld**).

  Bei einigen mikroskopisch kleinen Lebewesen, z. B. bei Hefen und einigen Bakterien, findet nur eine anaerobe Atmung statt. Sie liefert genügend Energie für die Bedürfnisse dieser Lebewesen, ja für manche unter ihnen wirkt Sauerstoff als Gift.

- **Aerobe Atmung:** Eine Art der **Zellatmung**, die nur dann stattfinden kann, wenn freier, vom Körper aufgenommener Sauerstoff vorhanden ist. Die weitaus meisten Lebewesen gewinnen den größten Teil ihrer Energie durch aerobe Atmung. Sie schließt sich an ein Stadium der **anaeroben Atmung** an. Sauerstoff wird vom Blut herangeführt und in jede Körperzelle aufgenommen. Er reagiert in den **Mitochondrien*** mit der **Brenztraubensäure,** dem Endprodukt der anaeroben Atmung. Die Endprodukte der Reaktionskette sind Kohlendioxid und Wasser. Die freigegebene chemische Energie wird in Form von **ATP** gespeichert.

  Die aerobe Atmung ist ein Beispiel für eine **Oxidation,** also den Abbau eines Stoffes mit Hilfe von Sauerstoff.

- **Sauerstoffschuld:** Eine Sauerstoffschuld tritt dann auf, wenn ein Lebewesen mit sonst **aerober Atmung** extreme körperliche Leistungen vollbringt. Unter diesen Bedingungen verbrauchen die Zellen des Organismus den Sauerstoff schneller, als sie ihn aufnehmen können. Dies führt dazu, daß nicht genügend Sauerstoff für den Abbau der giftigen **Brenztraubensäure** vorhanden ist, die im ersten **anaeroben Stadium** der Atmung entstanden ist. Die Säure wird in weiteren anaeroben Reaktionen schließlich zur wesentlich weniger giftigen **Milchsäure** umgewandelt. In diesem Fall sagen wir, der Körper hat eine Sauerstoffschuld. Die Schuld wird später „bezahlt", indem der Körper Sauerstoff schneller als üblich für den Abbau der Milchsäure aufnimmt.

* **Mitochondrien,** 11; **Photosynthese,** 26.

- **ADP (Adenosindiphosphat)** und **ATP (Adenosintriphosphat):** Diese beiden chemischen Stoffe haben als Hauptbestandteil das **Adenosin.** Es verbindet sich mit zwei (ADP) oder drei **Phosphatgruppen** (ATP). Eine Phosphatgruppe setzt sich aus Phosphor-, Sauerstoff- und Wasserstoffatomen zusammen. Sie kann sich mit anderen Stoffen verbinden, auch mit weiteren Phosphatgruppen eine Kette bilden. Wenn bei der **aeroben Atmung** chemische Energie frei wird, verwendet sie der Körper dazu, um ADP-Moleküle durch Anheftung einer dritten Phosphatgruppe in ATP-Moleküle zu verwandeln. Das Adenosintriphosphat ist also der Energiespeicher des Körpers. Dieser Stoff läßt sich leicht in allen Zellen lagern, und er tritt in besonders großen Mengen in Zellen mit einem hohen Energiebedarf auf, z. B. in Muskelzellen. Wird die gespeicherte Energie benötigt, dann wird ATP zurück in ADP verwandelt. Dadurch wird die gesamte gespeicherte Energie wieder frei. Sie kann für weitere Zellaktivitäten verwendet werden.

Homeostasis

- Als **Homeostasis** bezeichnen wir die Aufrechterhaltung einer bestimmten **inneren Umgebung,** z. B. konstante Temperatur, konstante chemische Zusammensetzung, Menge und Druck von Körperflüssigkeiten, konstante **Stoffwechselrate*** usw. Die Homeostasis ist eine Grundvoraussetzung für das richtige Funktionieren des Körpers. Sie beinhaltet auch, daß jede Abweichung von der Norm (verursacht durch neuartige innere und äußere Faktoren) entdeckt und durch Gegenmaßnahmen korrigiert wird. Am besten können dies die höchsten Lebewesen, die Vögel und die Säugetiere, zu denen wir auch den Menschen zählen. Sie entdecken Abweichungen durch eine **Rückkopplung** von Informationen zu den Kontrollorganen. Der Blutzuckerspiegel beispielsweise wird dauernd von der Bauchspeicheldrüse überprüft. Abweichungen von der Norm werden durch **negative Rückkopplung** korrigiert. Dabei wirken die gewonnenen Informationen auf korrigierende Maßnahmen ein. Wenn der Blutzuckerspiegel zu hoch wird, dann reagiert die Bauchspeicheldrüse darauf, indem sie mehr **Insulin*** zum Abbau des Zuckers produziert (s. auch **antagonistische Hormone,** Seite 106). Die meisten Reaktionen zur Aufrechterhaltung des inneren Gleichgewichts werden wie in diesem Fall von Hormonen kontrolliert. Viele unter ihnen stehen wiederum unter der Kontrolle des **Hypothalamus*** im Gehirn. Ein Beispiel für die Bedeutung des Hypothalamus ist die Kontrolle der Körpertemperatur. Alle Vögel und Säugetiere, darunter auch der Mensch, sind **gleichwarm** oder **homöotherm,** d. h., sie behalten eine konstante Körpertemperatur (ungefähr 37 °C beim Menschen) ungeachtet der äußeren Bedingungen (das Gegenteil dazu heißt **wechselwarm** oder **poikilotherm**). Ein „Thermostat“ im Hypothalamus, die **Area prae-optica,** stellt alle Veränderungen der Körpertemperatur fest und sendet Impulse entweder zu einem Gebiet, das den Hitzeverlust regelt, oder zu einem Gebiet, das die Wärmezunahme kontrolliert. Beide liegen ebenfalls im Hypothalamus. Diese Zentren wiederum veranlassen, daß der Körper durch unterschiedliche Handlungen Wärme entweder verliert oder produziert.

* **Hypothalamus,** 75; **Insulin,** 106; **Säugetiere,** 113; **Stoffwechselrate,** 102

Hormone

Hormone sind besondere chemische „Botenstoffe", welche die unterschiedlichsten Tätigkeiten im Innern eines Lebewesens kontrollieren. Auf diesen beiden Seiten behandeln wir die Hormone des Menschen und seiner nächsten Verwandten. Auch Pflanzen stellen Hormone (**Phytohormone**) her, doch ist ihre Wirkungsweise in vielen Fällen noch nicht klar (s. **Trennungsschicht,** Seite 21, **Photoperiode** und **Wachstumshormone,** Seite 23). Die Hormone werden beim Menschen und bei den Tieren von **endokrinen Drüsen*** abgegeben. Einige Hormone wirken nur auf ganz bestimmte Körperteile, Organe oder gar nur Zellen ein. Andere hingegen führen zu einer viel allgemeineren Reaktion. Das Hauptkontrollorgan der Hormonproduktion ist der **Hypothalamus***, ein Teil des Gehirns. Er überwacht die Produktion vieler Hormondrüsen, hauptsächlich dadurch, daß er die **Hypophyse*** kontrolliert, die ihrerseits zahlreiche andere Hormondrüsen kontrolliert. Der Hypothalamus regt die Hypophyse zur Hormonproduktion an, indem er **Regulationsfaktoren** zum **Vorderlappen** und Nervenimpulse zum **Hinterlappen** sendet. Die Hormonproduktion ist lebenswichtig für die **Homeostasis***.

- **Regulationsfaktoren:** Besondere chemische Stoffe, welche die Produktion einer Reihe von Hormonen und damit viele lebenswichtige Körperfunktionen kontrollieren. Sie werden vom **Hypothalamus*** (ein Teil des Gehirns) zum **Vorderlappen** der **Hypophyse*** entsandt. Es gibt zwei Arten von Regulationsfaktoren: Die **Releasing-Faktoren (RF)** oder **Releaser-Hormone** bewirken, daß die betreffende Drüse Hormone abgibt, und die Hemmfaktoren stoppen diese Produktion. **FSHRF (FSH-Releasing-Faktor)** und **LHRF (LH-Releasing-Faktor)** beispielsweise bewirken, daß die Hormone **FSH** und **LH** (s. Tabelle rechts) ausgeschüttet werden. Damit beginnt die **Pubertät***. Viele Regulationsfaktoren sind lebenswichtig für die **Homeostasis***.

- **Antagonistische Hormone:** Hormone, die gegensätzliche Wirkungen auslösen. Beispiele dafür sind das **Glukagon** und das **Insulin** (s. Tabelle rechts). Wenn der Blutzuckerspiegel zu sehr sinkt, produziert die Bauchspeicheldrüse Glukagon, um ihn wieder zu erhöhen. Ein zu hoher Blutzuckerspiegel veranlaßt hingegen die Bauchspeicheldrüse, Insulin zu dessen Senkung auszuschütten (s. auch **Homeostasis,** Seite 105).

HORMONE
ACTH (Adrenocorticotropes Hormon) oder **Adrenocorticotropin**
TTH (Thyreotropes Hormon) oder **Thyreotropin**
STH (Somatotropes Hormon) oder **Somatotropin,** auch **Wachstumshormon**
FSH (Follikelstimulierendes Hormon)
LH (Luteinisierendes Hormon). Bei Männern auch **ICSH (interstitial cell stimulating hormone)** genannt
Prolaktin
Oxytocin
ADH (Antidiuretisches Hormon) oder **Vasopressin**
Thyroxin
TCT (Thyreocalcitonin) oder **Calcitonin**
PTH (Parathyroidhormon) oder **Parathormon**
Adrenalin oder **Epinephrin** **Noradrenalin** oder **Norepinephrin**
Aldosteron
Cortison, Hydrocortison oder **Cortisol**
Östrogen (weibliches **Geschlechtshormon)** **Progesteron** (weibliches **Geschlechtshormon**)
Androgene (männliche **Geschlechtshormone**), besonders **Testosteron**
Gastrin
Cholezystokinin
Sekretin, Pankreozymin
Enterocrinin
Insulin
Glukagon

* **Endokrine Drüsen,** 69; **Homeostasis,** 105; **Hypophyse,** 69; **Hypothalamus,** 75; **Pubertät,** 90.

ORT DER PRODUKTION	WIRKUNGEN
Hypophyse (Seite 69) **(Vorderlappen)**	Stimuliert die Hormonproduktion in der **Rinde** der **Nebennieren** (Seite 69).
Hypophyse (Seite 69) **(Vorderlappen)**	Stimuliert die Produktion von **Thyroxin** in der **Schilddrüse** (Seite 69).
Hypophyse (Seite 69) **(Vorderlappen)**	Stimuliert das Wachstum durch Erhöhung der Rate, mit der Aminosäuren in den Zellen zu Proteinen verbunden werden.
Hypophyse (Seite 69) **(Vorderlappen)**	Arbeitet mit **LH** zusammen und stimuliert bei Frauen die Entwicklung reifer **Eizellen** in den **Eibläschen** (Seite 89) sowie die Abgabe von **Östrogen** durch die Follikel in frühen Stadien des **Menstruationszyklus** (Seite 90). Bewirkt bei Männern die Bildung von **Samen** (Seite 93).
Hypophyse (Seite 69) **(Vorderlappen)**	Stimuliert die **Ovulation** (Seite 90), die Bildung des **Gelbkörpers** (Seite 90) und dessen Ausschüttung von Östrogen und **Progesteron.** Bewirkt zusammen mit Östrogen und Progesteron die Verdickung der Schleimhaut der **Gebärmutter** (Seite 89). Stimuliert bei Männern die Produktion von **Androgenen.**
Hypophyse (Seite 69) **(Vorderlappen)**	Bewirkt zusammen mit **LH,** daß der **Gelbkörper** (Seite 90) Hormone ausschüttet. Stimuliert die Milchproduktion nach der Geburt.
Hypothalamus (Seite 75). Wird in der **Hypophyse (Hinterlappen)** aufgebaut.	Bewirkt Muskelkontraktionen der **Gebärmutter** (Seite 89) während der Wehen und die Abgabe von Milch nach der Geburt.
Hypothalamus (Seite 75). Wird in der **Hypophyse (Hinterlappen)** aufgebaut.	Erhöht die Menge des Wassers, das von den **Nierenkanälchen** (Seite 73) ins Blut rückresorbiert wird.
Schilddrüse (Seite 69)	Erhöht die Geschwindigkeit des Nahrungsabbaus und damit die Energieproduktion und führt zu steigender Körpertemperatur. Kontrolliert zusammen mit **STH** bei jungen Menschen die Wachstums- und Entwicklungsgeschwindigkeit. Enthält Jod.
Schilddrüse (Seite 69)	Führt zu einer Erniedrigung des Kalzium- und Phosphorspiegels im Blut, indem es die Freisetzung aus den Knochen, wo diese Stoffe gespeichert sind, reduziert.
Nebenschilddrüsen (Seite 69)	Erhöht den Kalziumspiegel im Blut durch dessen erhöhte Freisetzung aus den Knochen. Erniedrigt den Phosphorspiegel.
Nebennieren (Seite 69) **(Mark).** Auch in Nervenendigungen. Wird bei Erregung oder Gefahr abgegeben.	Regt die Leber an, mehr Glukose für die Energieproduktion ins Blut abzugeben. Erhöht die Herzschlagfrequenz, führt zu schnellerer Atmung und zur Kontraktion von Blutgefäßen.
Nebennieren (Seite 69) **(Rinde)**	Erhöht den Natrium- und Wassergehalt im Blut, indem es die Rückresorption dieser Stoffe in den **Nierenkanälchen** (Seite 73) fördert.
Nebennieren (Seite 69) **(Rinde)**	Erhöht die Geschwindigkeit des Nährstoffabbaus zur Energiegewinnung und erhöht damit die Widerstandskraft gegenüber Belastungen. Dämpft Entzündungen.
Zur Hauptsache in **Eibläschen** (Seite 89) und im **Gelbkörper** (Seite 90) in den **Eierstöcken** (weibliche Geschlechtsorgane, Seite 89). Während der Schwangerschaft auch in der **Plazenta** (Seite 91).	Östrogen aktiviert die Entwicklung **sekundärer Geschlechtsmerkmale** bei der **Pubertät** (Seite 90), z. B. das Wachstum der Brüste. Beide Hormone bereiten die **Milchdrüsen** für die Milchproduktion vor. Zusammen mit **LH** bewirken sie eine Verdickung der Schleimhaut der **Gebärmutter** (Seite 89). Progesteron dominiert gegen das Ende des **Menstruationszyklus** (Seite 90) und während der Schwangerschaft. Es erhält dann die Gebärmutterschleimhaut und die Milchdrüsen funktionsbereit.
Zur Hauptsache in den **Leydigschen Zwischenzellen** in den **Hoden** (männliche Geschlechtsorgane, Seite 88).	Aktiviert die Entwicklung und Aufrechterhaltung **sekundärer Geschlechtsmerkmale** bei der **Pubertät** (Seite 90), z. B. das Bartwachstum.
	Stimuliert die Produktion von **Magensaft** (Seite 108).
Zellen im Dünndarm	Stimuliert die Öffnung des Ringmuskels um den gemeinsamen Ausführgang von Galle und Bauchspeicheldrüse, die Kontraktion der Gallenblase und die Abgabe von **Galle** (Seite 69) in den **Zwölffingerdarm** (Seite 67).
Zellen im Dünndarm	Regt die Bauchspeicheldrüse zur Produktion von **Bauchspeichel** (Seite 108) und zu dessen Abgabe in den **Zwölffingerdarm** (Seite 67) an.
Zellen im Dünndarm	Stimuliert die Produktion von **Darmsaft** (Seite 108).
Bauchspeicheldrüse bei zu hohem Blutzuckerspiegel	Regt die Leber an, mehr Glukose in den Speicherstoff Glykogen zu verwandeln (Seite 101). Beschleunigt auch den Glukosetransport zu den Zellen.
Bauchspeicheldrüse bei zu niedrigem Blutzuckerspiegel	Stimuliert die Umwandlung von Glykogen zu Glukose in der Leber (Seite 101) sowie die Umwandlung von Fetten und Proteinen in Glukose.

Verdauungssäfte und Verdauungsenzyme

Alle **Verdauungssäfte*** des menschlichen Körpers, die von **Verdauungsdrüsen*** in den Darm abgegeben werden, enthalten **Enzyme***, die den Abbau der Nahrung in einfache lösliche Nährstoffe kontrollieren. Man nennt sie auch **Verdauungsenzyme** und kann sie in drei Gruppen einteilen: **Amylasen** (oder **Diastasen**) fördern den Abbau von **Kohlenhydraten***, und am Ende entstehen dabei **Monosaccharide** (siehe „Verwendete Fachbegriffe", gegenüberliegende Seite). **Proteasen** (oder **Peptidasen**) beschleunigen den Abbau von Proteinen zu **Aminosäuren***, indem sie die **Peptidbindungen** (s. **Proteine**, Seite 100) angreifen. **Lipasen** schließlich beschleunigen den Abbau von **Fetten** zu **Glyzerin** und **Fettsäuren** (s. **Fette**, Seite 100). Die Tabelle unten führt die verschiedenen Verdauungssäfte des Körpers mit ihren Enzymen und deren Wirkung auf.

Verdauungssaft: Speichel

Ort der Produktion: Speicheldrüsen* im Mund

Verdauungsenzym: Amylase des Speichels (oder **Ptyalin**)

Wirkungen: Beginn des Abbaus der **Kohlenhydrate* Stärke** und **Glykogen** (s. **Polysaccharide**, Seite 101).

Produziert: etwas **Dextrin** (ein kürzeres **Polysaccharid**), s. Anmerkung 1.

Verdauungssaft: Magensaft

Ort der Produktion: Magendrüsen* in der Magenwand. Werden in den Magen abgegeben (s. **Gastrin**, Seite 106).

Verdauungsenzyme (sowie ein weiterer Bestandteil):
1. **Pepsin** (**Protease**). Siehe Anmerkung 2.
2. **Labferment** (**Protease**). Nur beim Baby vorhanden.
3. **Salzsäure**
4. **Magenlipase.** Hauptsächlich beim Baby vorhanden.

Wirkungen:
1. Beginn des Abbaus der **Proteine*** (**Polypeptide**).
2. Fällt (zusammen mit Kalzium) Milch aus, d. h. es wirkt auf Protein (**Casein**) ein, s. Anmerkung 3.
3. Aktiviert **Pepsin** (siehe Anmerkung 2), fällt Milch bei Erwachsenen aus (s. Anmerkung 3) und tötet Bakterien ab.
4. Beginnt mit dem Abbau von **Fetten*** in der Milch.

Produziert:
1. Kürzere **Polypeptide**
2., 3. Gefällte Milch, **Bruch**
4. Zwischenstufen

Verdauungssaft: Galle

Ort der Produktion: Leber. Wird von der **Gallenblase*** gespeichert und in den Dünndarm abgegeben (s. **Cholezystokinin**, Seite 106).

Bestandteile: Gallensalze und **Gallensäuren**

Wirkungen: Zerkleinert **Fette** (und Zwischenverbindungen) in winzige Teilchen. Dieser Vorgang heißt **Emulgierung**.

Verdauungssaft: Bauchspeichel

Ort der Produktion: Bauchspeicheldrüse. Wird in den Dünndarm abgegeben (s. **Sekretin**, Seite 106).

Verdauungsenzyme:
1. **Trypsin** (**Protease**); siehe Anmerkung 2.
2. **Chymotrypsin** (**Protease**); siehe Anmerkung 2.
3. **Carboxypeptidase** (**Protease**); siehe Anmerkung 2.
4. **Amylase** der **Bauchspeicheldrüse**
5. **Lipase** der **Bauchspeicheldrüse**

Wirkungen:
1, 2, 3. Fahren im Abbau der **Proteine*** (längere und kürzere **Polypeptide**) fort.
4. Führt den Abbau von **Kohlenhydraten*** weiter.
5. Baut **Fette*** ab.

Produziert:
1, 2, 3. Dipeptide und einige **Aminosäuren***.
4. **Maltose** (**Disaccharide**).
5. **Glyzerin** und **Fettsäuren** (s. **Fette**, Seite 100).

Verdauungssaft: Darmsaft

Ort der Produktion: Lieberkühnsche Drüsen* in der Dünndarmwand. Der Verdauungssaft wird unter dem Einfluß des **Enterocrinins** in den Dünndarm abgegeben (s. Seite 106).

Verdauungsenzyme:
1. **Maltase** (**Amylase**)
2. **Invertase** (**Saccharase**) (**Amylase**)
3. **Laktase** (**Amylase**)
4. **Enterokinase;** s. Anmerkung 2.

Wirkungen:
1. Baut **Maltose** (**Disaccharid**) ab.
2. Baut **Saccharose** (**Disaccharid**) ab.
3. Baut **Laktose** (**Disaccharid**) ab.
4. Vollendet den Abbau der **Proteine*** (**Dipeptide**).

Produziert:
1. **Glukose** (oder **Dextrose**) (**Monosaccharid**)
2. **Glukose** und **Fruktose** (**Monosaccharide**)
3. **Glukose** und **Galaktose** (**Monosaccharide**)
4. **Aminosäuren***

Anmerkungen

1. In diesem Stadium wird nicht viel **Dextrin** produziert, da sich der Nahrungsbissen nicht genügend lange im Mund befindet. Die meisten Kohlenhydrate passieren den Mund unverändert.
2. **Proteasen** werden zuerst in inaktiven Formen abgegeben, um zu verhindern, daß sie den Verdauungskanal, der wie der größte Teil des Körpers aus **Proteinen*** besteht, selber auflösen. Erst im Verdauungskanal (der von einer **Schleimhaut*** geschützt wird) werden diese inaktiven Proteasen in aktive Formen umgewandelt. **Salzsäure** verwandelt das inaktive **Pepsinogen** in **Pepsin**, die **Enterokinase** verwandelt das **Trypsinogen** in **Trypsin**, und das **Trypsin** bewirkt dann, daß **Chymotrypsinogen** zu **Chymotrypsin** und **Procarboxypeptidase** zu **Carboxypeptidase** wird.
3. Die Wirkung des **Labferments** und der **Salzsäure** bei der Fällung der Milch ist lebenswichtig, da flüssige Milch zu schnell durch den Verdauungskanal ziehen würde, um verdaut zu werden.

* **Aminosäuren**, 100 (**Proteine**); **Enzyme**, 103; **Fette**, 100; **Gallenblase**, 69; **Kohlenhydrate**, 100; **Lieberkühnsche Drüsen**, **Magendrüsen**, 68 (**Verdauungsdrüsen**); **Schleimhaut**, 67; **Speicheldrüsen**, 68; **Verdauungssäfte**, 68 (**Verdauungsdrüsen**).

Verwendete Fachbegriffe

Polysaccharide: Die komplexesten **Kohlenhydrate***. Jedes Polysaccharid stellt eine Kette zahlreicher **Monosaccharid**-Moleküle dar. Die meisten Kohlenhydrate, die wir in den Körper aufnehmen, gehören zu den Polysacchariden, z. B. **Stärke** (Hauptpolysaccharid in Nahrungspflanzen) und **Glykogen** (Hauptpolysaccharid in tierischer Substanz). Mehr über Stärke und Glykogen s. Seite 101.

Disaccharide: Verbindungen aus zwei **Monosaccharid**-Molekülen. Disaccharide treten entweder beim Abbau von **Polysacchariden** als Zwischenstufen auf oder sie werden als solche in den Körper aufgenommen, wie es etwa bei der **Saccharose** und der **Laktose** der Fall ist (Saccharose kommt in der Zuckerrübe und im Zuckerrohr vor, die Laktose findet sich in der Milch).

Monosaccharide: Die einfachsten **Kohlenhydrate***. Fast alle gehen aus dem Abbau von **Polysacchariden** hervor. Die **Fruktose** wird als solche in den Körper aufgenommen (z. B. in Fruchtsäften) oder geht aus dem Abbau von **Saccharose** hervor. Das Endprodukt des Abbaus aller Kohlenhydrate ist die **Glukose**; die Fruktose und die **Galaktose** werden von der Leber in Glukose umgebaut.

Polypeptide: Polypeptide sind Ketten aus Hunderten oder Tausenden von **Aminosäure***-Molekülen (s. **Proteine**, Seite 100).

Dipeptide: Ketten von zwei **Aminosäure***-Molekülen. Dipeptide treten als Zwischenstufen beim Abbau von **Polypeptiden** auf.

Vitamine und ihre Wirkungen

Vitamin A (**Retinol**, **Axerophthol**)

Vorkommen: Leber, Niere, Öle aus Fischlebern wie Lebertran, Eier, Milchprodukte, Margarine, **Pigmente*** (**Karotin**) in grünen und gelben Früchten und Gemüsen, besonders Tomaten, Karotten. Das Karotin wird im Darm in Vitamin A umgewandelt.

Wirkungen: Erhält die Gesundheit von **Epithel***-Zellen, fördert das Wachstum, besonders von Knochen und Zähnen. Wesentlich für das Sehvermögen in der Dämmerung und nachts: Spielt bei der Bildung des lichtempfindlichen **Pigments* Rhodopsin** (Sehpurpur) eine Rolle, das in den **Stäbchen** der **Netzhaut*** auftritt. Fördert die Widerstandskraft gegenüber Infektionen.

Vitamin-B-Komplex

Eine Gruppe von mindestens zehn Vitaminen, die im allgemeinen zusammen auftreten. Darunter sind: **Vitamin B_1 (Thiamin**, **Aneurin)**, **Vitamin B_2 (Riboflavin)**, **Vitamin B_3 (Niacin** oder **Nikotinsäure)**, **Vitamin B_5 (Pantothensäure)**, **Vitamin B_6 (Pyridoxin)**, **Vitamin B_{12} (Cyanocobalamin** oder **antianämisches Vitamin)**, **Vitamin B_c** oder **M (Folsäure)**, **Biotin** (bisweilen **Vitamin H** genannt), **Lecithin**.

Vorkommen: Alle kommen in Leber und Hefe vor. Alle mit Ausnahme von Vitamin B_{12} in naturbelassenem Getreide und Vollkornbrot, Weizenkeimen, grünen Gemüsen, z. B. Bohnen. B_{12} tritt in keinem pflanzlichen Produkt auf. B_2 und B_{12} besonders in Milchprodukten. Die meisten auch in Eiern, Nüssen, Fischen, magerem Fleisch, Nieren, Kartoffeln. B_6, Folsäure und Biotin werden auch von Darmbakterien hergestellt.

Wirkungen: Die meisten Vitamine dieser Gruppe sind für das Wachstum und für die Gesundheit der Gewebe wichtig, z. B. der Muskeln (B_1, B_6), der Nerven (B_1, B_3, B_6, B_{12}), der Haut (B_2, B_3, B_5, B_6, B_{12}), der Haare (B_2, B_5). B_5, B_6 und Lecithin helfen bei der kontinuierlichen Funktion von Körperorganen. Die meisten (B_1, B_2, B_3, B_5, B_6, B_{12}) sind wesentliche **Koenzyme***, die beim Abbau von Nährstoffen die Energiegewinnung fördern (**Zellatmung***). Viele, darunter B_2, B_6 und B_{12}, sind auch Koenzyme, die am Aufbau von Stoffen (**Proteine***) für das Wachstum, für die Regulierung der Körperfunktionen und die Krankheitsabwehr beteiligt sind. B_{12} und Folsäure sind lebenswichtig für die Bildung von Blutzellen, B_5 und B_6 für die Herstellung bestimmter chemischer Stoffe in Nerven (**Neurotransmitter***).

Vitamin C (**Ascorbinsäure**)

Vorkommen: Grüne Gemüse, Kartoffeln, Tomaten, Zitrusfrüchte wie Orangen, Grapefruits und Zitronen.

Wirkungen: Wichtig für das Wachstum und die Gesundheit von Körpergeweben, z. B. der Haut, der Blutgefäße, der Knochen, des Zahnfleisches und der Zähne. Wichtiges **Koenzym*** bei vielen Stoffwechselreaktionen, besonders beim Abbau von **Proteinen*** und beim Aufbau neuer Proteine ausgehend von **Aminosäuren*** (vor allem **kollagener Proteine**, s. **Bindegewebe**, Seite 52). Spielt auch eine Rolle bei der Abwehr gegenüber Infektionen und bei der Wundheilung.

Vitamin D (**Calciferol**)

Vorkommen: Leber, Öle aus Fischleber wie Lebertran, ölhaltige Fische, Milchprodukte, Eidotter, Margarine, eine besondere Form (Provitamin D_3) in Hautzellen (wird bei Sonnenbestrahlung in Vitamin D umgewandelt).

Wirkungen: Wesentlich für die Aufnahme von Kalzium und Phosphor und ihre Ablagerung in Zähnen und Knochen. Kann zusammen mit dem **Hormon* PTH*** wirksam werden.

Vitamin E (**Tokopherol**)

Vorkommen: Fleisch, Eidotter, grüne Blattgemüse, Nüsse, Milchprodukte, Margarine, Getreide, Vollkornbrot, Weizenkeime, Samen und pflanzliche Öle.

Wirkungen: Noch nicht völlig aufgeklärt. Man nimmt an, daß das Vitamin E bei der Bildung von **DNS***, **RNS*** und roten Blutkörperchen eine Rolle spielt. Ferner soll es die Fruchtbarkeit und den Abbau von Nährstoffen in Muskelzellen fördern.

Vitamin K (**Phyllochinon**)

Vorkommen: Leber, Früchte, Nüsse, Getreide, Tomaten, grüne Gemüse, besonders Kohl, Blumenkohl, Spinat. Wird auch von Darmbakterien hergestellt.

Wirkungen: Wesentlich für die Bildung von **Prothrombin*** in der Leber. Dieser Stoff spielt bei der Blutgerinnung eine entscheidende Rolle.

* **Aminosäuren**, 100 (**Proteine**); **DNS**, 96 (**Nukleinsäuren**); **Epithel**, 82 (**Oberhaut**); **Koenzyme**, 100 (**Enzyme**); **Kohlenhydrate**, 100; **Netzhaut**, 85; **Neurotransmitter**, 77 (**Synapse**); **Pigmente**, 27; **Prothrombin**, 59 (**Blutgerinnung**); **PTH**, 106; **RNS**, 96 (**Nukleinsäuren**); **Zellatmung**, 104.

Die Klassifikation der Lebewesen

Die **Taxonomie** oder **Systematik** beschäftigt sich damit, die Lebewesen nach gemeinsamen Merkmalen in Gruppen einzuteilen. Dabei entsteht eine **Klassifikation**. Die klassische Taxonomie gliedert ihre Gruppen nach der gegenseitigen Verwandtschaft und stützt sich dabei vorwiegend auf strukturelle Merkmale (s. aber auch Seite 114). Dabei unterscheidet man zunächst zwei **Reiche** und dann zahlreiche weitere kleinere Gruppierungen.

Die ersten Gruppierungen unterhalb der Reiche nennen wir **Unterreiche;** einige Klassifikationen der Pflanzen unterscheiden jedoch keine Unterreiche. Die nächste Kategorie heißt bei den Tieren **Stamm** und bei den Pflanzen **Abteilung.** Die darauffolgenden Kategorien heißen **Klasse**, **Ordnung**, **Familie**, **Gattung** und schließlich **Art**. Diese stellt die kleinste Einheit der Systematik dar. Einige Abteilungen oder Stämme mit nur wenigen Mitgliedern weisen nicht alle diese Gruppierungen auf: Die nächste Gruppe nach dem Stamm ist dann die **Ordnung**, daran schließen sich **Familie**, **Gattung** und **Art** an. Für besonders artenreiche Gruppen gibt es auch noch Zwischenkategorien, z. B. **Unterfamilien**, **Unterklassen** oder **Unterstämme**. Die Tabellen auf den nächsten vier Seiten reichen in den meisten Fällen nur bis zu den Klassen, mit einigen Unterklassen und sogar **Infraklassen** im Fall der Säugetiere (s. Seite 113).

Es soll nicht verschwiegen werden, daß auf manchen Gebieten der Pflanzen- und Tiersystematik die Diskussion noch ganz offen ist. Besonders die Klassifikation der Pflanzen schwankt noch so sehr, daß zwei oder sogar drei Gruppen von vielen Taxonomen als völlig getrennte Reiche und nicht als den eigentlichen Pflanzen zugehörig betrachtet werden. In den Anmerkungen auf der Seite 111 bzw. 113 werden einige der Meinungsverschiedenheiten aufgeführt. Überdies geben wir auf dieser Doppelseite zwei mögliche Klassifikationen wieder (Tabelle 1 und Tabelle 2). Beim Tierreich mußten wir uns auf eine Tabelle beschränken.

Das Pflanzenreich

Tabelle 1

UNTERREICH: Thallophyta. Keine Wurzeln, Stengel oder Blätter, kein eigentlicher **Embryo***.

ABTEILUNG: Schizophyta oder **Schizomycophyta**. Bakterien. Einzellige Lebewesen, die überall in großer Zahl auftreten. Einige sind **pathogen** und lösen Krankheiten aus, andere werden nützlich, indem sie z. B. tote Lebewesen abbauen.

ABTEILUNG: Myxomycophyta oder **Myxomycota**. Schleimpilze. Sehr einfache Lebewesen ohne **Zellwände*** und ohne **Chlorophyll***. Leben auf verrottenden Pflanzen oder faulenden Tieren. Fortpflanzung mit **Sporen***.

ABTEILUNG: Eumycophyta oder **Eumycota**. Echte Pilze. Einzellig oder aus ineinander verflochtenen Fäden, den **Hyphen**, bestehend. Diese bilden ein Pilzgeflecht oder **Myzel** in totem Material, von dem der Pilz lebt. Haben **Zellwände***, aber kein **Chlorophyll***. Die abbauende Tätigkeit der Pilze wird auch von der Industrie genützt, z. B. bei der Bier- und Weinbereitung. Einige Pilze produzieren wichtige Antibiotika, etwa das Penicillin. Fortpflanzung mit **Sporen***.

Die übrigen Abteilungen im Unterreich fassen wir unter der Bezeichnung **Algen** zusammen. Es sind einfache Pflanzen, die in Salz- oder Süßwasser oder an Stellen mit hoher Luftfeuchtigkeit leben. Alle haben **Chlorophyll*** (s. aber Anmerkung 2). Die größten unter ihnen, die Seetange, weisen einen riemenartigen Pflanzenkörper auf, den **Thallus**.

ABTEILUNG: Cyanophyta. Blaualgen. Primitive einzellige oder vielzellige Algen mit **Zellwänden***. Haben ein blaugrünes Pigment, das **Phycocyanin**. Kommen auch in heißen Quellen und in arktischem Wasser vor.

ABTEILUNG: Euglenophyta. Einzellige Algen ohne **Zellwände***, aber mit **Geißeln***. Häufig im Süßwasser.

ABTEILUNG: Chrysophyta. Goldalgen. Einzellige Algen mit **Zellwänden*** und **Geißeln***. Sehr vielfältige Gruppe, Salz- oder Süßwasserbewohner, auch an feuchten Stellen.

ABTEILUNG: Pyrrhophyta. Feueralgen. Einzellige Algen ohne **Zellwände***, aber mit **Geißeln***.

ABTEILUNG: Bacillariophyta. Kieselalgen oder Diatomeen. Einzellige Algen mit Kieselskeletten. Salz- oder Süßwasserbewohner. Oft **koloniebildend** und in Massen zusammenlebend.

ABTEILUNG: Xanthophyta. Gelbgrüne Algen. Meist einzellig, mit **Zellwänden*** und dem **Pigment* Xanthophyll**. Salz- oder Süßwasserbewohner, auch an Stellen mit hoher Luftfeuchtigkeit.

ABTEILUNG: Rhodophyta. Rotalgen. Vielzellige Algen mit **Zellwänden*** und roten sowie blauen **Pigmenten***. Hauptsächlich im Salzwasser verbreitet. Oft große Seetange.

ABTEILUNG: Phaeophyta. Braunalgen. Vielzellige Algen, alle mit **Zellwänden***. Darunter fallen fast alle bekannten Seetange, braune ebenso wie olivgrüne. Die Thalli werden bis 70 Meter lang. Jede Pflanze heftet sich mit einem Fuß an der Unterlage fest.

ABTEILUNG: Chlorophyta. Grünalgen. Größte Gruppe der Algen, darunter ebenso viele einzellige wie vielzellige Formen. Alle mit **Zellwänden***. Hauptsächlich Süßwasserbewohner, einige jedoch im Salzwasser und an Stellen mit hoher Luftfeuchtigkeit, z. B. an Baumstämmen oder im Boden. Oft in enormen Mengen vertreten. Einzellige Formen oft **koloniebildend** – s. Bacillariophyta.

UNTERREICH: Embryophyta. Alle Pflanzen mit **Zellwänden***, **Chlorophyll***, Wurzeln, Stengeln und Blättern. Mit deutlicher Schutzschicht aus Zellen um die neue sich entwickelnde Pflanze (**Embryo***).

ABTEILUNG: Bryophyta. Moose. Haben eine Art Wurzeln, Stengel und Blätter, aber kein **Leitgewebe***. Die meisten Formen weisen stengelähnliche Strukturen auf, die dicht gepackte Blätter tragen (Laubmoose), während andere einen blattähnlichen, flach anliegenden Thallus aufweisen (Lebermoose). Wurzeln fadenähnlich (**Rhizoide**), heften sich an der Oberfläche fest, anstatt in den Boden einzudringen. Hauptsächlich Landpflanzen mit weiter Verbreitung in Gebieten mit hoher Luftfeuchtigkeit. Drei Klassen:

* **Chlorophyll**, 27; **Embryo**, 93; **Geißeln**, 40; **Leitgewebe**, 14; **Pigmente**, 27; **Sporen**, 92 (**Sporenbildung**); **Zellwand**, 10.

Klassen:
Hepaticae. Lebermoose.
Musci. Laubmoose.
Anthocerotae. Hornmoose.

ABTEILUNG: Tracheophyta. Mit Wurzeln, Stengeln, Blättern und **Leitgewebe***.

Unterabteilung: **Pteridophyta**. Farnpflanzen. Keine Blüten und keine Samen. Vier Klassen:

Klassen:
Psilotales. Urfarne. Primitive, zum größten Teil ausgestorbene Pflanzen.

Lycopodiales. Bärlappgewächse. Am Boden kriechende **immergrüne*** Pflanzen, mit den Farnen verwandt. Krautig und moosähnlich. Eine uralte Gruppe.

Equisetales. Schachtelhalmgewächse. Mit Farnen verwandt, doch können sie bei geringerer Feuchtigkeit und Beschattung leben. Riesenformen waren in früheren Erdzeitaltern häufig.

Filicales. Farne. Leben an feuchten, schattigen Stellen. Mit oft reich strukturierten Blättern und deutlicher Nervatur. Vermehrung durch **Sporen***.

Unterabteilung: **Spermatophyta**. Samenpflanzen. Produzieren Samen. Zwei Klassen:

Klasse:
Gymnospermae. Nacktsamige Pflanzen. Samen nicht in einer Frucht eingeschlossen. Keine Blüten.

Unterklassen:
Cycadales. Palmfarne. Primitiv, palmähnlich.
Coniferales. Nadelhölzer oder Koniferen. **Immergrün***, meistens mit scharf zugespitzten harten Blättern (**Nadeln**), alle mit Zapfen. Blüten stets eingeschlechtig. Samenanlagen entwickeln sich auf den Schuppen weiblicher Zapfen, keine Blüten, die **Pollen*** wachsen auf Schuppen der männlichen Zapfen.
Ginkgoales. Nur ein Mitglied, der Ginkgobaum aus Ostasien.
Gnetales. Nur drei Gattungen, darunter die berühmte Wüstenpflanze Welwitschia mit langen, dauernd nachwachsenden, ledrigen Blättern.

Klasse:
Angiospermae. Bedecktsamige Pflanzen. Samen in einer Frucht eingeschlossen. Mit Blüten.

Unterklassen:
Dicotyledonae. Zweikeimblättrige Pflanzen. Zwei **Keimblätter***. Beispiele: Hahnenfuß und Rose.
Monocotyledonae. Einkeimblättrige Pflanzen. Mit einem **Keimblatt***. Beispiele: Gräser und Lilien.

Tabelle 2 (für Beschreibungen siehe Tabelle 1)

Thallophyta nur als informeller Begriff
ABTEILUNG: Schizophyta oder **Schizomycophyta**
ABTEILUNG: Myxomycophyta oder **Myxomycota**
ABTEILUNG: Eumycophyta oder **Eumycota.**
ABTEILUNG: Cyanophyta
ABTEILUNG: Euglenophyta
ABTEILUNG: Chrysophyta
ABTEILUNG: Pyrrhophyta
ABTEILUNG: Bacillariophyta
ABTEILUNG: Xanthophyta
ABTEILUNG: Rhodophyta
ABTEILUNG: Phaeophyta
ABTEILUNG: Chlorophyta
Embryophyta nur als informeller Begriff
ABTEILUNG: Bryophyta
Klassen:
Hepaticae
Musci
Anthocerotae

Tracheophyta nur als informeller Begriff
Pteridophyta nur als informeller Begriff
ABTEILUNG: Psilophyta. Entspricht der Klasse **Psilotales**.
ABTEILUNG: Lycophyta. Entspricht der Klasse **Lycopodiales**.
ABTEILUNG: Sphenophyta. Entspricht der Klasse **Equisetales**.
ABTEILUNG: Pterophyta. Entspricht der Klasse **Filicales**.
Spermatophyta nur als informeller Begriff
Gymnospermae nur als informeller Begriff
ABTEILUNG: Cycadophyta. Entspricht der Unterklasse **Cycadales**.
ABTEILUNG: Coniferophyta. Entspricht der Unterklasse **Coniferales**.
ABTEILUNG: Ginkgophyta. Entspricht der Unterklasse **Ginkgoales**.
ABTEILUNG: Gnetophyta. Entspricht der Unterklasse **Gnetales**.
Angiospermae nur als informeller Begriff
ABTEILUNG: Anthophyta. Entspricht der Klasse **Angiospermae**.
Klasse:
Dicotyledonae. Entspricht der Unterklasse **Dicotyledonae**.
Klasse:
Monocotyledonae. Entspricht der Unterklasse **Monocotyledonae**.

Anmerkungen

1. Die Bakterien und die Blaualgen (Abteilungen **Schizophyta** und **Cyanophyta**) haben keine **Zellkerne*** und gelten deswegen nicht als echte Pflanzen oder Tiere. Aus diesem Grunde stellen sie manche Taxonomen in ein eigenes Reich, das vor dem Pflanzen- und Tierreich kommt und das **Monera** oder **Prokaryota** heißt. Mit dieser letzten Bezeichnung ist angedeutet, daß diese Lebewesen keinen richtigen Zellkern haben; das Gegenteil ist **Eukaryota**.

2. Einige einzellige Algen, besonders in den Abteilungen **Euglenophyta**, **Chrysophyta** und **Pyrrhophyta**, zeigen tierische wie pflanzliche Merkmale. Sie können z. B. wie Tiere Futter aufnehmen und gleichzeitig Nahrung durch **Photosynthese*** herstellen. Einige haben **Geißeln***, und manchen fehlt die **Zellwand***. Aus diesem Grunde stellen manche Taxonomen diese Formen in ein eigenes Reich, das sie **Protista** nennen und zwischen die **Monera** (s. Anmerkung 1) und die Pflanzen sowie Tiere stellen. Dieses Reich kann auch die **Protozoa** oder tierischen Einzeller aufnehmen (s. Seite 112).

3. Die Schleimpilze und die echten Pilze (Abteilungen **Myxomycophyta** und **Eumycophyta**) zeigen nur eine zweifelhafte Verwandtschaft mit den Pflanzen, denn es fehlt ihnen das **Chlorophyll***. Zu den Tieren bestehen keine näheren Verbindungen. Aus diesem Grunde stellen sie einige Taxonomen in ein eigenes Reich, das sie **Fungi** nennen. Die Fungi stünden dann nach den **Monera** und **Protista** (s. Anmerkungen 1 und 2) und vor den Pflanzen und Tieren.

* **Chlorophyll**, 27; **Geißeln**, 40; **Immergrün**, 8; **Keimblatt**, 33; **Leitgewebe**, 14; **Photosynthese**, 26; **Pollen**, 30; **Samenanlage**, 30; **Sporen**, 92 (**Sporenbildung**); **Zellkern**, **Zellwand**, 10.

Das Tierreich

Siehe die Einführung auf Seite 110. Wie in der Tabelle für die Pflanzen werden auch hier die Tiere nach ihrer Komplexität aufgeführt, wobei man mit den ursprünglichsten Formen beginnt. Die Hauptmerkmale werden in dieser Tabelle an der ersten Stelle des Auftretens genannt und später als vorhanden vorausgesetzt, um den Text nicht zu sehr zu belasten. Dazu gehören zum Beispiel ein echter Darm, ein Kreislaufsystem, ein Nervensystem, eine echte Leibeshöhle, einige Arten der **Segmentation***, des Skeletts sowie das Auftreten von Lungen (s. auch Seiten 36–37). Alle anderen erwähnten Merkmale beziehen sich spezifisch nur auf die betreffende Gruppe.

Es gibt eine größere Zahl verhältnismäßig ursprünglicher Tiere, besonders von Würmern, die jeweils zu kleinen Gruppen gehören. Diese werden nur in den umfangreichsten Klassifikationen als kleinere **Stämme** behandelt. Hier müssen wir sie aus Platzgründen weglassen.

UNTERREICH: Protozoa

STAMM: Protozoa. Tierische Einzeller. Der einzige Stamm, der denselben Namen wie das Unterreich trägt. Einzellige Tiere, meistens Wasserbewohner, nicht wenige jedoch **Parasiten***. Beispiele: Amöben, Pantoffeltierchen.

Klassen: Mastigophora (oder **Flagellata**), **Sarcodina**, **Ciliophora** (oder **Ciliata**), **Sporozoa**, **Microspora**

UNTERREICH: Parazoa

STAMM: Porifera. Schwämme. Einziger Stamm dieses Unterreichs. Poröse, festsitzende Lebewesen, die aus Tausenden oder Millionen einzelliger Lebewesen bestehen (s. **koloniebildende Tiere**, Seite 114).

Klassen: Calcarea, **Demospongiae**, **Sclerospongiae**, **Hexactinellida** (oder **Triaxonida** oder **Hyalospongiae**)

UNTERREICH: Metazoa. Echte Vielzeller. Umfaßt alle übrigen, vielzelligen Tiere.

STAMM: Coelenterata oder **Cnidaria**. Hohltiere. Wasserbewohner mit **Tentakeln***. Nur eine Körperöffnung, Mund und After zugleich. Bewegen sich durch Muskelkontraktion. Beispiele: Seeanemonen, Quallen, Süßwasserpolypen.

Klassen: Hydrozoa, **Scyphozoa**, **Anthozoa** (oder **Actinozoa**)

STAMM: Ctenophora. Rippenquallen. Meeresbewohnende, gallertige Tiere, sehr ähnlich den Hohltieren, doch bewegen sie sich mit Hilfe von **Wimpern*** fort.

Klassen: Tentaculata, **Nuda**

STAMM: Platyhelminthes. Plattwürmer. Mit einem Mund und einem primitiven Ausscheidungssystem. Beispiele: Strudelwurm, parasitische Saug- und Bandwürmer.

Klassen: Turbellaria, **Cestoidea** (oder **Cestoda** oder **Eucestoda**), **Cestodaria**, **Monogenoidea** (oder **Monogenea**), **Digenoidea** (oder **Digenea**), **Aspidogastrea** (oder **Aspidobothrea** oder **Aspidocotylea**)

STAMM: Nemertea oder **Rhynchocoela**. Schnurwürmer. Meeresbewohner mit echtem Darm, der vom Mund bis zum **After*** läuft, primitives Kreislaufsystem und ein langer vorstülpbarer Saugrüssel mit Haken am Ende.

Klassen: Anopla, **Enopla**

STAMM: Aschelminthes. Überwiegend **parasitische*** Formen, zum Beispiel Fadenwürmer, Madenwurm, Älchen.

Klassen: Nematoda, **Rotifera** (oder **Rotatoria**), **Gastrotricha**, **Kinorhyncha** (oder **Echinodera**), **Priapulida**, **Nematomorpha** (oder **Gordiacea**)

STAMM: Annelida oder **Annulata.** Ringelwürmer. Die am weitesten entwickelten Würmer. Röhrenförmige segmentierte Körper mit Leibeshöhle, Kreislauf- und Nervensystem. Halten sich mit feinen **Borsten*** im Boden oder auf dem Sand fest.

Klassen: Aclitellata (Meereswürmer), **Clitellata** (Würmer des Süßwassers und des Bodens sowie Egel)

STAMM: Mollusca. Weichtiere. Tiere mit weichem Körper und einer Kalkschale, mit Kopf und muskulösem Fuß zum Kriechen oder Graben. Überwiegend Wasserbewohner.

Klassen: Drei kleinere – **Scaphopoda**, **Monoplacophora**, **Amphineura**. Drei viel wichtigere:

Gastropoda. Schnecken. Weichtiere mit einer einteiligen Schale. Bei den Nacktschnecken sind nur noch Reste davon vorhanden.

Lamellibranchiata oder **Bivalvia**. Muscheln. Zweiteilige Schale. Beispiele: Austern, Miesmuscheln.

Cephalopoda. Tintenfische, Kopffüßer. Weichtiere mit **Tentakeln*** und gut entwickelten Augen. Beispiele: Kraken, Kalmare, Sepia

STAMM: Arthropoda. Gliederfüßer. Tiere mit gegliederten Gliedmaßen und einem harten Außenskelett.

Unterstamm: Chelicerata. Kneifzangenartige Mundwerkzeuge

Klassen: Zwei kleinere – **Merostomata** (Schwertschwänze), **Pycnogonida** (Asselspinnen). Eine bedeutsame:

Arachnida. Spinnentiere. Tiere mit acht Beinen. Beispiele: Spinnen, Milben, Skorpione

Unterstamm: Crustacea. Krebstiere. Eine Klasse mit demselben Namen:

Klasse: Crustacea. Krebstiere. Überwiegend Wasserbewohner mit **Kiemen*** an den Beinen und zwei Paar **Fühlern***. Beispiele: Krabben, Hummer, Asseln

Unterstamm: Uniramia. Ein Paar **Fühler***, überwiegend Landbewohner

Klassen: Drei kleinere – **Onychophora** (Stummelfüßer), **Symphyla** (Zwergfüßer), **Pauropoda** (Wenigfüßer). Drei bedeutsamere:

Chilopoda. Hundertfüßer. Jedes Körpersegment mit einem Beinpaar. **Fleischfresser***

Diplopoda. Doppelfüßer. Jedes Körpersegment mit zwei Beinpaaren. **Pflanzenfresser***

Insecta oder **Hexapoda**. Insekten. Tiere mit sechs Beinen und üblicherweise zwei Flügelpaaren. Beispiele: Käfer, Schmetterlinge, Ameisen

* **After**, 67 (**Dickdarm**); **Borsten**, 40 (**Parapodien**); **Fleischfresser**, 6; **Fühler**, 46; **Kiemen**, 45; **Parasiten**, 114; **Pflanzenfresser**, 6; **Segmentation**, 36; **Tentakel**, 47; **Wimpern**, 40.

STAMM: Echinodermata. Stachelhäuter. Meeresbewohner mit einem Kalkskelett unmittelbar unter der Haut. Zeigen im allgemeinen eine fünfstrahlige Radiärsymmetrie und eine stachelige Haut.

Klassen: Asteroidea (Seesterne), **Ophiuroidea** (Schlangensterne), **Echinoidea** (Seeigel), **Holothuroidea** (Seegurken), **Crinoidea** (Seelilien).

STAMM: Chordata. Chordatiere. Mindestens während einer bestimmten Phase ihres Lebens haben alle diese Tiere eine **Chorda** oder **Rückensaite** – einen steifen längs verlaufenden Stab zwischen dem Rückenmark und dem Darm.

Unterstämme: Zwei kleinere – **Urochordata** oder **Tunicata** (Manteltiere), **Cephalochordata** oder **Acrania** (Lanzettfischchen). Ein bedeutsamerer:

Craniota oder **Vertebrata**. Wirbeltiere. Die Chorda oder Rückensaite wird von der Wirbelsäule ersetzt (s. Anmerkung 7). Tiere mit wohlentwickeltem Gehirn.

Klassen: Zwei kleinere, die wir als **Kieferlose** zusammenfassen – **Myxini** (Schleimfische), **Cephalaspidomorphi** (Neunaugen). Sechs bedeutsamere:

Elasmobranchiomorphi oder **Chondrichthyes**. Knorpelfische. Skelett aus **Knorpel*** bestehend. Mit Flossen, Atmung über **Kiemen***. Beispiele: Haie, Rochen.

Osteichthyes. Knochenfische. Skelett aus echtem Knochen. Mit Flossen und Schuppen, Atmung über **Kiemen***. Beispiele: Stör, Kabeljau, Hering, Forelle.

Amphibia: Amphibien oder Lurche. Tiere können auf dem Land leben, allerdings stets in Wassernähe. Die meisten haben Lungen und legen Eier ins Wasser. Beispiele: Frösche, Molche, Kröten.

Reptilia. Reptilien oder Kriechtiere. Tiere mit trockener schuppiger Haut. Landbewohner, legen beschalte Eier an Land. Beispiele: Schlangen, Eidechsen, Krokodile, Schildkröten.

Aves. Vögel. Alle mit Federn, legen beschalte Eier. Beispiele: Pinguin, Spatz, Habicht, Strauß.

Mammalia. Säugetiere. Weibchen produzieren Milch als Nahrung für die Kleinen. Fast alle mit einem Haarkleid. Zwei Unterklassen:

Unterklassen: Prototheria. Legen beschalte Eier. Nur eine Ordnung – **Monotremata** (Kloakentiere) mit dem Schnabeltier und dem Ameisenigel.

Theria. Legen keine Eier. Mit zwei Infraklassen:

Infraklassen: Metatheria, **Marsupialia** oder **Didelphia**. Beuteltiere. Jungtiere entwickeln sich in der **Gebärmutter*** nur für kurze Zeit und vervollständigen ihr Wachstum angeheftet an den mütterlichen Zitzen, normalerweise in einer Hautfalte, dem Beutel. Beispiele: Känguruh, Opossum.

Eutheria oder **Placentalia**. Plazentatiere. Jungtiere entwickeln sich bis zur Geburt in der **Gebärmutter*** und sind mit der Mutter über eine hochentwickelte **Plazenta*** oder Mutterkuchen verbunden. Beispiele: Kuh, Maus, Wal, Mensch

Anmerkungen

1. Bei einigen Klassifikationen weist die Klasse **Sarcodina** des Stammes **Protozoa** zwei Unterklassen auf – die **Rhizopoda** und die **Actinopoda**. Andere Taxonomen lassen diese Unterklassen weg und fassen deren Mitglieder in der Klasse **Sarcodina** zusammen. In diesem Fall wird auch der Name **Rhizopoda** verwendet.

2. Einige Klassifikationen weisen ein weiteres Unterreich auf, die **Mesozoa**, die zwischen den **Parazoa** und den **Metazoa** stehen. Es hat nur einen Stamm mit demselben Namen **Mesozoa** und umfaßt wenig bekannte **Parasiten***. Der Rang dieser Gruppe als Unterreich und auch als Stamm ist noch sehr umstritten. Viele Zoologen betrachten diese Tiere als rückgebildete Plattwürmer (Stamm **Platyhelminthes**).

3. Die Klassen **Monogenoidea** und **Digenoidea** des Stammes **Platyhelminthes** werden von einigen Zoologen in der Klasse **Trematoda** zusammengefaßt.

4. Die Klasse **Onychophora** des Stammes **Arthropoda** erscheint in manchen Klassifikationen als selbständiger Stamm, da ihre Mitglieder, die Stummelfüßer, Merkmale zeigen, die den **Annelida** und den Arthropoda gemeinsam sind.

5. Bei einigen Klassifikationen ist der Stamm **Arthropoda** nicht in Unterstämme, wohl aber in die zehn Klassen aufgeteilt. Andere Forscher erkennen gar nur sieben Klassen an, denn sie vereinigen die **Pauropoda**, **Symphyla**, **Chilopoda** und **Diplopoda** zur Klasse der **Myriapoda** (Tausendfüßer). In den meisten Fällen wird dieser Begriff aber nur informell gebraucht.

6. Die Unterstämme **Urochordata** und **Cephalochordata** des Stammes **Chordata** werden gelegentlich insgesamt als **Protochordata** bezeichnet. Aber auch dieser Begriff wird nur informell gebraucht. Er umfaßt gelegentlich auch den kleineren Stamm **Hemichordata** (Eichelwürmer), da diese Tiere auch gewisse Merkmale der Chordata aufweisen.

7. Die Bezeichnung **Craniota** bedeutet wörtlich übersetzt „mit einem Schädel versehen“. Der andere gebräuchliche Name, **Vertebrata**, bedeutet „mit Wirbeln versehen“. Dies trifft allerdings nicht überall zu, da die primitivste Klasse, die Schleimfische, keine Wirbel aufweist.

8. Der informelle Begriff **Invertebrata** (Wirbellose) bezeichnet alle Tiere ohne Wirbelsäule, in unserer Tabelle also alle Tiere bis zum Unterstamm **Craniota**, s. aber Anmerkung 7.

9. Die beiden Klassen **Myxini** (Schleimfische) und **Cephalaspidomorphi** (Neunaugen) sind die einzigen kieferlosen Mitglieder des Unterstammes **Craniota**. Deswegen faßt man sie gelegentlich auch unter der Bezeichnung **Agnatha** zusammen. Wirbeltiere mit Kiefern hießen dann insgesamt **Gnathostomata**. Diese Bezeichnungen gelten aber nur informell.

10. Die Klassen **Myxini** (Schleimfische), **Cephalaspidomorphi** (Neunaugen), **Elasmobranchiomorphi** (Knorpelfische) und **Osteichthyes** (Knochenfische) des Unterstammes **Craniota** werden bisweilen insgesamt als **Pisces** (Fische) bezeichnet, obwohl diese Bezeichnung nur informellen Wert hat.

11. Die Klassen des Unterstammes **Craniota** werden gelegentlich in zwei Gruppen eingeteilt, die jedoch nur informelle Bedeutung haben – die **Amniota** (Reptilia, Aves, Mammalia) und die **Anamniota** oder **Anamnia** (alle übrigen Klassen). Bei den Amniota sind die **Embryonen*** von einem **Amnion** (Schafhaut), einem **Chorion** (Zottenhaut) und einer **Allantois** (s. Seiten 48 und 91) umgeben.

* **Embryo**, 93; **Gebärmutter**, 89; **Kiemen**, 45; **Knorpel**, 53; **Parasiten**, 114; **Plazenta**, 91.

Ökologische Begriffe

In der folgenden Liste sollen einige ökologische Begriffe zur Kennzeichnung von Lebensformen erklärt werden (weitere Erklärungen dazu auf Seite 9). Es handelt sich um informelle Bezeichnungen, die nicht zu vergleichen sind mit den offiziellen Namen der zoologischen und botanischen Klassifikation, wie wir sie auf den Seiten 110 bis 113 kennengelernt haben.

Pflanzen

- **Xerophyten:** Pflanzen, die längere Zeit ohne Wasser auskommen, z. B. Kakteen.
- **Hydrophyten:** Pflanzen, die im Wasser oder in äußerst feuchtem Boden leben, z. B. Binsen.
- **Mesophyten:** Pflanzen, die unter normalen Feuchtigkeitsverhältnissen leben.
- **Halophyten:** Pflanzen, die in sehr salzigen Böden leben können, z. B. Queller.
- **Lithophyten:** Pflanzen, die auf nackten Felsen wachsen, z. B. Moose und vor allem Flechten.
- **Epiphyten:** Pflanzen, die auf anderen Pflanzen wachsen. Sie verwenden diese aber nur als Träger und ernähren sich nicht von ihnen. Beispiele: Viele Moose und Orchideen.
- **Saprophyten:** Pflanzen, die auf verrottendem pflanzlichem oder tierischem Material leben und ihm ihre Nahrung entziehen. Dazu gehören vor allem die Pilze sowie einige Orchideen ohne Chlorophyll.

Tiere

- **Prädatoren:** Tiere, die andere Tiere (ihre Beute) töten und fressen, z. B. Tiger. Ausgesprochene Prädatoren sind auch die Greifvögel.
- **Detritusfresser:** Tiere, die sich von totem pflanzlichem oder tierischem Material ernähren, z. B. Regenwürmer.
- **Aasfresser:** Tiere, die sich von großen toten Tieren ernähren, z. B. Geier. Sehr viele Prädatoren sind gleichzeitig auch Aasfresser.
- **Terrestrisch:** Tiere, die auf dem Lande leben.
- **Amphibisch:** Tiere, die teilweise auf dem Lande und teilweise im Wasser leben.
- **Aquatisch:** Tiere, die ausschließlich im Wasser leben.
- **Pelagisch:** Tiere, die sich im freien Wasser aufhalten.
- **Benthisch:** Tiere, die sich am Gewässerboden aufhalten.
- **Sessil:** Tiere, die sich selbst nicht aktiv fortbewegen können. Unter diese Bezeichnung fallen nur Wasserbewohner. Das Gegenteil heißt **vagil**.
- **Litoral:** Tiere, die sich am Gewässerufer aufhalten.

Pflanzen und Tiere

- **Parasiten** oder **Schmarotzer:** Pflanzen oder Tiere, die in oder auf lebenden Pflanzen oder Tieren (ihren **Wirten**) leben und sich von ihnen ernähren. Beispiele dafür sind die Mistel und die Flöhe. Nicht alle Parasiten werden dem Wirt gefährlich, vielmehr sehen viele Parasiten darauf, daß ihr Wirt nicht allzusehr geschädigt wird, da sie mit ihm auf Gedeih und Verderb verbunden sind.
- **Symbionten:** Bezeichnung für zwei Lebewesen, die eng miteinander zusammenleben und von denen jeder einen Nutzen aus dieser engen Verbindung (der **Symbiose**) zieht. Flechten, die normalerweise auf nackten Felsen wachsen, sind ein Beispiel dafür. Sie sind das Produkt einer Symbiose zwischen einem Pilz und einer Alge. Die Alge produziert durch **Photosynthese*** Nahrung für den Pilz. Der Pilz umhüllt mit seinen Fäden die Alge und sorgt gleichzeitig für die benötigte Feuchtigkeit. Auch der Mensch hat Symbionten, nämlich Bakterien im Darm, die ihm bei der Verdauung helfen und Vitamine liefern.
- **Kommensalen:** Zwei verschiedene Lebewesen, die sich miteinander vergesellschaftet haben, um z. B. dieselbe Nahrung mitzugenießen. Es gibt unterschiedliche Formen des **Kommensalismus:** Die einen neigen eher zur Symbiose, die anderen zum Parasitismus. Ein schönes Beispiel für einen Kommensalen bietet jener Wurm, der meist in denselben Schalen wie der Einsiedlerkrebs vorkommt. Und eines der häufigsten Beispiele überhaupt ist das Zusammenleben zwischen Hausmaus und Mensch.
- **Soziale Tiere:** Tiere, die in Gruppen zusammenleben. Löwen leben beispielsweise in Gruppen zusammen und zeigen dabei ein ausgeprägtes Sozialverhalten. Größere Gruppen finden wir z. B. bei den Tölpelkolonien. Diese Vögel leben vor allem zum Schutz vor Feinden eng nebeneinander. Bei den sozialen Insekten leben die Einzeltiere jeder Geschwistergeneration in einem gemeinsamen Nest. Dabei kommt es zur Ausbildung verschiedener **Kasten** mit ganz unterschiedlichen Aufgaben. Die Arbeiterinnen eines Ameisennestes etwa sammeln Futter, bewachen das Nest und pflegen die Brut. Die Arbeiterinnen sind unfruchtbar. Für die Fortpflanzung hingegen sorgen Geschlechtstiere, fortpflanzungsfähige Männchen und die Königinnen.
- **Koloniebildende Tiere**. In einem engeren Sinne versteht der Zoologe darunter Einzeltiere, die mit anderen Tieren in engem körperlichen Zusammenhang leben. Solche Tierstöcke finden wir zum Beispiel bei den Schwämmen, den Korallentierchen und den Moostierchen. Die Einzeltiere bleiben untereinander zeitlebens verbunden und bilden oft eine Art **Überorganismus**, etwa bei den Staatsquallen. Bei diesen Tieren wären die Individuen allein nicht mehr lebensfähig.
- **Plankton:** Jene Lebensform von Pflanzen und Tieren, die sich schwebend oder schwimmend im freien Wasser halten. Zum Plankton zählen durchweg kleine Lebewesen, die wegen ihres günstigen Verhältnisses zwischen Oberfläche und Volumen nur ganz langsam im Wasser absinken, weil die Reibung erhöht ist. Manche planktische Formen enthalten auch Gasblasen, Fetteinlagerungen und Öltröpfchen, die das Schweben im Wasser erleichtern. Manche festsitzende Tiere wie etwa die Muscheln weisen während ihrer Entwicklung ein planktisches Stadium auf, das der Verbreitung der Art dient. Pflanzliches Plankton bezeichnet man auch als **Phytoplankton**, tierisches Plankton als **Zooplankton**. Plankton spielt als Nahrungsquelle eine äußerst wichtige Rolle. Die größten bekannten Wassertiere, die Bartenwale und die Riesenhaie, können nur dadurch genügend Nahrung herbeischaffen, daß sie Plankton aus dem Wasser seihen.

* **Migration**, 9; **Nahrungskette**, 6 (**Nahrungsnetz**); **Photosynthese**, 26.

Register

Hinter den Stichwörtern dieses Registers stehen die Seitenzahlen und geben an, auf welchen Seiten die Stichwörter zu finden sind.

Sie sind alphabetisch geordnet. Sind die ersten und zweiten Buchstaben identisch, erfolgt die Einordnung nach dem dritten Buchstaben usw. (z. B. **Allesfresser** steht hinter **Allel**, weil der fünfte Buchstabe „s" bei Allesfresser hinter dem Buchstaben „l" bei Allel kommt).

Bei Umlauten wie „ä" wird das Wort so eingeordnet, als würde der Umlaut wie **ae** geschrieben, z. B. steht **äußere** hinter aerobe, erst der dritte Buchstabe bestimmt hier also die Einordnung.

Hinter einem Stichwort steht manchmal in runden Klammern () „s. a.", d. h. „siehe auch". Dann ist der erste Suchbegriff identisch mit dem Begriff in runden Klammern dahinter, z. B. After (s. a. Anus), und man findet unter beiden Begriffen die gesuchten Informationen, nur heißt es im Text einmal **Anus** und einmal **After**. Oder der Begriff in den runden Klammern () gibt den Hinweis auf ein anderes Stichwort, unter dem sich ebenfalls Informationen zu dem Suchwort finden lassen, z. B. Bacillariophyta (s. a. koloniebildende Tiere), d. h., die Bacillariophyta sind auch koloniebildende Tiere, und unter dem Suchwort „koloniebildende Tiere" finden sich dann weitere Beschreibungen.

Steht hinter einer Seitenzahl in runden Klammern () ein Stichwort, z. B. Aminosäuren 72f., 100 (Proteine), dann finden sich die Informationen zu **Aminosäuren** auf der Seite 100 unter dem Artikel **Proteine**, und man braucht nicht den gesamten Text auf dieser Seite durchzusehen.

Steht hinter einer Seitenzahl ein „f.", z. B. 78f., so findet sich der gesuchte Begriff auch auf der folgenden Seite, also der Seite 79, aber nicht mehr auf Seite 80. Steht hinter der Seitenzahl ein „ff.", z. B. 78ff., dann findet sich der gesuchte Begriff auf mindestens zwei folgenden Seiten, bei diesem Beispiel also auch auf den Seiten 79 und 80, manchmal noch weiter auf Seite 81.

Ein Unterschied zwischen Singular (Einzahl) und Plural (Mehrzahl) wurde bei den Suchwörtern nicht berücksichtigt, z. B. **Auge** oder **Augen**.